本作品受"广州市宣传文化出版资金"资助

QUYU GUIHUA 30 NIAN DE
SI YU XING

区域规划三十年的思与行

陈 烈 ◎ 著

·广州·

版权所有　翻印必究

图书在版编目（CIP）数据

区域规划三十年的思与行/陈烈著. —广州：中山大学出版社，2017.1
ISBN 978-7-306-05914-7

Ⅰ. ①区… Ⅱ. ①陈… Ⅲ. ①区域规划—研究—中国　Ⅳ. ①TU982.2

中国版本图书馆 CIP 数据核字（2016）第 289758 号

出 版 人：徐　劲
策划编辑：周建华
责任编辑：张　蕊　杨文泉
封面设计：曾　斌
责任校对：王　璞
责任技编：何雅涛
出版发行：中山大学出版社
电　　话：编辑部 020-84110283，84113349，84111997，84110779
　　　　　发行部 020-84111998，84111981，84111160
地　　址：广州市新港西路 135 号
邮　　编：510275　　　传　真：020-84036565
网　　址：http://www.zsup.com.cn　　E-mail：zdcbs@mail.sysu.edu.cn
印 刷 者：广州家联印刷有限公司
规　　格：787mm×1092mm　1/16　23.5 印张　450 千字
版次印次：2017 年 1 月第 1 版　2017 年 1 月第 1 次印刷
定　　价：98.00 元

如发现本书因印装质量影响阅读，请与出版社发行部联系调换

冰霜雪压心犹壮
战胜寒冬骨更坚

内　容　提　要

　　《区域规划三十年的思与行》是作者从事三十年区域发展研究与规划的理论与实践总结。全书分为三大部分，第一部分论述和总结区域规划的基本理论及其地理学效应。包括区域规划的发展、基本特点与要求、规划理念、内容和方法及其所产生的社会效果和对地理学，尤其是人文地理学改革和发展的影响。

　　第二部分是作者应用可持续发展战略理念在国内和广东省内各地开展区域发展研究与规划的部分成果案例，以及提出"北部湾经济圈"的概念并率先开展研究的部分成果。

　　第三部分是作者在国内研究与规划的部分成果被越南作为"革新开放经验学中国"的必读文献和红河三角洲发展与规划的主要参考书。有关著作和论文被越方翻译，作者应邀作为"中国规划专家"赴越讲学和指导区域发展研究与规划，为启迪和开拓越方官员的视野、培养规划专业人员发挥了重要作用。书中反映作者在越南红河三角洲的主要研究成果和多年来给越方高级官员所做的各类报告、讲座和讲学的主要内容。

　　"区域是地理学研究的核心"。区域问题的核心是人地之间的矛盾，发展是协调人地关系的基础。区域规划是把区域当成一个有机整体，把区域内经济、社会、资源、环境、城镇、乡村等要素放在同一个层面上，应用整体性和全局性、发展和创新发展、协调与统筹发展、突出重点和差异性发展、公平与共享发展和环境优化等可持续发展战略理念，围绕"发展"这个主题进行综合研究与统筹规划布局。

　　三十年前开展区域规划是在无章可循的情况下进行的。作者坚持以人文地理学的理论和方法为基础，吸纳相邻学科领域的有关理论和方法，组织多学科专家协同作战。通过摸索、实践—总结、提高—再实践、再总结、再提高，并步步接受社会的检验，最后得到人们的认识和认可的过程。

　　20世纪90年代中期开始，把可持续发展理论应用于区域规划中，进一步增强了规划的科学性和生命力，有效地推动了区域规划的发展，并产生了巨大的社会效应和学科效应，从县、市微观区域规划做到中观、宏观区域规划，从广东省内做到省外，从国内做到国外，并建立了诸多基地，跟踪研究与规划长达二十多年。人文地理工作者应邀作为"中国规划专家"出国指导区域规划和旅游规划，这在中国地理学史上、在中山大学的校史中，应属先例。

  本书的突出特点是理论与实践的高度结合。其理论是建立在步步实践的基础之上，经历从实践中总结—返回实践检验—又应用和指导实践的过程。书中论述的各项内容，都是已经留下我们足迹的、可供人们见证的活生生的例子，其中有正面的也有反面的。它是一本有理论、有方法、有实证，且图文并茂的学术著作。

  本书可以让人们了解地理学研究区域中的研究内容、研究方法、研究的出发点和目的性；可以让人们了解我国区域规划发展的基本路径、基本理念、基本内容、基本方法、基本要求和基本特点；可以让人们了解作者多年来的治学理念、治学态度、治学方法、治学模式、治学风格、治学路径和部分治学效果；还可以让人们认识地理学坚持改革和培养知识量丰富、知识结构合理，有理论、有实践、有理念、有追求的复合型地理人才的必要性和重要性。

  本书对国家各级发改委、建设、规划、国土、环保等政府主管部门的人员，尤其县、市级主要领导干部有实际的指导意义，是规划设计研究单位人员，高等院校人文地理与城乡区域规划、旅游、资源、国土、环保等专业师生和研究人员有益的参考文献。

Abstract

This book is a summary of the thirty years the author has devoted to research and planning for regional development. It consists of three parts. The first part presents the basic theories concerning regional planning and the geographical effects that regional planning brings about. Specifically, these include the development, basic characteristics and requirements, and philosophy of regional planning, as well as what regional planning is about, how it is carried out, and what social and geographical effects it may produce, especially effects on the reform and development of human geography.

The second part gives a list of cases in which the author conducts his research and planning for regional development in Guangdong and other areas in China following the philosophy of sustainable development, as well as cases in which the author puts forth the concept of "Beibu Gulf Economic Zone" and conducts pioneering research in this regard. Some of the results of the author's research are also to be discussed in this part.

The third part presents some of the results of the author's research and planning in China, which are on the list of readings required in Vietnam for learning from China in reform and opening up, and among the main references for the development and planning for the Red River Delta. Part of the author's writings has already been translated into Vietnamese, and the author was invited as one of "China's Planning Expert" to Vietnam to give lectures and guidance for regional development and planning in the locality, which largely broadened the horizon of the Vietnamese officials and helped with the training of professionals in the discipline of planning. The most important parts of the results of the author's research in the Red River Delta, and the lectures given and reports made to the high officials of Vietnam are all included in this book.

"Region is a central concept in geography." At the heart of regional problems is the conflict between humans and land, and development provides the basis on which to ease this conflict. The main concern of regional planning is development, and regional planning means conducting comprehensive research and making overall planning by treating a region as an organic whole, placing such issues as economy, society, resources, environment, townships and countryside within the region in parallel positions, following the philosophy of sustainable development and assuming a correct attitude towards such notions as entirety and overall situation, development and innovative development, coordinated development and overall development, priority and variety, fairness and common development as well as environmental optimization.

When the author started his regional planning thirty years ago, there was no precedent for him to follow. The only thing he could do was to use the theories and methodologies of human geography as the basis of his experiments, supplement this with theories and methodologies of other adjacent disciplines, and muster joint efforts of multi-disciplinary experts. By going through a circular process of tentative practice, making summaries and improvements, going back to practice, and making further summaries and improvements, the author put his ideas to test step by step, and finally won the recognition of society.

From the latter half of the 1990s onwards, the author began to follow the philosophy of sustainable development in his regional planning, which gave the discipline of planning renewed vigor and logicality, boosted the development of regional planning, and produced huge social and disciplinary effects. First it was micro regional planning intended only for counties and cities in Guangdong Province, and then it began to grow until it finally involved into macro planning and extended to other provinces and even foreign countries. Meanwhile, one base after another was set up, and follow-up research and planning continued for over twenty years non-stop. This was something never heard of before either in the history of China's geography or in the history of Sun Yat-sen University.

One of the most striking features of this book is the close correlation between theory and practice. All the theories invariably go through a circular process: derived from, proved by, and finally applied to practice. All the discussions are based on real-life cases whose validity can be trusted, though some of them prove a theory and others fail to do so. In one word, this book is a perfect combination of theories, methodologies, case studies and illustrations.

This book can give people some idea of what regional problems geography tries to study, how such studies are conducted, and where such studies start from and get to; of the basic paths, philosophies, concerns, methodologies, requirements and characteristics of the development of regional planning in China; of the author's research

Abstract

philosophies, attitudes, methodologies, patterns, and styles over the years, the paths he has taken, and part of his achievements, too; and of the necessity and importance of reform in geography and of inter-disciplinary geographical talents with a rich and rationally structured stock of knowledge, who are able to establish their own theories, know how to practise and have their own philosophies to follow and goals to strive for.

This book is helpful for people working in government departments in charge of such matters as development and reform, construction, planning, land, and environmental protection, especially for leading officials in county and municipal governments. It can also serve as a reference for researchers working in planning and designing units, and for college teachers, students and researchers who are interested in human geography & regional planning of urban and rural areas, tourism, resources, land, environmental protection, or any other relevant field of studies.

作者简介

巍巍苍松凿石生，悠悠天地腹中藏

　　陈烈，1966年中山大学地质地理系经济地理专业本科毕业，1968年被分配到鄂西北山区南漳县中学任教，1978年考上中山大学研究生，1981年毕业留校。现为中山大学地理科学与规划学院教授，博士生导师。曾任中山大学地球与环境科技应用研究中心主任、中山大学规划设计研究院院长、中国建筑协会村镇规划协会理事、广东省可持续发展协会副会长、广东省乡镇长科学决策促进会副会长、广东省老教授协会理事、中山大学老教授协会副会长。主要从事区域可持续发展研究与规划。先后兼任国家建设部、广东国际技术研究所、湖南经济地理研究所、越南红河三角洲发展与规划研究中心等国内外30多个单位的高级技术顾问、客座教授、客座研究员和规划总工程师等职务，是享受国务院特殊津贴的专家。先后在国内外主持完成了为数众多的区域发展研究与规划工作，先后应邀在国内外各地作了 80 多个场次的区域发展与规划决策咨询报告。发表论文 100 多篇，出版各类著作 24 部（含合作），其中专著 7 部。代表性著作有《土地利用总体规划的理论与实践》《南海市社会经济发展研究与规划》《雷州半岛经济社会与资源环境协调发展研究》《中国发达地区顺德市域可持续发展研究》《广州增城市域可持续发展研究》《汕头市潮南区可持续发展研究与规划》《县域可持续发展规划的理论与实践》等。

自　　序

中科院地理研究所吴传钧院士曾多次对我说："你的实践很多，有许多很好的体会，你的研究领域也很有特色，应该好好总结。"他还多次地建议举办"关于县城可持续发展规划"小型高层学术研讨会。在我参加先生90周年诞辰庆典期间，他又特地吩咐说："你一定要把多年的实践体会写出来，哪怕是二十万字也好。"他还说，"届时，我给书的出版写序言"。

奈因很忙，书没及时写出来，学术研讨会也因故未能及时召开。退休以后，终于有暇坐下来进行总结。遗憾的是，2011年当《县城可持续发展规划的理论与实践》一书在科学出版社出版的时候，吴先生已永远离开我们。数年后，在我的新作《区域规划三十年的思与行》即将出版之际，我又想起吴先生生前的话，为了感谢先生多年来对我的支持和关心，谨以此自序。

区域是一个由经济、社会、资源、环境诸要素组成的复合型、开放式生态—经济—社会系统，系统中各要素之间既相互联系，相互促进，又相互矛盾和相互制约，彼此构成一个矛盾统一体。区域不论大小都具有相同的要素，具有相同或相近的特点与问题，不过，区域越小，其特点和问题更具体，更贴近民生。

区域问题的核心是人地之间的矛盾，发展是解决人地矛盾的基础，发展的突破口是经济发展。经济子系统是处在人与地关系的焦点上，是协调人地关系、实现区域诸要素协调发展的关键要素，因此，区域人地系统调控的切入点是经济。

解决区域的问题靠发展。"一切物质财富是一切人类生存的第一个前提"，在人地关系矛盾中，人是矛盾的主要方面，解决矛盾只能靠发展生产力。只有经济发展了，社会财富增加了，才能解决和满足人们的基本需求，提高人们的物质文化生活水平，才能解决人地系统中存在的各种矛盾和问题，实现人地之间的良性循环和系统诸要素的协调、和谐发展。

区域规划就是区域发展研究与规划。即以整体性和全局性发展、发展和创新发展、协调与统筹发展、突出重点和差异性发展、公平与共享发展、环境优化发展等可持续发展战略理念为指导，围绕"发展"这个主题，进行认真研究与科学规划。它把区域当成一个有机整体，把区内诸要素置于同一层面上进行综合研究和统筹规划布局。通过总结区域发展的条件、基础、特点与问题，探索区域发生、发展的规律性，结合区域内外发展形势与要求，制定区域未来经济和产业、人口与城镇等的发展方向、目标和重点，研究支撑和保障区域经济和产业发展的要素、载体、模式、节点、机制与策略对策等。在这个基础上，运用规划手段，把研究的理论成果落实在土地利用和区域空间布局上。

区域规划提供的关于区域发展思路和发展方案，成为统一区内干部和群众，尤其是领导班子和决策者的认识和行动的有效手段，成为促进区域发展的生产力；为区域快速、健康、有序、协调、持续发展奠定基础，区域可持续发展规划还是生态文明建设的基础性工作，是实现区域生态文明理想目标的有效手段。

区域有微观、中观、宏观之分，我们抓住地理学研究中的弱项，从县、市微观区域做起。坚持以人文地理学的理论和方法为基础，吸纳相邻学科领域的有关理论和方法，坚持多学科专家结合，传统方法与现代科技手段结合，把每个项目都作为促进区域发展，为当地百姓谋福祉的大事和功德事，扎扎实实做好，一步一个脚印，从微观做到中观和宏观，从省内做到省外和国外，许多地方都留下我们的足迹。区域规划为人们重新认识地理学打开"一扇窗口"，为中山大学人文地理工作者开辟了一个广阔的"舞台"，为复合型地理人才培养开辟了一个"理想的课堂"，为地理学研究开辟了一个新的领域，还开创了人文地理工作者作为"中国规划专家"走出国门指导规划的先例。

我们部分有关区域规划的著作和研究珠江三角洲的文章被译成越文，并被越方指定为"革新开放经验学中国"的主要领导干部必读文献。多年来，我作为"中国规划专家"走出国门讲学和指导规划。

我们所取得的，仅是地理学改革和发展中的只鳞片爪，不过读者可从中了解到我们多年来的治学理念、治学态度、治学路径、治学方法与部分治学效果。

区域中的问题多种多样，不同区域或同一区域的不同发展阶段，其特点和问题也有其差异性，区域规划要紧紧抓住制约区域发展的关键性问题，主要矛盾抓住和解决好了，其他矛盾也就迎刃而解了。

研究区域发展问题，忌带主观片面性，切忌不做深入细致的调查研究，把一些放之四海而皆准的理论和方法简单地照套在某一个区域上。如果是这样，不仅达不到解决区域问题、促进区域发展之目的，而且还往往产生误导，贻误区域发展。前些年，这种情况在国内是司空见惯的。

要根据不同类型区域人地系统的特殊性，实施不同的战略调控模式。总结多年来对国内外不同类型区域研究的实践，可以有"集聚—发展型""协调—发展型""整合—发展型""提升—发展型""培育—发展型""减负—发展型"等。这种因区制宜、实施有别的宏观战略调控模式，制定不同的发展思路和方案，实现区域可持续发展的治学手段和治学效果，是我们的事业能做大做强的关键。

本书是对近三十年来区域规划工作的理论和实践总结，为了尊重历史，书中保留原来的观点和数据不变。尤其第三编的内容，基本上是20世纪90年代中、后期以前关于珠江三角洲的研究成果，其中的观点、目标、指标、调控机制与策略对策等，随着珠江三角洲的发展，目前许多已趋于实现和完成，许多统计和分析数据也已成为历史。

然而，对于后发展的越南，对红河三角洲和湄公河三角洲，在当前，乃至今后相当长的时期内，仍然具有理论指导意义和实际应用价值。书中关于环北部湾经济圈的研究，关于韶、郴、赣红三角等的研究，尽管浅薄有余，然而它属国内外尚未有人涉足的全新领域，因此仍然具有开创性和宏观战略指导性意义。

回顾三十多年前那种谈地理色变，社会上，在地理危机论和地理无用论盛行之下，许多高等院校地理系出现改名称、改方向、改专业，有的中学出现废地理课程的状况。看看今日地理学呈现黄金发展时期，处处都充满盎然的生机，处处都欢迎我们去发挥作用的形势，真感到格外地欣慰！

往事历历在心，它是整整一代地理工作者几十年艰辛付出所得来的硕果。我们的后来者，一定要好好珍惜！新的时期，不要倒退，要继续坚持革新和发展！

我坚信，中国的高等院校，在不久的将来（实际上近年已陆续出现）将会迎来给地理重新正名的形势，因为只有退回一步才能"海阔天空"！

学科领域之间是具有密切关联的。正如国外数十年前就在城市规划、区域经济学、社会学、流行病学、人类学、心态学、环境学、保育生态学和国际关系学等学科领域广泛应用地理学的理论和方法，应用空间与尺度等地理学概念一样，人文地理工作者开展区域发展研究与规划，要扩大研究视野、提高成果质量、增强社会服务能力，必须重视吸纳经济地理学、自然地理学、环境学、生态经济学、地质学、区域经济学、规划学、资源学、社会学、管理学等学科领域的有关理论和方法。

地理学要革新，要持续发展，要培养知识量丰富、知识结构合理、懂理论、能实践、有理念、有追求的、具有地理学宏观战略思维和总体决策能力的复合型地理人才，似应从中得到启示。

中山大学教授、博士生导师、建设部技术顾问、
广东省可持续发展协会副会长
陈　烈
2016年5月于中山大学蒲园

前 言（一）

我出生于广东省潮汕平原的一个农村家庭，1966 年从中山大学毕业以后，于 1968 年秋被层层分配，最后到鄂西北山区南漳县中学任教。

在长期处于封闭状态的山区，人们的观念相当保守，听说从广东中山大学来了个大学生，有想亲眼看看这个人是个啥样子的，也有怀疑这个人可能是个坏人，也许是出身不好，还可能是"文化大革命"运动中犯了大错的，不然怎么会到我们这里来呢！

没多久，就有人传出话："这个人的档案中不敢填写家庭出身，肯定是家庭成分不好！"

这样一来，单位的一切重要活动都不让我参加，有重要信息也对我保密，周围的人见了我也避而远之。

现在看来，在那个以阶级斗争为纲的年代，况且在那样的山区环境里，在人们的观念中出现这种情况是可以理解的，但在当时，对于一个刚从学校毕业，服从分配，正满腔热情想为党和国家做贡献的热血青年来说，真有似箭穿心之痛啊！

没多久，我被送到"学习班"，与那些"有问题"的人一道，接受劳动改造，前后近两年，下地插秧、割谷、除草、挖山造地、拉土制砖、上山挑煤、砍树烧炭等都干过，这期间还先后无端遭受多场批判。

后来我总算回到学校，边教书、边劳动，这时候的劳动，我已是带队者了，不仅自己劳动，还要组织和指导学生劳动，遵照学校的规定，除了学政治、写心得体会，写批判文章，除自我批判之外，还要接受别人的批判。

有时也练练书法，学点画画，给人书写毛主席诗词，甚至还为学生自编、自导文艺节目等。在那举目无亲、孤独寂寞的日子里，这些活动倒是成了自己精神上的解脱。

多年以后，回顾当年所经受的艰苦磨炼也不是坏事，它成了我后来几十年奋斗与发展的"无形资产"。每当遇到困难和挫折的时候，一幕幕往事自然而然地激励着我"断崖攀登高情绪"。

时过十年，1978 年迎来了科学的春天，我报考中科院地理研究所吴传钧院士的研究生。经笔者要求，吴先生推荐，回到中山大学母校，师从梁溥教授，攻读农业地理硕士研究生。

这时期，正是中国地理学发展的低谷期，社会上流传着"地理无用论"和"地理危机论"。国内许多高等院校地理系纷纷改名称、改方向、改专业，在那谈地理色变的形势下，不少地理人也想方设法摆脱"地理"两字。

研究生毕业，留校从事农业地理课程教学和参加广东省农业资源调查与农业区划（属"六五"时期国家重点项目），1986年在地理学院率先开讲旅游规划与旅游管理课程，1987年与广东省旅游局和广州地理研究所徐君亮教授一道主持"广东省旅游资源开发利用规划"（属广东省国土规划专题之一）。自20世纪80年代中期，除继续承担农业和旅游两门课的教学任务之外，着手开展县（市）域发展研究与规划，这一干就是三十年。从珠江三角洲做到省内各地，从省内做到省外，从国内做到国外，并从县（市）微观区域向中观、宏观区域发展。

区域发展规划为社会上的人们重新认识地理学打开"一扇窗口"，为中山大学人文地理工作者开辟了一个广阔的"舞台"，为教学、科研和人才培养等方面开辟了一个新的基地，还让我们的教师和学生（博士研究生）作为"中国规划专家"的身份，一批批、一次次地走出国门，指导区域发展研究和区域规划工作。

自20世纪90年代初至退休后的2015年，我先后被聘请兼任国内外三十多个高级技术顾问、规划总工程师和客座研究员和客座教授等职务，先后应邀为国内外诸多区域的发展与规划提供决策、咨询与建议等。

如果说我们对中山大学人文地理学的改革做了些开拓性的工作，为其发展作出一些贡献的话，主要得益于如下几个方面：

其一是遇上国家改革开放的大势。在改革开放的大潮中，老师们抓住这个难得的历史机遇，解开精神枷锁，放下思想包袱，对以往的地理研究和地理教育等进行认真的总结，对存在的问题进行大胆的改革。

说起有关地理学，尤其人文地理学的改革，在"文化大革命"后期，甚至早在"文革"前的60年代中期，我们的老一辈地理工作者和有识之士已进行了苦苦探索，在农业区划，尤其城市地理研究与城市规划方面已有许多实践，并已取得诸多成功的经验。

本次改革更加放开，力度更大。就地理学的发展方向、研究对象、教学内容、研究方法等，进行认真总结，大胆改革和大幅度地吐故纳新，比以往任何时候更加重视理论与实践结合，更加注重地理学研究方法的革新，更加重视地理学的服务对象。

可喜的是，中山大学地理系不是采取全盘否定、改系名、改方向的做法，而是采取吐故纳新，既大胆改革又实事求是肯定的科学态度。这是与中山大学地理系以往数十年发展的科学文化历史积淀和老一辈地理工作者的地理情结与深厚的地理学修养有直接的关系。我们在举行中山大学地理系80多年庆典的时候，可不要忘记老一辈地理工作者的功劳和他们对中山大学地理科学的贡献！

其二是抓住地理学研究的弱项大胆探索。微观地理区域研究是地理学研究的弱项。有人说："地理学研究微观区域是低层次的、简单的重复劳动。"我却认为，宏观、中观和微观是相对而言，地理学要让人们改变"无用"的感觉，甩开"无用论"的包袱，更重要的还应该实实在在从微观区域做起，从根本上改变以往大而空，理论一大篇，实际不沾边，停留在现象罗列的治学方法上，必须踏踏实实地以解剖麻雀式的研究，才能揭示区域发生、发展的规律性，才能找到解决区域发展的根本，才能拿出一份能回答社会上人们所密切关注的问题，接受社会实践的检验。尤其运用规划手段，把理论研究成果落实在区域土地利用和空间布局上，递交一套符合当地实际，有用、可行、可操作的实施方案。只有这样，才能从根本上摘掉"地理无用"的帽子，才能从"危机"中寻找"生机"。实践证明，我们的这个思路和做法是正确的。

县、市微区域的问题，涉及国计民生方方面面的问题，"郡县治，天下安"，它事关国家安定、发展的大局，区域虽小，但它自身具有的特点、需要研究和解决的问题却不比中观、宏观区域少，而是更加具体、更贴近民生。不同区域或同一区域的不同发展阶段，其特点、问题和人地系统调控的方向、重点、模式也不一样，何止"是一种简单的重复劳动"或认为是一个微观小区域的问题呢！

一直以来，我就是坚持如上理念、立足基层，紧贴民生，兢兢业业为基层百姓做实事，扎扎实实为区域发展与规划，为人文地理学的改革和发展而苦苦求索。

其三是得到国内地理"大家"的支持。县市微观区域研究和规划工作从顺德、增城和南海等地做起，成果出来以后，得到我国地理界权威专家的肯定和支持。如著名区域地理学家、我的导师梁溥教授看了顺德县县域规划成果以后，高兴地说："地理学研究能与县域规划结合起来，必将有强大的生命力。"（1990）著名地理学家华中师大地理系刘盛佳教授说："区域研究是地理科学研究的核心，区域规划又是区域研究的最高形式，是地理学由现象描述、规律探索到发展预测、操作规划的飞跃。从这个角度而言，陈烈等人的研究，具有开拓创新的重要意义。"（1996）中科院地理研究所黄秉维院士说："以此为开端，不断地深入提高，删繁取要，实质上也就是为建立和发展地理科学而工作。"，黄先生还说："……不断地从事县、市级规划，不断地总结提高，必将在地理科学的建立与发展中取得重大的成就。"（1993）

老一辈地理学家的肯定和支持，对消除当时地理界的一些杂音起了重要的作用，更是鼓舞了我们的士气，为我们继续进行区域规划增添了信心和动力。

其四是团队作战，持之以恒，不断总结提高的治学作风和治学方法。一直以来，我们坚持以人文地理学的理论和方法为基础，吸纳有关学科领域的理论和方法，组织多学科专家协同作战。同时坚持"研究—规划—设计"一条龙的技术路线和"感性—理性—悟性"的科学认识路径，坚持实践一项，总结一次，提高一步，出版一个研究成果的治学方法。近三十年来，已形成了一套独具特色的"区域发展与规划研究"系列成果。

重视吸纳相邻学科领域的有关理论和方法，有一个相对稳定的、由校内外多学科、多专业人员组成的专家队伍，坚持实事求是，持之以恒，锲而不舍，边实践边总结，规划一个项目，留下一种关系，建立一个基地的治学理念、治学模式、治学风格和治学态度，是保证我们的成果质量，保证我们的事业越做越大，越做越强，不断扩大地理学影响，提高地理学效应，增强为社会服务能力和效果的成功之举。

继顺德、增城、南海规划之后，把可持续发展理论引入区域规划之中，迎来了区域规划的大好形势，地理系接受了广州、东莞、中山、开平、阳春等一批批市、县规划和研究任务，其中也有做得很认真、成果质量较好的，奈因规划人员未能及时进行总结，有的虽有总结，但未能坚持。同时，缺乏一个相对稳定的多学科专家团队，结果，都无法做大做强。

这些年来，我们先后在省内外、国内外建立了诸多规划和研究基地，最长已持续了近三十年，跟踪了多轮规划和研究。由于当地领导重视，认真抓好规划的实施和管理，收到很好的效果，既促进区域发展，广大群众也得益，他们都很感谢我们，同我们建立了深厚的感情。

时至今日，每当我们重回故地（包括国内外），见证我们留下的足迹，与当地的干部和群众共享规划成果，心里就感到莫大的欣慰！它已成为我故地重游、养怡修身、健康长寿的理想地和精神基础。

其五，家人、亲属的全力支持是我们事业成功的一半。我的事业能如愿发展，与一直以来得到亲人的支持有直接关系。为了让我专心学习，母亲和岳父母等帮我培育和教养小孩。岳父（中国科学院武昌油料作物研究所高级农艺师）还特地交代我爱人赵明霞（湖北大学中文系毕业、高级中学教师）说："陈烈这么大年纪才回去搞学问，你要作出牺牲，保证他把学问搞上去！"

她听在耳里，落实在行动上。到中山大学以后，她在认真抓好资料室和博物馆（人类学系）管理工作的同时，先后发表了10多篇文章，还担负起一切家务琐事，照顾、教育小孩，几十年如一日安排和照顾我的生活。我们之间可谓休戚与共，相濡以沫。我的事业能得到如愿发展，与亲人们的鼎力相助是分不开的，我的爱人更是付出了一臂之力。

前言

我并不聪明，但我很执着。出于我对地理，尤其经济地理和人文地理科学的热爱，几十年来，尤其自 1978 年以来，我把全部精力投入在专业学习，本科教学，硕、博士生培养和规划研究，尤其区域规划研究上。因为我被耽误了 10 多年，所以我对后半生的时间格外珍惜，多年来，我基本上把节日假期休息的时间都用上了。

我的小孩对我也很理解，很配合，从小学到中学到大学都自觉学习，很少让我花精力和时间去操心。时至今日，我也感谢他们给我的支持，然也忏悔自己对他们的关心、培养和教育帮助不够！

人们一般觉得退休是人生事业发展的结束，我却认为，退休是人生进入第三个发展阶段。人的一生经历了长身体学知识和工作创业两个阶段以后，将进入总结提升阶段，这个阶段是人对社会、对事物的认识达到了悟性层次，是认识社会，分析事物，改造社会最成熟的阶段。尤其对从事地理学工作的人来说，经过几十年的学习、研究和实践，正是知识积累最多、实践经验最丰富，分析和处理问题最成熟、最客观的时期。

因此，这个阶段仍然值得珍惜，要积极面对，科学利用。只要坐下来，冷静思索，认真总结，提升自我，照样可以拿出富有质量的成果，照样可以为社会作贡献。

我退休以来，就一直秉承这种理念，尽自己力所能及搞研究、做规划、写文章，为地方发展决策、咨询、辅导学生、指导教学等。正因为如此，退休后连续五年，被地理科学与规划学院评为"科研先进工作者"。

继 20 世纪 90 年代初专辟"区域发展与规划研究"系列丛书以来，一直坚持不断，继续总结和撰写著作出版。继 2011 年在科学出版社出版了系列第二十四的《县域可持续发展规划的理论与实践》专著（合作）之后，系列第二十五的《区域规划三十年的思与行》一书又将问世。

本书是《县域可持续发展规划的理论与实践》一书的延续和发展，是对"区域发展与规划研究"系列成果和案例实施效果的检验、总结和理论提升，也是作者多年来开展人文地理学和区域规划研究的部分成果，所取得的仅是地理科学的只鳞片爪，不过，他可让读者了解中山大学地理，尤其人文地理学三十多年来改革和发展的基本路径和艰辛历程，还可以了解笔者几十年来的治学理念、治学作风、治学方法和部分治学效果。谨以此告慰和感谢养育我、教导我、培养我、鼓励我和支持我的祖宗、前辈、老师、领导、亲人和朋友，作为一种治学理念和治学精神，但愿对我的学生和晚辈有启迪作用！

作者

2016 年 5 月于中山大学蒲园

前 言（二）

学者陈烈：区域规划的实践者[①]

随着"十一五规划"的出台，"规划"成了出现频率最高的词之一。从事城乡区域发展研究和规划工作已近30年的中山大学规划设计研究院院长陈烈，也成了规划学院甚至中山大学最忙碌的人之一。他在国内外完成的近百项规划设计研究任务，陆续得到了验证，吸引了来自全国各地的政要、专家和媒体记者。

多年来，中山大学规划设计研究院院长陈烈在国内外，尤其是珠三角地区，如顺德、南海、增城等地开展了为数众多的研究和规划，留下许多可供见证的成效。

佛山南海区松岗镇的南国桃园，在广东有"世外桃源"的美称，中央电视台在此还建有南海影视城。但在15年前，松岗还只是一个贫困的小镇。1992年，陈烈提出了以发展旅游业带动镇域经济发展的观点，引起了松岗镇委镇政府的重视。经过科学规划和精心策划，以及镇政府的全力运作、前后不足三年，南国桃园游人摩肩接踵而至，松岗镇也因此声名远播。

规划理论被越南推崇为样板。1995年，越南将陈烈的《南海市社会经济发展研究与规划》一书，以及《关于县城发展研究与规划的几个问题》等多篇论文翻译成越文，并指定为全国各省、市、县主要领导，各主管部门负责人和有关专业技术人员必读的文献。

2003年，陈烈亲自主持开展的河南鹤壁市淇滨区庞村镇（中心镇）总体规划，被誉为"河南省一流规划"。他带领组织了中山大学规划设计研究院多名专家、学者现场调研，走遍了庞村的每一个角落，作出了一部总体规划。不到两年就初见成效。河南省委书记徐光春、省长李成玉、副省长史济春、政协副主席张洪华、建设厅厅长查敏等多次到该镇考察，并在当地召开全省现场会，被称为"庞村效应"。2006年1月14日，鹤壁市淇滨区区委书记姚学亮和区长付国庆，专程到广州看望陈烈，他们说，"短短两年，陈烈院长的规划使淇滨区从无到有，发生了翻天覆地的变化！"现在，这个规划成果已由河南

[①] 见人民日报社《中国经济周刊》，2006年第4期。

省建设厅申报建设部奖。

2005年12月28日,陈烈受到广东省汕头市潮南区区委书记谢泽生的邀请,参加了海内外联谊会暨招商引资经贸会。他的《潮南区可持续发展研究与规划》一书是招商引资的重要筹码,海内外本土潮商正是由此看到了家乡未来的发展蓝图,大大增加了投资信心。

从南海松岗镇到庞村,从顺德到潮南,陈烈更多的是关注微观区域(如市、县、镇等)的可持续发展研究与规划。他认为,"规划的目的之一,就是要实现可持续发展。在中国,可持续发展一定要关注县(市)域层面,我国县(市)域人口约占全国人口的3/4,自然环境和社会问题突出,是'三农'问题的聚集地,城镇化、工业化、现代化等问题,事关9亿人的生存生活和生产问题。如果离开县域的现代化谈实现现代化就是空话,小县域大战略,这务必引起我们的高度重视。"

陈烈案头摆放着《广州市花都区国民经济和社会发展第十一个五年规划纲要(草案)》,他说这个草案刚刚通过了专家组的鉴定,获得很高的评价。但陈烈仍认为"应用这些规划思路来统一干部的认识和行动更重要",因为"这样的规划才会成为生产力"。

所以,在陈烈看来,任何一部区域规划的出台,都只是工作的刚刚开始。如果对规划的实施没有真正的重视,不是把它作为行动纲领,那规划的结局就难免是"纸上画画、墙上挂挂"。

陈烈谈到花都区未来五年规划的时候说,"花都区的工业和服务业总体上呈现快速增长态势,具有一定的经济实力,目前经济发展水平仍处于珠三角地区的中上游水平,但花都正成为广州地区经济发展最具活力的地区之一。我相信,只要严格按规划实施,把重要性上升到行动纲领的高度,积极发展内外源经济,快速推进工业化进程,花都区经济发展水平一定能赶上甚至超过广州市其他区的平均水平。

"据了解,有些区域和城镇出现不可持续发展的问题,其中一个原因就是前期对规划不够重视或规划设计不科学或对规划方案实施不力而造成的。"他说,"增强各级干部可持续发展理念,使区域规划真正成为指导该地区开发建设空间行为的行动纲领,这是重中之重。

"归根结底是人的问题,观念的转变是关键。如何在新形势下加强对区域规划的认识,不要把规划当作任务,而把它当生产力,只有这样,规划才能成为人们的自觉行动,才有真正意义上的指导作用。"

规划设计需要科学严谨

以往有些区域规划只是将各有关部门的规划方案拼凑汇总在一起,既没协调,亦不整合,是综而不合。有些规划的综合协调主要靠少数规划工作者的智慧，将其头脑中形成的整合方案变成文本和图纸，没有与利益冲突的各方充分协商，更没有取得他们的共识和认可。

从20世纪80年代开始，陈烈就致力于县域经济规划的研究，体会最深的是要实事求是。"县域经济规划应立足实际，把长远规划和近期规划相结合，把经济总体规划纲要和具体专项规划相结合，突出可操作性。要力求简要，突出重点，切忌面面俱到。要在充分调研的基础上广泛听取公众声音。"

在规划过程中，陈烈带领的专家团队广泛吸收代表各种利益的政府有关部门、非政府组织（社团、公司）以及人大、政协代表、企业家和多学科专家学者等各方面人士参加，在充分交换意见，集思广益的基础上，加强彼此间的沟通，共同寻求合理解决区域发展中各种利益冲突的有效途径，制定出的方案透明度高、实用性强、能为公众所接受、在整体上符合全社会根本利益。

"只有深入到一线，才能抓住重点、突出特色，才能较好地把握城市和区域空间演变的客观规律、才能找准县域经济发展的突破口、才能对县域产业发展进行合理的定位。"

陈烈认为县市区域规划对专家提出了更高的要求，不仅要有必需的多学科理论知识和丰富的实践能力，还要有良好的职业道德和实事求是的治学态度。"他把每项规划都与他授课一样同等重视，哪怕再小的乡镇，他都要亲自去考察研究，"凡是能到达的地方都要达到，凡是能收集的资料都要收集到。"不经过实地摸底和周密思考，决不轻易动笔，轻易表态。正是这种严谨务实的作风。使得经他规划设计的区域都取得了良好的实施效果，取得了对方的高度信任。先后建立了诸多规划研究基地，有些区域已坚持了20多年，只要有重大的决策性研究和规划项目就找到他。

法规强化规划

关于现在人们都耳熟能详的"可持续发展"，陈烈解释说，1987年世界环境与发展委员会在《我们共同的未来》报告中第一次阐述了可持续发展的概念，可持续发展是指既满足当代人发展的需要又不损害子孙后代满足其需求能力的发展。陈烈强调，可持续发展要求既要考虑当前发展的需要，又要考虑子孙后代未来发展的需要，不能以牺牲后代人的利益为代价来满足当代人的利益，也不能以少数人眼前利益而损害社会和公众的长远利益，不能为局部眼前的利益而损害全局的长远利益。要实现经济、社会、资源和环境协调发展，它们是密不可分的系统要素，其中经济发展是基础，资源环境是条件，社会可持续发展是目标。

陈烈还建议说，"区域规划的核心任务之一是搞好区域空间的综合协调，综合协调会涉及部门之间、地区之间的利益矛盾，国家利益、地方利益、集体利益与个人利益之间的矛盾，也会涉及经济效益与社会效益、生态效益的矛盾。除了通过规划制订区域综合协调方案和对策，还要通过规划建立起共同遵守、相互监督的机制，为了保证规划在实施过程中的指导和约束作用，因此条件成熟时，《区域规划法》的出台也是势在必行的。"

事实上，随着社会主义市场经济的发展。政企的逐渐分离和投资主体的多元化，传统区域规划的指令性意义日趋消失，迫切需要通过立法赋予区域规划在资源的市场配置过程中具有一定权威性和约束力的法定地位。

陈烈认为，在修改《城市规划法》和草拟《城乡规划法》的过程中，希望能明确规定区域（城乡）规划的地位、功能和作用，以及各级政府对编制和实施城乡发展空间规划的主要职责。

人民日报社记者：吴尚清　王庆莲

目 录

第一编 区域可持续发展规划的基本理论及其地理学效应

引言 ……………………………………………………………………（3）

第一章 地理学要重视微观区域发展研究与规划 ……………………（6）
  第一节 微观区域发展规划从顺德、增城、南海做起 …………（6）
  第二节 应用可持续发展理论，推进区域规划发展新阶段 ……（16）
  第三节 区域可持续发展规划的基本特点与要求 ………………（22）

第二章 区域可持续发展规划的基本理念 ……………………………（27）
  第一节 整体性和全局性理念 ……………………………………（27）
  第二节 发展和创新发展理念 ……………………………………（31）
  第三节 协调与统筹发展理念 ……………………………………（33）
  第四节 突出重点和差异性发展理念 ……………………………（36）
  第五节 公平与共享发展理念 ……………………………………（38）
  第六节 环境优化理念 ……………………………………………（40）

第三章 区域可持续发展规划的基本内容 ……………………………（46）
  第一节 区域可持续发展基础分析与发展战略定位研究 ………（46）
  第二节 区域经济可持续发展问题研究 …………………………（53）
  第三节 区域工业可持续发展问题研究 …………………………（57）
  第四节 农业资源调查、农业区划与农业可持续发展研究 ……（60）
  第五节 旅游资源调查、旅游规划与旅游可持续发展研究 ……（64）
  第六节 区域可持续发展战略性产业选择与论证 ………………（74）
  第七节 区域可持续发展战略模式导向 …………………………（79）
  第八节 区域可持续发展主要节点培育、发展论证与规划 ……（81）

第九节　区域土地资源可持续利用研究、土地利用类型区划分及其保护开发利用指引 …… (87)

第四章　区域可持续发展规划的地理学效应 …… (90)

第一节　给人们重新认识地理学打开"一扇窗口" …… (90)

第二节　为中山大学人文地理工作者开辟了一个广阔的"舞台" …… (93)

第三节　人文地理工作者应邀作为"中国规划专家"走出国门，为启迪和开拓越南干部的视野发挥了作用 …… (105)

第四节　区域可持续发展规划是培养"复合型"地理人才的理想课堂和有效手段 …… (112)

第五节　微观区域规划研究为地理学开展中观、宏观区域研究积累经验、奠定基础 …… (115)

第五章　中山大学人文地理工作者在国内与国外 …… (118)

第一节　广东省农业委员会副主任、农业区划委员会副主任、广东省国土厅副厅长林举英同志代表省农业区划委员会和国土厅给中山大学科技管理处和陈烈同志的通知书 …… (118)

第二节　越南国家科委办公室主任、红河三角洲规划中心主任阮加胜先生代表越南国家科委，越南科学、工艺与环境部和红河三角洲规划办公室给中山大学校长和地环学院院长的信 …… (120)

第三节　越南国家科委办公室主任、时任红河三角洲规划办公室副主任阮加胜先生代表越南国家科委，越南科学、工艺与环境部和红河三角洲规划办公室给陈烈的信 …… (122)

第四节　越南南河省和南定市给中国规划专家的感谢信 …… (125)

第五节　写给中华人民共和国国务院的报告书 …… (126)

第六节　给广东省省委书记张德江同志的信 …… (130)

第七节　关于抓好"合—安—马（芜）皖中大三角"问题给安徽省省委和省政府领导的建议书 …… (136)

第八节　关于做好"蒙中地区可持续发展研究与规划"的问题给内蒙古自治区党委和区政府领导的建议书 …… (138)

第九节　关于发展广州海洋经济和开展广州海洋规划问题给广州市市委和市政府领导的建议书 …… (140)

第二编　区域可持续发展战略研究与规划在国内的实践

引言 …………………………………………………………………… (145)

第六章　北部湾经济圈发展战略研究 …………………………… (151)
　　第一节　北部湾经济圈发展态势与雷州半岛的战略任务和对策
　　　　　　……………………………………………………………… (151)
　　第二节　北部湾经济圈崛起与广西区域空间发展 ……………… (161)
　　第三节　加强区域合作，促进共同发展 ………………………… (164)
　　第四节　面向西部大开发，环北部湾各城市面临的形势与任务
　　　　　　……………………………………………………………… (169)
　　第五节　北部湾旅游圈协同发展的战略目标与对策 …………… (173)

第七章　区域与城市可持续发展战略研究（案例） …………… (180)
　　第一节　区域协调与广东可持续发展 …………………………… (180)
　　第二节　加快粤东地区发展的战略思考 ………………………… (189)
　　第三节　"韶郴赣红三角经济圈"总体发展思路与旅游发展战略
　　　　　　……………………………………………………………… (195)
　　第四节　汕头市可持续发展战略思路与对策 …………………… (207)
　　第五节　边境口岸城市基本特点与二连浩特市发展战略思考 … (213)
　　第六节　南水北调中线工程实施以后汉江流域各方的战略任务与
　　　　　　对策 ……………………………………………………… (221)
　　第七节　县域可持续发展与科学规划 …………………………… (228)
　　第八节　新农村建设要以规划为依据，立足于可持续发展 …… (238)

第三编　区域可持续发展研究与规划成果在越南的应用

引言 …………………………………………………………………… (247)

第八章　越南考察记 ………………………………………………… (252)
　　第一节　红河三角洲资源环境与经济社会概况 ………………… (252)
　　第二节　国家大政方针与红河三角洲发展 ……………………… (257)
　　第三节　越南人议中国 …………………………………………… (259)
　　第四节　越南发展态势与我们的战略思考和建议 ……………… (262)

第九章　红河三角洲研究与规划报告 ……………………………………（269）
- 第一节　用可持续发展战略理念指导红河三角洲经济社会发展与规划（提要）………………………………………………（269）
- 第二节　南河省经济与社会发展战略构想 ………………………（278）
- 第三节　南定市城市发展与规划的基本思路（纲要）……………（284）
- 第四节　海阳省凤翔湖水库湿地生态旅游规划 …………………（293）

第十章　珠江三角洲研究与规划成果在越南的应用 ……………………（299）
- 第一节　南海市社会经济发展规划成果在越南的应用与拓展 ……（299）
- 第二节　关于区域规划中的几个问题 ……………………………（301）
- 第三节　强化土地管理，促进红河三角洲土地资源合理开发，永续利用 …………………………………………………（309）
- 第四节　重视环境保护，保障红河三角洲经济社会可持续发展 …………………………………………………………（313）
- 第五节　重视小城镇发展规划与管理，实现红河三角洲小城镇可持续发展 ……………………………………………（318）
- 第六节　珠江三角洲乡村城市化问题与红河三角洲乡村城市化 …………………………………………………………（322）
- 第七节　广州城市规划的经验教训及其对胡志明市的启示 ……（329）
- 第八节　广东旅游发展与南国桃园旅游度假区规划给越南官员和企业家的启迪 ……………………………………………（337）

后语 ……………………………………………………………………（343）

第一编
区域可持续发展规划的基本理论及其地理学效应

蟠龙知何去?剩有追梦人。
(1981年湖北省南漳县武安镇蟠龙岗下留影)

引 言

　　自 20 世纪 80 年代中期以来，笔者致力于县市小尺度地理微观区域的发展研究与规划，是基于如下原因：

　　其一，"区域是地理科学研究的核心"是长期以来地理界的共识，但究竟研究区域中的什么内容，如何研究，研究的目的是什么，研究的切入点和落脚点在哪里，等等，这一系列关系学科研究对象和研究方向的根本性问题，都一直没得到应有的解决。

　　况且长期以来，地理学的研究方法停留在简单的现象描述或现状要素的罗列上，因此，给人们的印象是，地理是一门描述性的、记事性的科学，对经济社会发展不能直接发挥作用。甚至有人认为地理，尤其人文地理不是一门科学。多少年来，地理工作者也给地理科学定位为"是一门既古老又年轻的科学"。

　　由于如上原因，地理学一直得不到人们的认可和社会的重视，在国外如此，国内也是如此。"文革"期间，受冲击最严重、甚至被否定的应属地理学。社会上盛行"地理无用论"，许多地理工作者也大叫"地理危机"。

　　正是在谈地理色变的形势下，20 世纪 80 年代，国内许多高等院校纷纷改名称、改方向，中学地理教育也被大大削弱，甚至曾被取消，许多地理工作者也千方百计设法"跳槽"、改行，避开"地理"二字。

　　中山大学地理本科毕业之后，在鄂西北山区经受了十年磨炼的我，幸喜遇到"科学的春天"。怀着一股热情，充满强烈的希望，于 1978 年考回中山大学地理系攻读农业地理研究生。

　　在就学期间，参加教研室政治学习和业务活动，经常听到老师们就地理学何去何从的问题争论不休，深刻感觉到老师们的思想很混乱，部分教师不时散发出各种各样的消极情绪。也有主张改名、改方向的。有的老师还问我，"你何必要那么辛苦回来读地理研究生呢？"

　　所有这些极为消极的言论和信息，我是听在耳里，急在心里。怎么办？"文革"动乱，使我浪费了十年的青春，盼了又盼，好不容易回来，却遇到这种形势。我扪心自问，大学本科的时候已在中山大学待了七年（其中两年"文革"），现在再读三年，毕业以后前途又是如何呢？地理真的没用吗？能否变"无用"为"有用"？变"危机"为"有机"呢？……这些现实问题不时浮现在自己的脑海里，不时地思考着，越临近毕业越是着急。

很幸运，毕业留校以后，正遇上国家改革开放大势，鼓励人们放下包袱，解放思想，大胆革新，这为地理科学的改革和发展带来了契机。

在改革开放的强劲东风下，老师们终于打开了精神枷锁，放下包袱，敞开思路，对地理学的发展问题进行认真、实事求是的总结。围绕地理课程的设置，地理学的教学和研究方法等畅所欲言，各抒己见，大胆改革。一致认为，地理学必须坚持在实践中改革，在实践中求发展，通过实践，让社会、让人们认识和检验地理学。

笔者深深地卷进这个浪潮之中，并作为教研室副主任，亲手对教学课程设置、教学计划大纲进行了大胆的吐故纳新。同时决心为人文地理学的改革和发展进行大胆的求索。

其二，以往的地理研究，重视宏观、中观区域，轻视小尺度微观区域的研究，有人认为，"地理学研究微观区域是低层次、简单的重复劳动！"

我却认为，地理学研究宏观、中观区域，固然是必要的，但研究微观区域照样是必要和有意义的。若继续沿用以往的做法，停留在对区域的一般现象罗列和简单的要素描述，泛泛而论，泛泛而谈，有现状而无方案，有问题而无对策的理论一大篇，实际沾不到边、看不到天、摸不着地的研究成果和治学路途，是永远无法摆脱人们改变"地理无用"的看法的，也永远挽救不了"危机"的大势。

我还认为，所谓宏观、中观、微观是相对而言的，实际上它们都具有相同或相近的地理要素，都同样具有区域差异和区域特点，也同样具有发展的问题。通过对微观区域的脚踏实地的深入研究，可以给宏观、中观区域研究予以补充和启示，而研究宏观、中观区域也必须以微观为依据和基础，使研究落在实处，彼此间相互补充，相得益彰，目的都是为地理学更好地、更有效地服务经济社会发展，都是为了促进地理科学的改革和发展。

事实上，以微观区域入手，较易为力，通过解剖麻雀，深入研究，容易取得成果，容易得到改进、提高和总结经验，正是地理工作者搞改革的用武之地。从实际做起，从基层做起，从微观区域做起，容易拿出实实在在的成果，接受人们的实践检验。只有人们认可了，社会接受了，才能有效地改变人们对地理的认识，才能直接地摘掉"地理无用"的帽子，甩掉"地理危机"的包袱。

大学毕业以后，在农村地域摸爬滚打十年的我，决心踏踏实实地从微观地理区域研究做起。

其三，吴传钧先生在20世纪七八十年代提出的关于"人地关系地域系统是地理学研究的核心"的理论，得到我国广大地理工作者的认可，多年来，许多学者沿着吴先生揭示的理论，对区域人地系统发生、发展的规律性，人地之间相互作用的机理、功能、结构和特点等，开展了大量的理论研究，取得了丰硕的理论研究成果，对地理学的研究方向和研究对象有了较统一的认识。但对区域人地系统调控的理念、手段、模式、途径、机制与对策等实质性、应用性的研究却为数不多，成果极其罕见。

作为吴先生的学生和晚辈，愿意对这些事关人文地理改革和发展的问题，从微观区域入手进行理论研究和实践探索。

其四，笔者生在农村，长在农村，大学毕业之后被分配到鄂西北山区农村，磨炼了十年；研究生毕业之后，从1980年起，参加了广东省农业资源调查与农业区划工作，先是作为专业人员参加，后作为专家指导、评审、论证、验收小组成员，前后数年，踏遍了广东省（含海南岛）四十多个县、市的山山水水；与此同时，1984年陪同香港大学、香港中文大学和香港浸会学院二十多位教师，为期二十多天，环岛调查海南岛的旅游资源；1987年，与广东省旅游局、广州地理研究所的同志，合作开展《广东省旅游资源综合开发利用规划》（省国土规划子课题），带领人文地理专业88级毕业生开展全省旅游资源调查，又一次踏勘省内大多数县市的山山水水。

所有这些实践和体验，让我对县、市、农村、农民、农村基层干部，农村地域的问题和特点比较熟悉和了解，对县市域人地关系各要素发生发展的规律性，其发展的现状特点与问题，以及未来发展的方向、目标、机制与对策等，也都有较深刻的理解与体会。

长期在农村生活、工作和调研，从与广大群众、基层干部的接触中，深刻感受到他们的敬业和辛苦，也发现他们，尤其是县市级领导干部，因缺乏科学知识，尤其是农学、地理学等方面的知识，对区域如何发展，缺乏科学思路，虽有充分的努力、满腔的热情和干劲，都不能达到预想的结果。而且往往由于主观性、盲目性，违背自然规律，违背生产布局的基本原则而出现劳民伤财、事与愿违的情况，结果，既影响农业和农村的发展，也极大地挫伤群众的积极性。

总之，长期的实践，让我深刻地感受到让我们的县市基层干部懂得一些地理知识的必要性，深刻体会到地理工作者开展县市微观区域研究的现实意义，体会到县市要发展，做好规划，理顺思路的必要性，体会到开展县市域发展研究与规划对于丰富地理研究内容，促进地理科学改革和发展的理论意义和实践意义。

这正是多年来，笔者不遗余力，苦苦求索的愿望与动力。

第一章 地理学要重视微观区域发展研究与规划

第一节 微观区域发展规划从顺德、增城、南海做起

恰逢国家实行改革开放政策，老百姓渴望发展经济、改善生活。地处改革开放前沿的珠江三角洲干部和群众率先迈开改革和发展的第一步。刚刚洗脚上田的农村干部，为了寻求发展的思路，他们根据1989年8月，国家建设部、全国农业区划委员会、国家科委和民政部联合发出的《关于开展县域规划工作的意见》的要求，于同年9月，顺德县率先邀请中山大学地理系开展"县域规划"。地理系领导决定，由我领队，组织教师和学生开展此项工作。①

我们组织了3名教师、2名研究生和28名应届本科毕业生，浩浩荡荡开进顺德县。这一次可不像以往那样，老师讲讲，学生看看、听听，一结束就走人。而是要给县递交一份实实在在的答卷。面临的问题是要回答县领导提出的"什么是县域规划？""县域规划要做些什么？""如何做？""最后要递交什么成果？"

在规划内容无章可循的情况下，我们只好根据以往农业区划和地理工作的做法。首先，对全县开展全面调查，深入各单位开展广泛座谈和访问，以此了解情况，掌握信息和材料。

在此基础上，我们发现，在经过近10年经济社会快速转型和城乡建设高速发展的同时，也出现了许多问题和难点，对于未来县域如何继续发展，干部和群众都心中无数，缺乏应有的思路和目标。

为此，我们采取先从研究入手，再进行规划设计的技术路线。梳理出了8个专题进行研究，包括县域历史文化特点及其对开放、改革、发展的启示，产业和经济发展与空间矛盾，人口发展与城镇化模式，土地利用趋势与策略对策，区域整合与经济重心区构建，经济发展与人们价值观念和生活方式的转变，经济发展与环境保护问题等。

在专题研究的基础上，对县域经济社会发展进行综合规划和生产力空间布

---

① 参加《顺德县县域规划》的教师有：陈烈、倪兆球、司徒尚纪、廖金凤，研究生陶志红、田剑华以及经济地理与城乡区域规划专业90级本科毕业生薛德升等28人。

局。包括：①根据县域在珠港澳大区域中的地位和作用，县内资源、环境条件和经济社会发展基础，以及国内外形势发展的要求，确定县域经济社会发展的战略方向、目标、重点和对策；②根据县域经济和产业，尤其工业发展的现状、特点与问题，进行结构调整与布局，统筹安排农业和第三产业的发展；③预测城镇化水平，确定县域城镇化发展模式，提出各镇的职能、规模和空间结构；④统筹安排交通、通讯、供电、供水、防洪、排涝、环保等基础设施和教育、文化、科技、体育、医疗卫生等公共服务设施的规划布局；⑤根据土地利用现状、特点与问题，分析预测未来土地利用变化趋势，制订土地利用结构方案和保护调控对策；⑥根据县域环境生态，尤其大气环境、水环境、农业土壤环境变化趋势和"三废"排放问题，进行环境保护规划并制订相应的环境保护措施；⑦根据县内经济、社会、资源、产业、城镇等的区域差异特点，制订县域空间开发时序和区域开发利用模式；⑧根据县域中心大良镇首位低、区域带动力弱的问题，提出整合良（大良）容（奇）桂（州）三镇，建设县域中心城区，强化县域中心地位的作用，提高区域带动功能。

顺德县域发展研究，给县领导提供了十一个重要的观点，并递交了一个包括经济、社会发展和资源、环境开发利用保护规划方案。成果得到县委、县政府的高度肯定和充分认可。他们说："县域规划为我们县未来发展提出了许多带有决策性的好意见，为我们县的继续发展提供了一套很好的科学思路。"

在规划成果的基础上，我们进一步进行总结、整理、提高，形成了包括县域规划纲要和8个专题研究报告的"顺德县县域规划研究"书稿。我国著名区域地理学家、时已80岁高龄的梁溥教授，见到书稿以后，高兴地说："多年来，我一直盼望能见到一本比较系统的关于区域研究的著作，现在终于见到了。"梁先生欣然拿笔为本书的出版作序。

梁先生写道："县域的综合体是有规律的，按照规律来进行规划、认识全县的过去、现在，预测将来的发展，明确发展方向、制订战略目标，进行战略部署，不仅有科学意义，而且对政府的科学决策，发展社会经济，都是具有重大的作用。"他肯定地说："如果地理学研究能与县域规划结合起来，必将有强大的生命力！"[1]

顺德县域规划的初步成功和获得甲方的好评，产生了很好的正面影响。它给人们以"县域规划有用可行""地理工作者可以搞县域规划"的印象。以此产生了极大的"顺德效应"。紧接顺德之后，迎来了增城、南海、三水、中山、湛江等县、市的规划。

1990年秋，增城县要求开展县域规划。在1986年"县域城镇体系规划"[2]

---

[1] 陈烈，倪兆球，司徒尚纪：《顺德县县域规划研究》，载《中山大学学报》，1990年第12期。
[2] 1986年，许学强、陈烈等在增城县开展"县域城镇体系规划"试点。

基础上，按县域规划的要求进一步充实、完善和提高。根据增城的特点，我们组织了13个专题的研究，比顺德的研究内容更多、更具体，最后形成了包括总体规划纲要和13个专项研究报告的规划研究成果。

《增城县县域规划》① 比1986年的《县域城镇体系规划》在研究的广度和深度上有明显的发展，对于县域发展方向、目标进一步明确，措施和对策也进一步具体化，思路和方案也更具可操作性。

增城县域规划，进一步强调和系统阐述1986年县域城镇体系规划中提出的"以荔城为中心，新塘、派潭为次中心，广深线、广汕线为重点，抓南部，扶北部，促中部"的点轴梯度空间发展战略。同时，根据县域土地资源、自然生态环境特点，以及经济、社会发展基础，明确划分三大经济区，即南部平原水网经济区、中部丘陵台地经济区和北部山地丘陵经济区，并根据各区域的差异性，因区制宜制定其开发利用、保护方案和策略对策②。

图1-1 增城县经济分区

---

① 参加《增城县县域规划》的教师有：陈烈、倪兆球、司徒尚纪、廖金凤，以及经济地理与城乡区域规划专业91级本科毕业生28人。

② 陈烈等：《增城县社会经济发展研究与规划》，载《中山大学学报》，1992年第12期，第15～20页。

增城县的规划,为该县经济社会发展和资源环境开发利用保护提供了明确的指导方向,它不仅成为该县自"六五"以来编制一系列五年计划和五年规划的指导思想,还为后来划分主体功能区和实现县域科学发展奠定基础。

图1-2 增城市主体功能区

这些年,尤其21世纪初以来,增城市经济、社会实现快速、有序、协调发展,被誉为"新时期我国县域经济科学发展三大模式之一",是"全国中小城市科学发展的典范",2007年获联合国"世界和谐城市提名奖",被列为国家"可持续发展实验区"。所有这些,都可以溯源到20世纪80年代县域规划奠定的基础。

在顺德、增城两县规划实践的基础上,1992年秋,接着开展《南海市市域规划》①,其内容主要包括:

(1) 研究市域开发的历史文化过程;分析市域的资源、环境条件和经济、社会发展基础;比较周边区域的发展条件、基础和特点;分析国内外发展形势和市场需求等,明确自身的特点、优势、劣势、机遇与挑战。

(2) 在如上纵向和横向分析的基础上,明确自身在区域中的地位和作用,以此为依据,制订市域经济社会发展战略,包括战略方向、战略目标、战略模式、战略重点、战略措施与策略对策等,这里的关键是先抓好区域发展战略定位。

(3) 研究市域工业、农业和旅游、商贸等产业发展方向、目标、重点,制订发展与布局方案,重点是选择主导产业、论证产业发展节点和优化产业结构。

(4) 分析乡村城镇化特征和动力因素,分析人口、劳动力发展趋势,预测城镇化发展,进行城镇体系规划,重点是市域中心城构建,城镇空间发展模式和次中心的选择、论证与规划。

(5) 道路交通、供电、供水、防洪排涝等基础设施规划布局。

(6) 教育、科技、医疗卫生等社会服务设施规划布局。

(7) 经济发展对环境的影响研究与环境保护利用规划。

(8) 市域空间发展战略、土地功能划分、土地资源保护与开发利用指引。

在市域规划的基础上,又组织开展对市域12个镇的社会经济发展规划②和部分管理区规划。接着又组织开展《市域土地利用总体规划》③《西樵山国家级风景名胜区规划》和《南国桃园旅游度假区规划》等。

南海市域规划的特点:①是坚持从纵(历史)向和横(周边区域分析比较)向的角度分析其发生、发展的规律性,作为制定新时期发展规划的依据;②基本形成了县、市域规划的内容体系;③形成了一套由多学科的理论和方法有机结合的、理论联系实际的市域规划—镇域规划—管理区规划系列成果,构成微观地理区域规划系统结构体系。这是南海规划的最大特点。

照以往的做法,每规划一个区域就整理出版一个成果。南海市域发展研究和规划成果,经过整理充实、提高,形成《南海市社会经济发展研究与规划》

---

① 参加《南海市市域规划》的教师有:陈烈、倪兆球、司徒尚纪、廖金凤、闫小培、曾详章等和研究生简路芽、杨智、谭鸿坤、王明亮,以及经济地理与城乡区域规划专业92级本科毕业生宋海燕等30人。

② 陈烈等:《南海市镇域社会经济发展规划1-12》,广东科技出版社1993—1994年版。

③ 陈烈、廖金凤:《土地利用总体规划的理论与实践》,科学出版社1995年版,第10页。

书稿。恰逢我国著名地理学家、中科院地理研究所黄秉维院士出差惠州，路过广州，我把书稿送给他审阅。第二天，他对我说，"昨天晚上我一口气就把它看完了，材料很好！"我请他为本书的出版作序，他满口答应。

数天后，黄先生从北京寄来他撰写的序言，黄先生写道："钱学森教授四十余年以来反复指陈，中国要做好中、长期建设规划，亟应建立和发展地球表层学或地理科学……我赞同钱老的倡议。在中国地理学界中与我有同感者可能不在少数。"

黄先生接着写道："地理科学当然不是传统的地理学，它必须包括不少地理学的理论和方法。为了中、长期建设规划，建立和发展地理科学，地理工作者应积极参与，义不容辞。而积极参与最主要的途径是投身于规划工作的实践，在工作中扩大所覆盖的内容，调整观点，改进方法，再密切注视规划实施的结果、检验工作的得失。"

"建设规划有许多种类，规划地域对象有大有小。为了发展地理科学，县及县级市的建设规划工作具有特殊意义。全国有2000多个县级行政单位，大多数具有拟定规划的资源和权能，所牵涉到的问题，则比全国及省级规划简单得多，由此入手，较易得力，较快改进、提高、推广所取得的经验，可以用武之地也较大。"

黄院士继续写道："近年以来，中山大学陈烈等同志在顺德、增城、南海等地，与当地政府协作编写发展规划，取得较好的结果，起了积极的作用。以此为开端，不断地深入提高，删繁取要，实质上也就是为建立和发展地理科学而工作。"

黄先生肯定和鼓励地说："此书是在南海市域规划工作基础上的总结。我对南海既毫无所知，对市县域规划亦毫无经验。规划所涉及的问题跨越很广阔的知识领域，其中有些部分是我过去所未接触过的。几个小时的浏览所能得到的充其量亦不过是印象主义的观感，但有一点可以确切无疑的是，一个相对稳定的集体，在相当的时期内，与地方领导和工作人员协作，不断地从事县、市级规划，不断地总结提高，必将在地理科学的建立与发展中取得重大的成就。"①

1994年4月，越南考察团（多为中央委员、省部级和厅局级官员）到中山大学让我给他们举行讲座，课后，应他们的要求，送给他们《南海市社会经济发展研究与规划》一书和已公开发表的文章，他们非常感谢，认为这是一份"厚礼"。

1995年11月12日，越南国家科委办公室主任、红河三角洲规划办公室副主任阮加胜先生代表越南国家科委和红河三角洲规划办公室给我写信。

---

① 陈烈等：《南海市社会经济发展研究与规划》，广东省地图出版社1993年版，序言。

信中说:"我们拜读了您的著作和文章,感到这些材料对我们的工作是一份有实际价值的好教材,我们便把它翻译出来,以供越南各省、市,尤其红河三角洲社会经济总体规划工作与研究的专业人员和管理干部阅读。"

信中接着写道:"通过我本人认真研究及收集了读者的意见,我们觉得您的书对规划研究人员和管理干部是一本十分宝贵的参考书。"

"这是您对历史、自然地理、经济地理、市场、社会等深入研究的成果,尤其是在把上述研究结论应用于南海的实践,提出南海市的总体发展战略和发展道路。"

"我,这封信的书写人,十分荣幸地在今年10月初访问了南海市及一些乡镇,感受到南海市经济社会发展的实践已证明了您的研究工作的正确性。"

"您的书对进行规划研究工作的人有很高的参考价值,它虽然是以科学报告的形式来谈总体规划问题,但又很有条理,使读者感到有趣,而不落入单纯的规划报告的俗套。"

我国著名地理学家、原国际地理学会副秘书长、中科院地理所吴传钧院士写道:"17年来,我和陈烈虽分处南北,但始终保持联系,我得知他在教学和科研两个方面获得很大成就,步步成长,衷心喜悦。"

吴先生说:"作者在中山大学长期从事生产布局和土地利用方面的教研工作,先后参加和主持广东省农业资源调查、农业区划、国土规划、城镇总体规划、旅游区规划、土地利用总体规划等三十多项有关生产建设任务。在此广博的实践基础上,着意耕耘,发表了30多篇论文和17种专著,有此累累成果,颇为不易。他的论著不仅扩大了地理学的研究领域,而且为有关地区的社会经济持续发展做出了贡献。尤其在坚持以市场为导向研究区域资源开发,制订区域规划方案等方面,收到较好的经济效益和社会效益,获得了政府和有关业务部门的好评。他的《南海市社会经济发展研究与规划》一书,已由越南翻译,并列为越南国家各省市和红河三角洲经济区干部和专业人员必读著作。"

吴传钧院士认为,"这种立足于县市微观区域,深入实地、踏踏实实研究人地关系的发生、发展问题,并通过规划手段,实施有效的调控、促进区域协调发展的做法,具有重要的理论和实践意义,对于推进地理,尤其人文地理学的改革和发展,具有重要的现实意义。"吴先生还说:"陈烈同志还应越南政府的多次邀请,前往讲课和指导南河省经济社会发展战略研究和南定市城市总体规划等多项工作,誉满国外。"①

因此,自20世纪90年代初至21世纪前7年,吴先生一直不断给我们以直接的鼓励、支持和指导。他多次建议召开地理高层学术研讨会,认真总结这

---

① 陈烈、廖金凤:《土地利用总体规划的理论与实践》,科学出版社1995年版,序言。

方面的经验，推动地理科学加强对微观区域的研究。

　　顺德、增城、南海三地规划的初步成功，给社会上人们的印象是，县域规划有用可行，区域发展要靠规划；地理工作者能搞区域规划，这就带来巨大的社会效应，加之在改革开放发展经济的大潮之下，珠江三角洲的诸多市县，如中山、三水、开平、江门以及湛江市、潮阳市等都纷纷邀请我们做规划，中山大学人文地理迎来了前所未有的大好形势。

　　尤其自1994年以后，把可持续发展战略理念引入区域发展研究与规划之中，更扩大了规划的视野和规划研究成果的生命力，进一步迎来了新一轮的区域规划热潮。许多县市，如顺德、增城、潮南、湛江等纷纷要求做第二轮，甚至第三轮的规划。我们的规划工作也从珠江三角洲向省内各地发展，从广东省内做到省外，从国内做到国外。笔者也从原来一个无人问津的地理人成为应接不暇的大忙人，成为中山大学区域规划的组织者和领军人。组织一批批多学科专家队伍，代表地环学院、代表中山大学，甚至代表中华人民共和国赴国内、国外开展区域可持续发展研究与区域规划。先后应国家建设部、越南科学技术环境部红河三角洲规划办公室等的聘请，在国内外兼任了三十多个高级技术顾问、规划总工程师、兼职教授、兼职研究员等职务。同时还应邀先后为国内外六十多个县市进行经济、社会发展与规划决策咨询（详见本书第四章）。目前，在国内外的许多地方，都可以见证我们所留下的足迹。

图1-3 部分区域规划研究成果书目

图1-4 陈烈（左一）与导师梁溥先生（前排中）在一起（2005）

图1-5 陈烈与吴传钧院士在汕头市迎宾馆（2006）

第二节　应用可持续发展理论，推进区域规划发展新阶段[①]

我国从"十一五"开始，改计划为规划，有效地推动区域规划的发展。实际上地理工作者应用区域理论开展区域规划已有30多年的历程，大体可分为三个发展阶段。

第一个发展阶段是20世纪70年代末开始的区域专项规划，即从区域的角度开展专项规划。如1979年开始的区域（含省、市、县）农业资源调查与农业区划（国家"六五"时期重点项目），1986年开始的县、市域城镇体系规划，还有县（市）域土地利用总体规划等。

第二个发展阶段是20世纪80年代末开始的从区域整体的角度对经济社会发展和资源环境开发利用进行综合研究和统筹规划布局。如1987年开始的国土规划（广东省国土规划包括12个专项），1989年顺德县县域规划，1990年增城县县域规划，1992年南海市市域规划，还有中山市、阳春县、三水市、湛江市域规划等。

第三个发展阶段是从20世纪90年代中期开始的区域可持续发展规划，即把可持续发展战略理念应用于区域规划之中。如中国发达地区顺德市域可持续发展规划、广州增城市域可持续发展规划、汕头市潮南区可持续发展规划、韶关市始兴县可持续发展规划、广州市花都区"十一五"规划，以及湛江廉江市域发展与改革规划等。

应用可持续发展基本理论开展的区域可持续发展规划，使规划理念、规划视野、规划思路、规划目标更开阔，规划的内容也进一步充实和提高，大大提高规划的生命力，有效地推动区域规划进入新的发展阶段。

可持续发展是人们对传统，尤其工业革命以来的发展模式所带来的生态失衡、环境污染、资源枯竭，以及贫困人口增多等一系列经济社会、资源和环境问题的认识总结和反思而得出的全新发展观。人们深刻地认识到，要摆脱这些危机，必须寻求新的发展模式来指导人类的未来。可持续发展理论就是在这一背景下形成的，它所表达的是一种既满足当代人发展的需要，又不损害子孙后代之所需的发展观。

可持续发展理论的核心思想为人们所传递的共同信念就是：社会经济的健康发展应该建立在生态持续能力、社会公正和人们积极参与以及生活质量提高的基础上。它强调社会经济的发展要与资源环境相协调，追求人与自然的和谐以及人与人的和谐，使人尽其才地尽其利。即既要考虑当前发展的需要，又

[①] 本书是指县市微观地理区域。

考虑子孙后代未来发展的需要。不能以牺牲后代人的利益为代价来满足当代人的利益，也不能以少数人的当前利益而损害社会和公众的长远利益，不能为局部眼前的利益而损害全局的长远利益。

可持续发展是以人的全面发展为中心的"经济—社会—生态"三维复合系统动态平衡和协调发展的全新发展观，涉及内容极其广泛，既有物质的，也有非物质的，既有单个要素发生和发展问题，也有各要素协调发展的问题。其基本内涵主要包括以下三个方面：一是经济可持续发展。经济是可持续发展的基础，经济可持续发展不仅包括经济数量的增长，而且包括经济结构的优化、经济效益的提高、经济综合竞争力增强、经济体制的不断创新等，强调经济增长方式由数量向质量、由外延向内涵、由粗放向集约的转变。

二是社会可持续发展。社会可持续发展是可持续发展的目的，强调代内与代际之间的公平、强调人类生活质量的改善、强调人类健康水平的提高、强调社会的全面进步和人的全面发展。

三是生态可持续发展。生态是可持续发展的条件，要求人类自身的发展要与生态环境承载能力相协调。人类的生产和消费不能超过生态环境自身的调节和恢复能力，强调自然资源的合理、节约、集约、高效和永续利用，强调生物的多样性，强调环境的洁净、绿色、优美，强调生态环境的良性循环。

可持续发展理论的核心主要是：

1. 发展与全面发展

发展是硬道理，是实现可持续发展的基础和先决条件，对于发展中国家和欠发达地区来说，发展是第一要务。只有发展才能为解决生态危机提供必要的物质基础，也才能最终摆脱贫困，停滞发展是消极的，它不能解决人类的各种危机。可持续发展突出强调的发展有别于一般意义上的发展，对于这种发展，要用社会、经济、资源、环境、生活和消费等指标来进行衡量，是社会、经济、资源、环境的全面发展。

2. 协调发展

可持续发展理论认为，社会经济的发展与资源的持续利用，生态环境的切实保护密切相关，强调经济发展与环境保护紧密联系，要求在发展过程中经济、社会、环境相适应，实现人口、资源、环境与经济的持续协调发展，这也是可持续发展区别于传统发展的一个重要标志。实现经济社会协调发展、区域发展协调（包括区域内和区域之间）、城乡协调、人与自然协调、人与人协调是可持续发展的本质要求。

3. 公平发展

可持续发展所追求的公平发展包括两层意思：一是人与人之间的公平。包括同代人之间的横向公平性和代际（世代）之间的纵向公平性；二是公平分配有限资源。可持续发展强调代际之间在资源利用和环境保护方面的机会均等，要求当代人在追求自身的发展和消费的同时，将当前发展与长远发展相衔接，为后代人的需求和消费负起历史的与道义的责任。

4. 以人为本发展

人是可持续发展的主体，发展的根本目的是提高人类的生活质量，不断满足人类多方面的需求。可持续发展要将改善人类生活质量、满足人们多方面的需求、实现人的全面发展和社会的全面进步作为基本出发点和最终目标。

我国对可持续发展问题极为重视。1987年世界环境与发展委员会发表《我们共同的未来》，正式提出可持续发展概念。1992年联合国环境与发展大会通过《21世纪议程》，我国也于1994年发表《中国21世纪议程》。为保障国民经济和社会发展第三步战略目标的顺利实现，2003年又制订了《中国21世纪初可持续发展行动纲要》，以推动我国可持续发展战略的实施。

可持续发展作为一个宏观战略理念，它必须作为我们各项工作的指导思想。不论思考、决策和处理任何问题，不论发达地区、欠发达地区或落后贫困地区，不论城市、农村、工业、农业，都存在可持续发展问题。那种认为"我们这个地区不存在可持续发展问题"的思想是片面的，不正确的。一个地区，在开发资源、利用环境、发展经济，推进工业化、农村、农业现代化、城镇化的过程中，都必须以此为出发点和目标。

可持续发展战略的提出，作为地理工作者，一开始就有较深刻的认识和理解，因为地理学的综合性、整体性和区域性特点与可持续发展战略要求有许多共鸣之处。20世纪80年代初，我们就应用农业生态系统的观点研究县域农业结构调整，即从农业生态——经济学的角度研究农业发展、农业结构调整与农业布局问题，以后，在《农业地理》课程教学中含有"农业生态系统与农业环境保护"一章，1994年以后，在指导研究生（硕士和博士）中，都坚持"区域可持续发展研究与规划""小城镇可持续发展与规划设计"方向。

区域可持续发展规划是在以往区域规划基础上的提升和发展。如1999年《顺德市域可持续发展规划》就是在1989年县域规划的基础上，总结市域20年，尤其近10年发展的经验、教训、优势与问题，分析其在国内和珠江三角洲中的地位和特点，根据新时期国际，尤其国内的发展形势与要求，制定市域可持续发展总体战略和经济子系统、社会子系统、资源环境子系统在规划期内各阶段可持续发展的方向、目标、模式、方案、结构，以及调控途径、机制和策略对策等。对制约市域可持续发展的重要问题进行深入的研究和规划。如土地资源的合理、节约、集约开发利用问题；农业环境，尤其基塘（40多万亩）的保护和基塘水环境治理问题；城乡协调发展问题，提出整合良（大良）容（容奇）桂（桂州）伦（伦教）四镇，强化市域中心城发展、规划、建设与管理；修正原来的城乡一体化发展模式（广东省试点），强调走生态型乡村城市化道理；强调产业结构调整、产业优化升级、转型与创新；强调自然生态环境保护与区域现代化生态环境规划与建设；强调文化创新，加强宏观调节和管理能力，强调创造发展新形势，继续保持和不断提高市域在国内发达地区和珠江三角洲地区的地位和竞争优势等。

总之，顺德市域可持续发展规划更重视区域系统各要素的创新和协调发展，更强调处理好经济发展与节约资源、保护环境的关系，更重视区域中心和区域社会环境的建设，更重视改善民生和现代化生态环境的营造。

图1-6 吴传钧院士主持顺德市市域可持续发展研究评审会现场（2001）

图1-7 中山大学校长黄达人教授（左二）和顺德市市长参加《顺德市市域可持续发展研究》成果专家论证会（2001）

图 1-8　参加顺德市域可持续发展研究全体人员合影（1999）

《增城市域可持续发展规划（2000）》是在1990年增城县域规划基础上，应用可持续发展理念总结市域发展现状与特点，尤其总结市域改革开放20年经济发展缓慢，在广深经济走廊处于经济低谷的原因，分析市域未来发展的潜在优势和条件。规划实施"南部带动、外向带动、生态经济和新型城镇化"四大战略。即继续强调县内集聚发展、快速发展的同时进一步强调依托广州，协调发展。充分依托市内优越的自然生态环境和宽松的土地资源，建设成为广州市东翼综合性工业基地、珠江三角洲生态型现代农业基地、广州市生态旅游休闲度假区和文化产业区、广州都市圈主要卫星城市和国家级可持续发展生态示范区。并根据市域经济子系统，社会子系统，资源、环境子系统的特点，分别制订不同发展阶段可持续发展方向、目标、模式、方案、重点和相应的策略对策。

规划针对影响和制约市域可持续发展的重要问题进行深入研究和统筹规划。如思想观念和发展意识更新，放下思想包袱，大胆依托广州市，承接经济和产业转移（市域南部）问题；盘活大量闲置土地，与广州市对接开发房地产业（西部）问题；整合教育资源，发展教育和文化产业（中部）问题；利用市域北部山区自然生态环境资源，以广州客源为主要吸入口的城市休闲旅游度假业发展问题；以及强化仙村、新塘烟尘、污水治理问题等。

本次规划,既把市域城乡经济—社会—生态复合系统作为一个有机整体进行综合研究和统筹规划布局,又将其作为广州大城市城乡区域复合系统的有机组成部分;既重点研究和规划市域系统内部的发展,又注意与广州市和周边县、市的协调发展。本项规划成为统一干部、群众的认识,调动干部、群众积极性的有效手段,为增城市10多年来快速、有序、协调、持续发展奠定基础。

图1-9　吴传钧院士(右七)主持增城市域可持续发展研究成果评审会(2002)

第三节　区域可持续发展规划的基本特点与要求

图 1-10　陈烈考察珠海万山群岛留影（1997）

一、集多学科专家协同作战，形成综合性研究成果

区域是一个复杂的巨系统，区域规划是一项庞大的系统工程，涉及区域经济、社会、资源、环境、人口、城市、乡村、工业、农业、第三产业等诸多要素。需要应用多学科的有关理论和方法进行综合研究。

多年来，我们坚持以人文地理学的理论和方法为基础，吸纳经济地理学、自然地理学、地质学、气候气象学、环境学、生态学、经济学、社会学、管理学、资源学、规划学、历史文化学、旅游地理学等学科的专家、学者，以及当地政府各种专业部门管理人员等，密切结合，协同作战。

通过深入调查研究，开展广泛的学术交流，保持密切的沟通和协调。最后，集各学科之长和各专家的智慧于一体，形成了综合性的科学研究和规划成果，这就有效地提高了成果质量。

二、坚持"研究—规划—设计一体化",形成既具宏观战略指导性,又具可操作性的规划研究成果

区域发展规划,要坚持从研究入手到规划设计的技术路线。即在对区域总体,以及各要素、各部门和各专题进行研究,明确其发生发展的规律性,特点与问题,未来发展的方向、目标和重点的基础上,以此为依据,制定相应的规划发展方案,制定相应的措施和对策。这种把宏观战略理论研究成果落实在区域空间、落实在土地利用与布局上,形成的成果不仅具有宏观战略指导性又具有实际可操作性,有效地提高研究和规划成果的质量。同时又有效地克服以往出现的理论与规划两张皮,或以点论点,就规划做规划,规划人员闭门做规划的理论与实际相脱节的现象,提高规划研究成果的有用性。这是多年来,我们一直坚持的技术路线。

三、区域性和实践性是区域规划的另一个特点和要求

区域发展规划,要强调区域性和实践性。不同类型区域,或同一类型区域的不同发展阶段,其特点和问题是不一样的,解决问题的思路和方案也不一样。规划研究人员务必在全面调查研究的基础上,努力抓住事关区域发展大局的主要矛盾和矛盾的主要方面,建立相应的发展理念、发展思路和发展模式,制定相应的调控机制和策略对策。

要避免对区域不作全面深入的调查研究,似是非是就轻易下结论,做方案,谈对策。要特别警惕这些年所出现的一些地方官员为了"作秀",请了一些所谓的"大专家",尤其是上级单位的"专家",他们不做调查研究,对当地的情况根本不了解,每到一处,下车伊始就发议论、谈观点,这种脱离当地实际的理论和观点,往往对当地起不到应有的指导作用,甚至还会产生误导。

规划就是科学。区域规划的核心就是要解决区域未来经济、社会发展的根本性问题。要做到这一点,规划工作人员要做好如下两点:其一是坚持深入实地调查研究,凡能到达的地方都要亲自考察到,凡能收集到的资料信息都要收集到;其二是坚持"感性→理性→悟性"的科学认识路线。对一个区域的认识只有到了悟性阶段,才能真心抓住事物的特殊本质,才能掌握发展变化的规律性,才能为区域发展理出一个科学的、符合当地实际的、有用可行、可操作的思路和方案。

这是我多年来一直坚持的认识路线和实事求是的工作作风,也是我对研究和工作人员的基本要求。正基于此,使我们的工作和规划研究成果得到社会广泛的认可,我们的路越走越宽广,舞台越搭越大,处处都能留下我们的足迹。

四、要坚持参与式的区域可持续发展规划

参与式规划是区域规划的另一个重要特点和要求。参与式规划是指规划者（多学科人员组成）与区域发展利益相关群体结合，以当地资源、环境条件为基础，分析、解决问题为导向，发展和协调发展为核心的规划、决策、实施和管理过程。参与式规划是对传统规划理念和规划方法的更新。规划不再像以往那样，领导部门找钱搞规划，规划技术人员闭门做规划，而广大利益相关群体及规划执行部门和人员不了解规划的内容，造成了监督、实施相脱节的状况。

区域规划是一项涉及多种要素的庞大系统工程，是涉及全区域公众利益，影响区域发展全局的大事，规划需要大量的信息和资料，需要吸纳各方的意见、观点和要求，为了保障成果的质量，规划必须依靠大家共同来做，规划思路和方案必须集思广益，兼收并蓄各家的智慧和索求。规划成果应归大家共享和靠当地主管部门贯彻落实，组织实施，进行监督和管理。

因此，规划的倡议者、组织者、规划者、执行者、管理者和受益者，都要密切结合，共同参与。把规划工作作为人们认识和了解区域特点、分析区域问题，研究、论证、设计区域未来发展，评估、预测发展后效的过程；作为提高当地干部群众的规划发展意识、整体协调意识和可持续发展意识的有效手段。

一直以来，我们坚持组织多学科专家和多专业、多部门管理技术人员参与区域规划工作。一开始就通过"区域规划工作动员大会"的形式，向区内广大干部群众讲解规划的目的、意义、指导思想、规划内容、方法步骤，以及规划成果的要求等，不仅让他们了解为什么要做规划，本项规划要做哪些，如何做，他们应该承担和配合哪些义务和责任等；在规划工作过程中，让他们派员配合和参与调研，收集资料、观点和信息，让他们共同参加各种类型、各个阶层、各个部门和单位的访谈会，广泛吸取意见和要求；规划初步方案出来以后，向领导、干部汇报，并向群众公示，广泛而反复地征集意见，修改、充实方案。

通过自下而上、自上而下、上下结合，最后形成一个集专家、规划人员、领导、干部、专业技术人员和群众的智慧于一体的规划研究成果。

只有真正了解了的东西才能应用它。参与式规划的意义，还在于当地干部通过参与规划工作的全过程，对整个规划的思路和方案都有个比较全面的了解，这就为规划成果的实施、管理和监督打下坚实的基础，有效地保障规划实施效果和质量，实现规划的宗旨。

实践证明，"三分"规划只有加上"七分"实施与管理，才能达到"十分"的效果。这就避免了以往规划与实施、管理脱节，甚至出现"规划、规划，写写画画，墙上挂挂"的劳民伤财的现象。

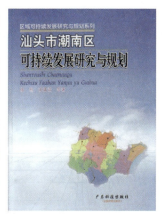

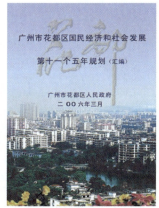
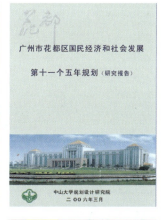

图1-11 部分区域规划研究成果

思路决定出路,规划就是生产力。区域发展必须有个科学发展理念,发展思路和发展方案,规划成果成为统一区内干部、群众,尤其领导班子和主要决策者的认识和行动的有效手段。只要大家认识一致，步调一致，沿着明确的方向和目标，齐心协作，共同奋斗，就会成为促进区域发展的巨大生产力。国内外大量实践证明，如果能坚持这样做，三五年内必然有个大的发展，而且遵循规划实施，将为实现区域经济，社会快速、有序、协调、持续发展和实现环境合理开发利用奠定良好的基础。

图1-12　参加珠海万山区总体规划人员合影（1997）

第二章 区域可持续发展规划的基本理念

区域可持续发展规划理念是人们在实践中对区域发生、发展规律性的深刻认识基础上,在可持续发展思想指导下总结出来的,对区域未来发展和规划具有宏观战略指导性,对规划具有引领作用的高度理论概括。多年来,我们在国内外开展为数众多的不同类型或同一类型不同发展阶段的区域可持续发展规划,许多已被采纳并付诸实施。多年实践,我深刻体会到,指导区域发展与规划要树立如下基本理念。包括整体性和全局性理念、发展和创新发展理念、协调与统筹发展理念、突出重点和差异性发展理念、公平和共享发展理念,以及环境优化理念。

图2-1 陈烈在认真总结区域可持续发展规划理念

第一节 整体性和全局性理念

区域是一个由多要素组成、诸要素相互依存、相互制约又相互促进、共同发展的有机整体,是一个开放型"经济—社会—生态"复合系统。应用可持续发展战略理念开展区域发展规划,要把区域作为一个有机整体,把区内经济、社会、资源、环境、人口、城镇、乡村等要素，置于同一个层面上，用宏观战略大视野，从长远和全局的角度，进行综合分析、研究和统筹规划与布局。

那种只见一点不顾其余，只观局部不观全局，或只考虑眼前不及长远，就事论事、以点划点的做法是无法抓住区域的实质和共同的特点与问题的，其思路和方案只能是代表局部的利益和要求。照此思路和方案实施，必将造成各行其是，各要素、各部门、各地区之间发展不协调，甚至彼此间相互矛盾和制约。

多年来，我们在进行区域发展基础和发展条件分析，发展方向和发展模式选择，发展目标制订，发展载体构建，经济、产业发展与布局，资源、环境开发利用与保护，城乡协调和区域开发重点以及重大基础设施建设、重大项目和重点工程选址和建设，等等，都立足于区域整体，坚持从全面着眼，从长远和可持续发展目标出发。

实践证明，只有坚持这种理念和做法，才能为区域全面、有序和健康发展提供一个有用可行的思路和规划方案，才能为区域各要素、各部门协调、互补、共荣发展奠定基础。

不仅是区域规划，就是专项或点状（如城、镇）规划都必须先从大区域整体分析入手，确定其发展方向、目标和重点。

1994年我们开展湛江市域规划，就是把雷州半岛作为一个有机整体，实施以湛江市区为核心，廉江、雷州两市为副中心，325、207国道和黎湛铁路（湛江段）为重点，立足港口，面向海洋，中路突破，两翼并进的空间发展战略，统筹规划市域城镇体系，规划雷州半岛港口群、道路交通、供电、供水等基础设施，规划临海型港口工业区、海洋产业区、区域性商贸区和南亚热带林、牧、农生态农业基地等。2002年湛江城市总体规划就是在市域规划基础上，结合新时期发展形势和要求，确定湛江市发展方向、目标、重点，规划城市总体发展方案的。

汕头市潮南区是2003年才从原来潮阳市划出的一个新区，新区伊始，一切都必须从头开始。我们分析其在全省和粤东324国道，在周边县、市，在汕头市域经济发展中的地位特点与问题，根据其自身的基础条件和问题，统筹规划区域中心、次中心、产业（工业、商贸物流业）发展轴线和重点经济开发区（东部滨海综合经济区）和南部丘陵山地生态产业（生态保护、高效种养业、现代旅游观光业和高尚住宅等）区。以此保障新区全面快速、有序、健康、协调发展。

在越南（1995），我们把红河三角洲10省、市作为一个有机整体，站在越南北方大区域，站在北部湾经济圈的战略高度上，站在与中国西南，尤其广西、云南，以及周边东南亚国家的联系、对接与互补关系上，综合分析其资源、环境条件和制约因素，结合我国珠江三角洲发展的经验和教训，统筹规划五大交通轴线、三大城镇群、三大工业园区，同时对土地资源开发、农田耕地和水环境保护、产业（工业、农业、旅游业、海洋渔业等）发展、乡村城市化与小城镇发展以及城市建设和城市房地产业发展等，提出明确的意见和建议。

在廉江市（2009），我们站在环北部湾经济圈的区域高度上审视与谋划市域发展与改革问题。强调立足粤西，依托湛江市，主动融入北部湾经济圈和对接广西北部湾经济区，积极承接粤港澳经济圈的产业转移和经济辐射，成为湛江乃至粤西地区率先发展、创新发展、科学发展、协调发展的"排头兵"和主要经济增长极，建设成为粤西地区城乡协调发展示范市，成为广东省融入和参与北部湾经济圈发展和广西北部湾经济区发展与竞争的桥头堡，有较强经济辐射和吸引力的粤西地区经济强市。

在全面分析和认真总结市域改革开放以来经济和产业发展过程、经验与教训基础上，提出坚持工业与农业发展并重，政府引导与市场推动并重，承接转移与自我发展并重，重点是创新发展环境、优化产业结构、强化道路交通等基础设施建设，积极发展工业，重视农业和第三产业，走集群化、基地化、规模化的产业化发展道路。

规划提出在整合散、乱、小传统工业企业的同时，逐步发展规模化、规范化、现代化的工业企业，重点培育家电制造、食品加工、陶瓷建材、木制品与家具、钢材加工、能源及重化工六大产业集群，强化产业集聚，并按规划工业园区分类布局。

农业在廉江市具有很好的基础和很大的发展优势，要继续重视农业发展。以产业化、基地化和特色化为目标，合理配量农业资源，优化组合生产要素，大力发展效益农业，传统品牌农业，促进农业向生态农业、特色农业、效益农业和观光农业转变。培育一批农业龙头企业和一批农业专业镇。重点培育和优化种植业、效益型林业、草食型畜禽养殖业和海洋渔业，形成生产、加工、市场销售产业链，并按"三区两带"因地制宜合理布局。

第三产业发展要改善、提高，做强做大传统特色服务业。重点发展商贸物流、城镇房地产、生产性服务和生态旅游休闲度假四大服务业。通过优化资源配置，打造一个商贸服务中心（廉城）、三大物流基地（廉城、安铺、龙头沙）、六大专业市场（家电、建材、粮食、水果、水产、外运菜），建设雷州半岛休闲观光旅游度假基地。

为促进市域经济持续发展，保障市域城乡空间有序、健康、协调发展，规划实施"集聚—发展型"战略。以集聚发展、城乡统筹、交通引导、点轴带动、梯度推进为指导思想，构建"三圈两廊、两域四中心"的空间发展结构模式,打造南、中、北三大主体功能区,建设七大城镇功能组团,形成"两纵两横,一环五射"的路网格局,保障市域空间生产力合理布局。

规划强调廉江市要抓好一个中心(廉城镇)、一个次中心(安铺—横山)、四个重点镇(石岭、青平、良垌、塘蓬)、四条轴线(①高桥—廉城—塘缀,②廉城—安铺—营仔—车板—高桥,③遂溪—廉城—石角,④廉城—石岭—塘蓬)。

近期的重点是,以廉城为中心,安铺(含横山)为次中心,良高线(塘缀至良垌、高桥)、廉安线(廉城至安铺)为重点,优化中部、开发南部、保护北部,实现市域有序、健康、协调发展。

为把对接广西北部湾经济区,加快融入北部湾经济圈的战略决策落到实处,规划特地提出建立"广东廉江北部湾海洋经济区"作为近期创新发展环境的突破口,并同时进行总体规划。

市域环境和资源开发,既要立足于变资源、环境优势为经济优势,又要避免出现"利在当前,危及子孙"的基本原则,规划从节约、集约利用资源、环境和低能耗、低污染、低排放的低碳经济要求出发,制定市域资源、环境开发利用方案和保护措施。

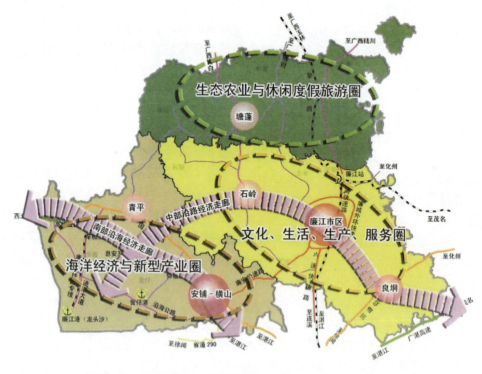

图2-2 湛江廉江市"三圈两廊、两城四中心"的空间结构

规划以建设和谐廉江为目标，制订市域社会环境可持续发展战略目标、措施和对策。要求新时期要弘扬和创新廉江的历史文化精神，改革政府领导的传统考核制度，改革和创新开发区管理体制，创新城乡区域协调发展机制，创新资源开发模式，克服利益私有化、问题社会化倾向，进一步加强社会治安管理，建设文明法制社会环境。

第二节　发展和创新发展理念

发展是永恒的主题。不同类型区域或同一类型的不同发展阶段，都存在发展的问题。发展是社会的要求，百姓的愿望，是硬道理。

区域发展是一个综合概念，包括人口、经济、社会发展和资源环境的开发利用。发展的内涵和重点，不同类型区域或同一类型的不同发展阶段有其差异性，其发展方向、目标要求也不同。但抓住以人为本全面发展则是共同的主题。

一直以来，我们就是抓住这个主题开展区域发展研究和规划，包括经济和产业（含工业、农业和第三产业）发展规划，为保障经济和产业发展的区域道路交通、供电、供水等基础设施规划；为社会民生服务的教育、文化、科技、医疗、卫生设施规划，以及城镇、乡村的发展规划等。通过认真分析，研究区域发展的条件、基础、发展的优势与问题，以及从纵向和横向分析研究其演变发展规律和发展环境等，确立其发展的方向、目标、模式、重点、机制和策略对策，还要分析，预测其发展的后效。

"一切物质财富是一切人类生存的第一个前提。"在区域经济、社会、资源、环境诸要素中，核心是经济。经济是影响区域全面发展的主导要素，是协调区域人地矛盾关系的基础和前提。

因此，开展区域可持续发展研究与规划，首先要把"经济可持续发展规划"作为切入口。

区域经济可持续发展涉及社会、经济、生态环境、地理等方面，涉及面广，综合性强，经济学、社会学、生态学、地理学等学科分别从不同角度和不同切入点对其进行研究。区域可持续发展规划组织多学科专家会同作战，集各相关学科的理论与方法，对区域进行综合研究与规划。

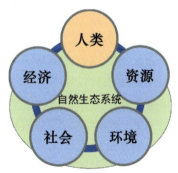

图2-3　人与自然生态系统各要素的关系

产业是区域经济的主体，认真做好产业发展战略定位，科学确定产业发展方向、增长方式，协调产业结构（产业内部、产业之间），制订产业政策和选择产业空间布局模式等,是实现区域经济快速、协调、有序发展,增强其在大区域中的地位、作用和市场竞争力的重要基础性工作。

从国际经济发展不平衡的角度,在区域发展过程中,各地必须尽量利用目前经济全球化和中国改革开放的良好机遇加快经济发展,在可持续发展理念的应用上要注意三个方面的内容:第一是经济增长,应在保持较高增长速度前提下实现可持续发展;第二是协调发展,应使经济增长与社会和环境发展相协调,实现协同演进,走向可持续发展,提高经济社会发展质量;第三是实现人的全面发展,提高人类生活质量和创造能力,促进以人为中心的人类文明的新发展。

我国经过30多年的高速发展,从一个贫穷落后的国家成为世界第二大经济体。根据国家整体发展的基础、特点和问题,结合世界发展的形势和要求,把创新发展作为新时期发展的指导思想。

创新发展是对以往长期追求高速增长和粗放型不可持续经济发展模式的总结、反思而对新时期经济发展的新要求。它告诉人们,新时期经济发展不再是追求经济发展的高速度、高增长,而是追求质量和效益,还要重视经济发展的平衡、协调和可持续。

创新是一个综合概念,是引领经济社会各要素、各部门、各产业发展的主动力,也是引领区域可持续发展的主动力。因发展环境、条件的差异,区域发展有层次性特点。经过了30多年的发展,我国东部地区、中部的大部分地区、西部的局部地区和城市,都进入创新型发展阶段,应该把工业化、现代化进程和高技术发展、经济全球化和可持续发展结合起来,从传统型经济发展阶段逐步向现代信息化、高技术化和知识经济过度。

早在1999年,我们开展顺德市域可持续发展规划,在总结市域经过20年高速发展的成就和问题基础上,提出"创新—发展型"战略。要求顺德市工业发展要改变以往"技术在外、资本在外、市场在外、只有生产在内"的制造业发展基本模式,紧紧抓住全球产业链"生产制造"不放松,逐渐把技术学到手,形成以制造业为核心的产业集群,逐步实现制造优势—市场优势—技术优势—产业集群优势,要求把包括劳动密集型产业在内的耗能工业产业和高技术产业发展结合起来互动发展,走一条创新型工业化道路。通过制定新的产业政策引导,促进新兴主导产业的培育和发展,推动工业结构调整、优化和升级。

区域创新的内涵是丰富多样的,除了工业之外,如何建立适应农业发展的技术创新体系、农产品质量监管体系和农产品流通体系,向产业化、基地化、特色农业和生态型高效农业转变;如何随着经济总量扩大、产业结构调整和城市配置完善为标志的经济社会发展阶段提升,促进生产服务业和生活服务业共同发展，推进商贸服务业优化升级，大幅度提高第三产业在地区生产总体结构中的比例；如何以扩大总量、优化结构、提高水平为目标，努力提升传统商贸服务业；如何以信息、金融服务和技术创新服务业为重点，构建完善的生产性服务体系等。

除了产业创新，还有区域和城镇发展方式创新、体制创新、发展环境创新等等。区域创新内容多种多样，但创新的前提是人的创新，即区域内人们思想观念、意识、文化、精神的创新，这是保障区域发展和创新发展的基础和关键。这是笔者多年来对各种不同类型区域，尤其欠发达或不发达地区规划、研究的深刻体会。在条件、环境、市场、政策基本相同的情况下，区域内的人们，尤其领导者和决策者的观念、意识和文化精神不同，区域发展的速度、质量就不一样。就是同一区域，由于领导班子，尤其决策者的素质差别，其发展也有快慢与好坏之分。

发展和创新发展是一个动态的过程。不同类型区域或同一区域的不同发展阶段，其要求和规划的侧重点是有区别的。在经济欠发达或不发达地区，其起步和初期发展阶段，规划的重点是如何发展的问题，而当经济发展到一定程度，进入工业化阶段，规划的侧重点是如何创新发展的问题。这是发展层次上的差别。但无论哪一个发展层次的规划，都必须有个相对超前的指导思想和可持续发展规划理念作引导。

第三节　协调与统筹发展理念

协调发展是对以往各自为政、各行其道、各取所需，盲目发展、重复建设等所造成的彼此间互不协调，甚至相互制约、两败俱伤的实践总结和深刻反思基础上提出的可持续发展战略理念。

可持续发展的核心思想是人与自然和人与人之间关系的协调。它告诉人们区域发展应遵循经济与社会、资源与生态环境相互协调、和谐共生的原则。党的十六届三中全会提出科学发展观，强调以经济建设为中心，坚持经济社会协调发展、坚持城乡协调发展、坚持区域协调发展、坚持可持续发展。

用协调发展战略理念指导区域发展规划，就是要注意处理好发展经济、开发资源和利用环境之间的发展、开发、利用和保护的合理、适度关系，做到经济发展与资源环境的协调，经济发展与社会需求的协调，实现人与自然的和谐共处；要注意处理好产业内部工业、农业和第三产业之间发展定位、结构比例的合理和互补关系，实现各业繁荣发展、有序发展、综合发展、区域经济全面协调发展；还要注意处理好城与乡的关系。城市与乡村之间是点与面的关系，各具特点和发展要求，两者不是一体的关系，而是协调（或协同）的关系，要重视处理好乡村区域对城市的依托、承接、融入和城市对区域的辐射和带动关系；要重视处理好区域系统之间的关系。即除了重视处理好区域内诸要素、诸产业、诸部门、城与乡、基础设施和服务设施建设、人与经济社会之间、人与自然之间的协调关系外，规划还要注意处理好与周边区域系统同类要素、同类产业（产品）以及城市、区域定位、路网交通建设等互补、对接关系，避免相互竞争，互相制约，立足营造一个和谐共赢的区域大环境。

20世纪80年代中后期，在增城县城镇体系规划和县域规划中，我们就重视县内区域之间、区域与城市之间、城镇与城镇之间的协调发展关系，提出以荔城（县城镇）为中心，新塘、派潭两镇为副中心，抓南部、扶北部、带中部，实现全县协调发展的空间发展战略。要求首先重点开发条件和基础较好的县域南部河网平原地区，扶持和保护北部山地、丘陵的林业资源和自然生态环境，通过南部发展，逐步带动和促进中部丘陵区的发展，最后实现全县整体发展。

2000年的增城市域可持续发展规划，除再次强调市域空间协调发展战略外，根据当时的新形势，把与广州市协调发展作为规划的重点之一。提出"南部带动，外向带动，生态经济和城镇化战略"，强调承接广州，协调发展，将其作为广州大城市经济—社会—生态复合系统的有机组成部分，与广州市发展战略相衔接。

实施区域协调战略，除了精心做好规划，制订明确的协调方案，还要有一套从目标到实际操作的完善体系，包括协调的目标、内容、主体、手段、程序、机制和对策等。

协调包含着合作与竞争两层含义。合作强调优势互补，取长补短，形成合力，竞争是激发动力、增强活力。通过竞争与合作，实现"双赢"或"多赢"共荣。所以竞争与合作是一种相互作用、相互促进的关系，通过不断的竞争与合作，促进区域发展、协调发展和持续发展。

政府应该是区域协作的推动者与实施者。协调区域发展，不能全靠市场竞争，政府要发挥各种强有力的宏观调控手段、机制，甚至法律手段进行有效的统筹与协调，这样才能使区域协调发展战略落到实处。

如有些重大项目，包括外商要在省内或区内寻找落地的大型工业企业项目，从市场经济的角度，企业家总希望能在目前基础较好的区位布局，这样可以在较短的时期内，以较少的投资获取更大的经济效益。若光靠市场竞争，那么，由于目前经济薄弱，资金、技术、基础各方面都较差的欠发达或不发达地区，永远都处于竞争的弱者和失败者。如此类项目，在发达地区布局，仅是"锦上添花"，甚至还会增加当地的环境压力，若能把项目落地在目前经济基础仍较薄弱，但交通和经济地理区位相对较好、未来发展潜力较大的区域，则可起到"雪中送炭"的作用,将有效地带动当地城市和区域的发展。面对这种情况,上级政府就应该及时发挥宏观调节作用,有意识地引导项目向后发展地区倾斜,这是合理开发资源、利用环境、协调区域平衡发展的重要举措。

又如位于中越两国之间的北部湾经济圈,未来在世界中崛起势在必然。环北部湾经济圈中国段包括广西壮族自治区的南部、广东省的雷州半岛、海南省的西部地区,它背山面海,倚陆临海,1500公里的曲折海岸线,拥有多处优良港湾和港口,域内资源丰富,尤其热带、南亚热带光、热、水、土、生物资源,以及海产、港口、旅游等海洋资源种类繁多,发展潜力巨大。但区内各地都属于欠发达地区,区内资源也有很大的雷同性。改革开放以来,各方都积极寻求发展,彼此间竞争多于合作的特点突出。近些年,城市、港口、产业、资源、环境等竞争发展、重复布局、无序开发、相互竞争、相互制约的现象极为突出,为了保障区域协调、健康、有序、快速、持续发展,增强其未来在世界及亚洲大陆东岸和环太平洋西岸的竞争力,认真抓好区域协调发展是当务之急。

此类区域,光靠市场自由竞争是不济于事的,它必须靠广西、广东、海南三省区之间的共商与协调,更重要的必须是从国家层面上进行统筹和协调。包括:

①区内各城市的战略定位、战略分工、战略方向、目标与特色;②整合港口资源,建立规模合理、职能分工明确的港口体系;③统筹环北部(中国段)沿岸铁路和高等级公路网络建设;④建设互利、互补、共赢、共荣的产业群和构建国际旅游圈;⑤建设规模等级合理、地域空间有序、性质和功能互补的、相互联系密切的北部湾城市群和城镇体系;⑥合理开发利用资源,有效保护海洋环境,等等。

要做好如上工作,首先必须由国家发改委牵头,联系各省区有关部门和单位,组织多学科专家,把区域当成一个有机整体进行统筹规划与布局。

广东省自1985年至今,经济总量连续居全国第一,号称经济大省。实际上,在这个"总量第一"和"经济大省"的背后,人均发展水平并没有随着经济总量的增长而提高,许多事关国计民生的社会发展指标,都位于国内发达省市的最后一位。

尤其区域和城乡发展存在极大的不平衡状况。2010年,粤东、粤西和粤北山区的人均GDP只有珠三角地区的1/4,珠三角地区的财政收入占全省85.9%。据2009年统计,广东省地区发展差异系数为0.743,高于全国平均0.579的水平,比国内东、中、西部的区域差异还大,近年并没有多大变化。2009年,全省67个县(市)中,除珠江三角洲地区外,其余52个县(市)均处于欠发达(22个)和落后不发达(30个)程度。

目前，广东省珠江三角洲地区与粤东、粤西和粤北地区，经济发展水平呈典型的金字塔结构，这种状况与经济大省极不相称。这种区域间、城乡间的差异性，不仅影响广东省全面建设小康社会，而且还潜伏着极大的社会危机。

因此，加强宏观调控力度，处理好先发展地区与后发展地区的关系，在保持珠江三角洲地区经济社会持续发展的同时，重视抓落后地区的发展，尽快解决区域发展极不平衡的状况，实现广东省协调、持续、稳定发展，是省委、省政府的责任所在。

再如粤东潮汕地区，原来一直都是以汕头市为中心，依托汕头深水港口，联系海内外，带动区域（区内及韩江中、上游）发展。可前些年，人为地将其划分成三个同等级别的城市（汕头、潮州和揭阳）。极其有限的资源分成三块，不仅削弱了汕头市在区域中的地位，还极大地限制汕头深水大港的发展，尤其一分为三以后，在市场经济环境下，彼此间在资源、产业、交通、港口、环保和城市建设等互不协调，甚至相互竞争，限制和制约了区域的整体发展。近些年来，潮汕地区，尤其汕头市和汕头港，在周边区域中的地位明显地下降，且有一步步被边缘化的趋势。面对这种形势，如何变分力为合力，化竞争为合作，变相互制约为互补共荣，重振汕头深水大港在区域（包括海外）中的地位、作用和竞争力。除了三市共商、协调之外，广东省委、省政府应该发挥主导型作用，通过政府行为，统筹三地有序、协调、和谐发展。其中，组织多学科专家认真做好区域发展规划是非常重要的一步。

第四节　突出重点和差异性发展理念

区域的重点是发展，突破口是经济和产业发展。与经济发展有关的问题多种多样，其中有观念、意识形态问题，有体制、机制政策、市场问题，有基础设施和区位、交通问题，有产业定位和产业结构问题，有人才、科技问题，有发展理念、发展思路和发展模式问题，有发展平台、发展载体问题，等等。其中区域人文历史文化环境和人们，尤其是干部和决策者的观念、意识、能力和作为是制约区域发展的软环境，是决定区域发展好坏快慢的关键因素。

不同类型区域或同一区域的不同发展阶段，其问题是不一样的。研究区域问题，规划区域发展，要紧抓住制约所在区域的主要矛盾和矛盾的特殊性，因地制宜，有的放矢制定相应的发展思路、对策和实施方案，规划的任务还要科学确定区域发展的载体、主要节点和主要轴线，确定区域发展的空间战略模式。这是培育增长极，引导经济、产业、人口集聚，进而辐射和带动区域全面、协调发展的重要基础性工作。

1990年，我们在增城县提出了以荔城为中心，新塘、派潭为次中心，广深线、广汕线为重点，抓南部、带北部、促中部的点轴梯度空间发展战略；1989年在顺德县提出以德胜河两岸为依托，整合良（大良）容（容奇）桂（桂州）三镇，建设县城中心区；1995年在越南提出红河三角洲以河内为中心，海防、南定为副中心，1号、5号、10号、21号和18号公路为重点，抓好一个突破口（河内、海防、下龙小三角区），建设三大城镇群和三大工业园区，等等。都是为区域初始发展阶段抓好经济载体和增长极，为区域快速、有序、协调、持续发展所提出的规划思路和方案。多年实践证明，此举是正确的。

发达、欠发达、不发达区域类型之间，河流的上、中、下游之间，山地、丘陵和平原之间，毗邻城市的郊区与远离城市边缘区之间，因其发展条件、发展基础、发展特点、发展中的问题不同，其发展的方向与要求有差异，要因地制宜制定符合当地实际的经济社会发展战略思路和战略模式。

如河流上游生态保护区，山区水库水源保养区，退耕还草、还林的水土保护区等，宜实施"保护—发展型"或"补偿—发展型"战略模式。即对水源、生态环境实施有效保护政策，对区域内的百姓生活和经济社会发展实行补偿和扶持，除"输血型"补偿外，还要建立新型的"造血型"补偿，即补偿资金重点投向环境保护、流域现代水利、交通运输领域的建设，投向推进流域生态农业、先进制造业和现代服务业的发展，投向城乡建设、改善民生公益事业的建设等。旨在为区内各地形成具有自身稳定的经营收入，还具有自身扩大再生产能力。立足于在处理保护与发展问题上实现有效、持续发展。

对于土地资源较宽松，自然生态环境较好，但因远离区域中心，区位、交通、人文、信息、科技等因素制约，目前经济不发达的贫困山区、少数民族地区，边远地区和革命老区，要实施"培育—发展型"战略。加强政策扶持和政府宏观调控作用，培育增长极核，加快区域中心集聚，配套区域（区内、区际）基础设施建设，尤其是提高人们的素质，改变人们的传统观念等。

对于从传统农业和农村快速向工业化、城镇化转型的区域，其特点是经济基础仍较薄弱，产业结构仍以第一产业为主，基础设施滞后，城镇散、乱、小，市政基础薄弱，但呈现百业俱兴快速发展的形势。针对该类型区域的特点，规划宜实施"集聚—发展型"战略模式。市场调节与政府调控结合，引导资源向区域中心和主要节点倾斜，配套各类设施，营造发展环境，吸引经济、产业、人口集聚，促进区域中心和发展节点形成。

对于经济有一定基础，工业化、城镇化已出现快速发展势头，基础设施也基本配套，但产业之间、城乡之间，经济发展与资源、环境、社会之间的矛盾日渐突现的区域，宜实施"协调—发展型"战略。加强政府宏观调控，转变经济增长方式，建立合理的经济和产业结构，协调经济发展与资源环境的关系、经济发展与社会的关系，协调工业与农业的关系，协调城市与乡村的关系，节约、集约利用资源，保护环境，实践区内各要素、各产业、区域空间等协调发展。

对于经济发展已有较雄厚的基础，生产力水平较高，产业结构以第二、三产业为主，区内主要基础设施已基本配套，区域中心已形成规模的区域，宜实施"创新—发展型"战略。创新发展是主题，提升、整合、转型、优化是其主要任务。要实行市场调节与政府行为结合，发挥区域中心、副中心对周边区域的带动和辐射作用，实现区域平衡，协调发展。

对于干旱、半干旱草原地区，水土流失区，宜实施"减负—发展型"战略。通过政府行为，实施人口减负，退牧还草，退耕还草、还林，保护资源和环境。妥善解决"减负"区域人们的生活、生产和稳定发展问题。

如干旱、半干旱草原牧区，宜从改变千百年来牧民赖以生存的生产、经营方式做起，采取以退为进，组织老弱病残牧民逐步退出大草原，选择适当区域，发展集约型特色种养业、副产品加工业、轻工制造业和旅游、服务业等。为迁出的牧民解决生存、生活和生产、就业等问题，同时营造城镇，尤其是旗、盟所在地中心城镇环境，引导牧民进城，变牧民为城镇居民，保障牧民老有所养、少有所教、病有所医。对牧区，则实行联户经营、分片划区，由少壮劳力从事轮牧经营。这既让牧民有个安居乐业的环境，提高他们的生活水平和生活质量，又让牧区草原重现"风吹草低见牛羊"的美丽景象。

第五节　公平与共享发展理念

1987年世界环境与发展委员会在《我们共同的未来》报告中指出："可持续发展是指既满足当代人发展的需要又不损害子孙后代满足其需求能力的发展。"它告诉人们，发展要遵循公平性原则，这其中有双重含义。

其一是开发资源、利用环境要考虑当前发展的需要又要考虑子孙后代未来发展的需要，不能以牺牲后代人的利益为代价来满足当代人的利益。即要处理好当代人与后代人之间的代际公平关系，公平分配和开发利用有限的资源和环境。

回顾世界工业文明数百年，人类为社会创造了巨大的物质财富的同时，无止境、高强度地开发资源，对人类赖以生存的环境造成极大的破坏，这种缺乏基础性与可持续性、缺乏和谐性与公平性的做法和发展模式，尤其是少数人或小集团为追求眼前的利益而掠夺性、无限制和破坏性开发资源、污染环境的做法是不符合可持续发展公平性原则的。

对资源环境的开发利用要从辩证的观点进行审视和分析。延续了数千年的农业文明，人类在有限的生产力水平下顺应自然和环境，依托当时所能利用的自然资源发展农业经济，推动了人类社会缓慢发展，保持了原生态的资源和环境。但随着人类社会的快速发展，生产力水平的极大提高，为了满足当代人多样性、高档化的巨大物质和文化需求，适度、适量地开发资源是完全必要的，但要坚持合理、节约、集约基本原则，重视资源开发利用与保护相结合，经济发展与资源环境相协调。

资源，包括自然资源和人文资源，都是历史遗存和积累下来的宝贵财富，既属现代人所有，也属后代人所有；既属当地所有，也属全社会所有。因此，资源开发既要满足当代人的需求和经济发展的需要，也要对未来各代人的需求与消费负起责任，注意为后代人保留和创造可供利用的资源产品和优美的环境空间。

对资源的开发要根据资源的不同类型和不同属性的差别，采取不同的对策。对非可更新的资源，对历史文化旅游资源，对有限的自然资源，要强调合理利用，保护性利用，深层次利用。要杜绝为了局部的眼前利益而采取掠夺式的占有或破坏性开发，要避免资源的过早枯竭。对可更新资源的利用，要限制其开发强度，强调开发与保护结合，保障资源的永续利用。

其二是人类物质文明和精神文明是社会上的人们共同创造的，应该由社会上的人们共同享有。可当今世界，三分之二以上的财富却由占总人口极其少数的人所拥有，这是不符合可持续发展的公平性原则的。开发资源发展经济，要立足于满足全体人民日益增长的物质和文化生活需求，实现他们提高生活水准和生活质量的美好愿望。

在国内，相当长时间内出现城乡二元结构，广大农民生产粮食、蔬菜、鱼肉等源源不断供应城市却没有市民的权利和资格，城乡之间的人们两种成分，两种待遇。以往政府要求河流上游、山区水库周边百姓，植树造林、积水、发电，源源不断供应城市居民用水、用电和平原地区农田灌溉，其产生的经济效益却得不到应有的分享。改革开放以后，广大的农民工长期在城里打拼，为城市和经济发展做出了许多贡献，可其本人都没能享有城市市民的资格，其子女也不能在城市就读和参加高考。这些年来，全国各阶层的人们积极参与创业和发展经济，为国家创造和积累了大量的财富，从原来一个贫穷落后的国家成为当今世界第二大经济体，但社会物质财富却大量地集中在少数一部分人的手里。后此种种，都是不符合社会可持续发展公平性原则的。

近年，尤其党的十八大以来，高度重视社会和谐和公平共享的可持续发展基本原则，把"人民对美好生活的向往"作为党和国家的奋斗目标，积极推行各项结构性、制度性的改革，把改革城乡二元户籍制度和加快老少边穷地区脱贫作为缩小城乡差别的有效举措和近期攻关的任务。与此同时，还积极推进新型乡村城镇化的进程。

乡村城镇化是指传统乡村地域类型向城市地域类型演化的历史文化地域空间过程。包括人口、生产、社会、经济、科技、文化、生产、生活、环境乃至管理机制和思想观念等各种因素的演变。城镇化的农村，其内容同以往传统观念的农村将截然不同，它创造了以工业为基础，社会化程度较高的生产部门，农村由单一的构成向多功能转化，从事非农业活动的农民大大增加，交通、通讯等各类基础设施配套完善。在经济发展的支持下，形成文化中心和发达的科技、教育、医疗等的公益服务系统。那时的农村将为农民提供城市生活的环境条件和城市生活方式，享受城市文明。

从这个意义上说，乡村城镇化，就是要求城镇与农村相互融洽，使乡村居民和城市居民共同创造和共享经济增长的利益，共同享用科学、文化、艺术宝藏，共享国家改革开放的成果，实现社会公平、和谐发展。

一直以来，我们在珠江三角洲和越南红河三角洲地区开展资源与环境开发、经济和产业发展、基础和社会公共服务设施配套、土地利用、小城镇发展、乡村城市化等的研究与规划，就是遵循可持续发展的公平共享理念步步实践的。

第六节　环境优化理念

环境与资源一样，是人类赖以生存与发展的基础和条件，离开这个基础条件无从谈起生存与发展，可持续发展要求人们在开发资源发展经济的同时不要破坏环境，而是保护好环境，把优美的环境视为区域的财富，而不是将其作为获取财富的手段。

一个区域、一个国家，其发展的最终成败在环境。但从生存层次看，在经济发展的初级阶段，这个观点，往往不被人们所认识和重视，产值指标成为人们比较一个区域好坏优劣的主要指标。因此，不惜牺牲环境效益来获取经济效益。那种布局一个厂污染一大片农田（或鱼塘）、污染一个河段，开一个煤矿沙化一大片草场，开一个石料场毁坏一片片森林，山上开矿、矿渣、矿水（毒水）危害山下一个个村庄的做法屡见不鲜。这种只顾眼前，不及长远，只为局部，不观大局，利益私有化、危害社会化，利在当前，危害子孙后代的掠夺式、破坏式开发方式是不符合可持续发展要求的。须知环境资源一经破坏、有的是永远无法改变的，即使有的可以恢复也要付出极大的代价，花费相当长的时间。

早在20世纪80年代末90年代初，我们在顺德、增城、南海、三水、湛江开展县、市城规划，在全国率先把环境保护规划列为其中一项重要的内容，在以后的一系列规划中都一直保留此项内容。

1989年,我们认真调查顺德县经过10年工业快速发展对城镇、乡村、农田(含基塘)、河流的烟尘、废水、废气、废渣污染和对作物、塘鱼的影响。规划提出要合理制定土地利用政策,调整种养结构,强调合理布局工业,尤其乡镇企业,提出控制污染源,搬迁位于德胜河畔的沙头水泥厂,改造顺德糖厂造纸车间,治理沙头工业区燃煤电厂大气污染,整治各镇内的污染河涌。规划还专辟位于下水下风位的小黄圃作为污染性工业区。同时规定农田、基塘、林地、饮用水源保护区等,并制定相应的保护对策和措施。

1900年,根据增城县荔城镇老企业、仙村镇水泥厂群和新塘牛仔布生产集中区的耗能、烟尘废气、废水对环境的污染,规划提出改造老、小工业企业,搬迁仙村水泥厂,治理牛仔布生产区污水等,规划还强调保护北部山地丘陵林业资源,保护增江河两岸自然景观和保护增江水环境,并制定相应的保护措施和对策。

1992年~1994年,我们开展南海市域和镇域规划,看到"五个轮子"(市、镇、村、联户、个体)一齐转,大办工业(如建筑陶瓷、电镀、制革、漂染、有色金属冶炼等)对农田耕地、鱼塘水面、河流、林木、果园,对乡镇,尤其是南庄、西樵、罗村、大沥、小塘等乡村和城镇的烟尘、污水、噪音、垃圾等的污染相当严重。规划提出要限制污染性工业企业发展,要逐步完善工业发展模式,要注重长远的环境效益,强调要重点抓好污染最严重的电镀、制革、漂染、造纸的废水治理,抓好水泥、玻璃、陶瓷行业的烟尘治理,要求各镇逐步建立污水处理厂和垃圾处理场。强调各级领导要足够重视环境问题,强化环境监督管理,要建立环境保护机构,合理布局工业,开设工业园区,要求各镇和单位加强造林绿化、改善生态环境,搞好耕地保护和农田基本建设,保护饮用水源和风景名胜旅游资源等。

针对当时已经出现的蚕食西樵山风景名胜区开发房地产、建别墅区的形势,还及时特地规划西樵山环山路和环山沟,制止市政府拟耗巨资在西樵山风景名胜区内建主题公园的决定。提出改造雷岗山建城市公园,修改千灯湖区原规划方案,压缩建筑密度和建筑体量,扩大绿色环境空间,提出开发西岸,保护风景名胜古迹,尤其用超前的环境意识和规划理念规划西樵山国家级风景名胜区和南国桃园旅游度假区等。

1995年,我全面考察了越南红河三角洲,看到红河是一条悬河,三角洲平原地势平坦,农业发达、农村居民点密集,人口密度大(相当于改革开放前珠江三角洲的两倍)。越南实行革新开放政策以后,将其定为北部经济开发区。

我觉得,红河三角洲地区发展工业、开发土地资源、实施乡村城镇化的环境，尤其水环境的敏感性极高。针对如上特点，我给他们的群众和干部，尤其是省部级官员强调保护红河三角洲环境的重要性，反复向他们阐明"红河三角洲发展的最终成败在环境的观点，强调工业发展不能遍地开花，城镇也不宜随处布局，提出重点抓好三大工业园区、三大城镇群的思路和方案"。

正确处理经济发展与环境的关系，可以通过科学的规划来实现。从1992年，我们应用环境优先规划理念，对方圆6.8平方公里，由多个海拔超过100米的山冈组成的荒野山丘——南海市松岗镇平顶岗，以旅游度假为目标进行规划。镇政府按规划方案要求认真实施，在抓植树造林，抓基础设施建设，整治小山塘水库，营造小区环境的同时，招商引资，配置相应的观光娱乐设施等。

1995年底，就把一个全新的旅游度假区这个红绣球抛给游客。次年1996年，游客量就突破100万人次，1997年入园游客更达115万人次，1998年突破150万人次，1999年被列为广东省级旅游度假区。

与此同时，吸引了似天安、鸿基等大型房地产企业入园进行属于第二度度假功能的大型房地产开发，促进和带动景区周边如松下等大中型工业企业聚集，有效地实现景区的综合发展和带动松岗镇的快速发展。

从对丘陵岗地资源的深度开发，营造碧水蓝天、绿树成荫的生态旅游度假环境，带动经济、社会的同步发展，形成一个"生态—经济—社会"复合系统，成为20多年来一旺不衰的旅游热点，松岗镇也从原来南海市最贫穷、落后的小镇一跃成为闻名遐迩、经济发达的旅游名镇。正如时任广东省旅游局局长的吕伟先生所说："优异的自然生态环境是南国桃园[①]（注：笔者给本旅游区命名为南国桃园旅游度假区）赖以吸引游人的根本优势。如何解决好经济发展中的开发建设和保护自然生态环境的矛盾是刻不容缓的主要课题。"[②]

花都本来是一个农业县，全县100多万人口主要靠农业收入，后被划为广州市北部的一个区。源自从化县，流经花都境内的流溪河是广州市的饮用水源。在广州市的总体规划中，花都区被规划为"北优"控制区，即花都属广州市北部生态环境优化水源保护区域。

如何处理保护环境与100多万人口的生存、生活和发展的问题，曾一度成为困惑花都群众和干部，尤其决策者思想的精神枷锁，极大地影响他们的积极性。2016年，我们开展花都区"十一五"规划，专访了30多个部门和单位，反映最为普遍和最为强烈的问题就是，"我们花都今后如何发展！"许多干部缺乏信心，想方设法跳出花都者比比皆是。

面对这种情况，我们给"北优"以全新的诠释，即立足于把广州北部建

[①] "南国桃园旅游度假区"由作者给本旅游区命名。

[②] 《南国桃园》，京华出版社1998年版。

设成为城镇环境优化、产业优化、休闲旅游度假环境舒适、城市型生态农业发达和北部丘陵山地自然生态环境优美的新型现代化城区。依据这种理念，我们对现有城镇按"一主三副"格局进行整合和提升，按不同工业企业类型，规划"一港三城"工业园区。同时，规划休闲旅游度假区、农田保护区、沿河饮用水源保护区、丘陵山地自然生态环境保护区等。

此举对解除花都区广大干部、群众的思想包袱，调动他们的积极性，起了极大的作用。"十一五"规划成为推动花都区经济社会发展的巨大生产力。现在，凡到花都的人们都深刻感受到近10年来快速发展的成果。今日的花都，经济发展了，环境也照样得到优化。

环境生态问题之根源在于人类自身，在于人类的活动和发展。但人们对环境问题的认识也是一个动态过程，随着社会经济发展，人们生活进入了小康层次，尤其进入享受阶段，才逐步认识和体会环境的重要性和保护生态环境的必要性。人们才回过头来对传统文明形态，尤其是工业文明发展理念，道德和模式问题进行认真总结和深刻反思，并在此基础上认识到要实现人类社会可持续发展，人类文明必须进入新的发展阶段——生态文明。

生态文明的核心是"生态"，包括生态意识、生态环境、经济发展的生态模式、生态消费模式以及生态制度等。它以尊重和维护自然为前提，人与自然、社会和谐共生为宗旨，以建立可持续生产方式和消费方式为内涵，以引导人们走上可持续发展道路为着眼点。

生态文明是社会和谐与自然和谐相统一的文明，具有和谐性与公平性的特征。生态环境是人类赖以生存和发展的基础，要求社会经济与自然生态的平衡发展和可持续发展，生态文明的价值观，首先强调人、自然、社会多样性和整体性，生态文明还具有开放性和循环性特征。

生态文明要求人们将生态理念融入生产与生活消费领域，建立生态的生产、消费模式，它要求人们以生态文明的伦理观替代工业文明的伦理观，树立尊重自然、爱护生态环境，遵循自然发展规律，实现人与自然界的协调发展，加强生态美学与生态道德教育，培育和发展生态文化，建立和强化生态文明法制建设是生态文明建设的主要内容。

总结我国在经历了快速发展以后所遭遇到的资源、能源和环境等的巨大压力，总结和反思在发展过程中所付出的巨大代价，深刻认识到转变经济增长方式需要在发展理念上进行一场革命和创新。

因此，在党的十七大就提出生态文明战略，并将其作为全面建设小康社会的一项重要任务。党的十八大报告，更把生态文明建设放在突出的地位，要求人们要树立尊重自然、顺应自然、保护自然的生态文明理念，并把该理念融入经济建设、政治建设、文化建设、社会建设各方面和全过程。按照人与自然和谐的要求，在生产力布局、城镇化发展、重大项目建设中，充分考虑生态环境建设的自然条件和资源环境承受能力。要求全国各地要按照生态文明的要求，通过建设资源节约型、环境友好型社会来达到经济繁荣、生态良好、人民幸福、绿色中国、美丽中国，中华民族永续发展的目标。

为实现上述目标，把坚持"节约优先、保护优化、自然恢复为主"作为国策方针，要求制定各项社会经济政策、编制各类规划，必须遵循这一国策方针。把着力推进绿色发展、循环发展、低碳发展作为推进生态文明建设基本途径和方式，作为转变经济增长方式的重要任务和重要内容。

党的十八届三中全会《中共中央关于全面深化改革若干重大问题的决定》第16项中，进一步提出要建立系统完善的生态文明制度体系，包括源头保护制度、损害赔偿制度、责任追究制度、环境治理和生态修复制度，用最严格的制度保护生态环境。

图2-4　陈烈为河南省鹤壁市金山工业园区题写规划理念——金山淇水聚仙鹤（见鹤壁市金山工业园区主题雕塑）（2003年）

对生态文明的认识是一个逐步深化的过程。首先必须加强生态美学与生态道德教育，培养和树立人们的生态价值观和生态伦理观，树立生态意识、生态环境意识，建立经济发展的生态模式和生态消费模式，同时还要有系统完善的生态文明制度作保障。推进绿色发展、循环发展、低碳发展，"五位一体"等各种有效的途径和手段，逐步实现生产发展、生活富裕、生态良好，经济与人口、资源、环境协调发展，生态意识（产业、空间、生产、生活、消费、道德、文化等）成为主要价值观，形成资源节约、环境友好、人与自然和谐相处、人地系统协调、持续发展的生态文明社会理想目标。

开展区域规划，把可持续发展战略理念贯穿和落实到国家和区域发展、规划和建设之中，是生态文明建设，实现生态文明理想目标的有效手段之一。广州增城，坚持以科学发展观统领经济社会发展全局，从农业大县迅速转型为广东省县级经济的"排头兵"，城市美誉度不断提升，获联合国2007年"世界和谐城市提名奖"，她在实践中探索出的"因地制宜、规划先行、绿色发展、生态补偿、城乡协调"的科学发展道路，被誉为经济发展与生态文明双赢的"增城模式"。得此殊荣的其中重要一条，就是该县自1986年以来30年坚持步步按区域规划要求实施的结果。

第三章 区域可持续发展规划的基本内容

区域系统包含多种要素，各个要素又含有层层子要素，构成一个彼此既相互协调、相互联系又相互制约的开放型复杂生态—经济—社会立体结构体系。

区域规划研究区域发展，涉及诸多要素和问题，但不能面面俱到，否则，规划研究成果将成一盆包罗万象的"大杂烩"。

一直以来，我们坚持以人文地理学的理论和方法为基础，吸纳多学科的理论和方法，组织多学科和多部门的专家协同作战。围绕"发展"这个主题，紧紧抓住制约区域发展的主要矛盾和关键性问题，开展深入研究和规划设计与布局，其主要内容有：①区域可持续发展分析与总体战略研究；②经济、产业可持续发展研究与规划布局；③城镇、人口可持续发展与社会公共服务设施规划布局；④土地资源、交通等基础设施、环境保护等可持续发展支撑要素规划；⑤区域发展载体、发展模式和发展节点选择、论证与规划；⑥区域之间和部门之间协调、发展机制与策略对策研究，还有区域土地利用研究、土地功能区划及其开发利用指引等。

第一节 区域可持续发展基础分析与发展战略定位研究

区域可持续发展战略是在可持续发展战略理念的指导下，把区域作为一个有机整体，将区内经济社会与资源环境等要素置于同一个层面上进行全局性、高层次的总体谋划和宏观战略部署。

区域发展战略的规划研究是一项综合性、复杂性、系统性工程，它对区域的发展具有全局性、前瞻性、指导性的特征，是区域可持续发展战略规划的一项主要内容，旨在为区域经济社会和资源环境全面、快速、协调、有序、公平、持续发展提供科学依据。

从研究和规划的层次结构出发，其研究内容有战略的最高层面——区域可持续发展总体战略；战略的中间层面——区域可持续发展部门战略；战略的基础层面——区域可持续发展专题战略。

总体战略是对区域可持续发展高层次、全局性、整体的谋划，是指导制定区域可持续发展部门战略和专题发展战略的依据。

部门战略是区域可持续发展战略研究的主体,它包括:经济可持续发展战略、社会可持续发展战略、资源可持续发展战略、环境可持续发展战略。

专题战略是区域可持续发展战略制定的出发点和落脚点,它包括:工业可持续发展战略、农业可持续发展战略、第三产业可持续发展战略,以及人口、教育、文化科技可持续发展战略,还有土地资源、水资源、生物资源、矿产资源、持续利用战略和水环境、大气环境保护战略等。

区域可持续发展战略研究和规划,要坚持"抓核心、理关系、明次序、保发展"的基本指导原则。

抓核心。区域的复杂性决定区域可持续发展战略研究内涵丰富。外延广阔,进行区域可持续发展战略研究要抓主要矛盾。抓关键问题、抓核心内容,只有抓住核心,才能真正指引区域的可持续发展。

理关系。区域可持续发展战略与规划,要协调处理好多方面的关系,包括城镇与农村的关系,区内与区外的关系,第一、二、三产业之间的关系,经济、社会、资源环境之间的关系,当前与长远的关系;人与资源环境的关系等。

明次序。区域可持续发展战略研究要有一套科学的研究程序,才能保证研究和规划成果的科学性和可行性。要严格遵循"基础分析→区域定位→发展战略→规划实施"的研究流程。

促发展。区域可持续发展战略研究和规划的出发点和落脚点是为区域的发展指明科学的方向、道路和模式,保证区域的全面、协调、有序发展。因此,在进行区域可持续发展战略研究与规划时,要始终围绕"促进发展"这条主线。

区域可持续发展战略的科学性和指导性,必须建立在区域科学定位的基础上。区域发展战略定位包括整体定位和职能定位。定位准确与否,决定区域发展方向的正确性和发展思路的科学性,决定区域发展任务的合理性,发展目标的指导性和发展方案的可行性。事关区域发展的速度、特色,以及在区域中的地位、作用和竞争力。因此,发展定位是区域可持续发展战略规划研究框架体系的枢纽和中介。

实现区域发展战略的科学定位,首先要抓好区域发展基础分析,发展基础是区域可持续发展战略研究框架的出发点和根基。包括发展背景、发展条件和发展基础。

区域发展背景包括国内、国外,以及周边区域的宏观背景。发展条件包括自然资源条件、社会历史文化资源条件、区内拥有的资源条件和可利用的区外资源条件、现有可利用的资源条件和潜在的资源条件等。环境条件包括自然生态环境、人文社会环境和国内外市场经济环境等。区域发展基础包括经济、产业发展，城镇发展，各类基础设施建设、人口和各类社会服务设施发展的现状、特点与问题等。

分析区域发展基础，除横向分析外，还要对区域发展进行纵向分析，重视分析区域发展的历史文化过程和特征。如上这些，都是研究和制定区域发展战略的基础和依据。

在进行全面、客观、翔实分析与科学诊断的基础上，从多层次、多角度比较，准确判断区域（含城市）发展的优势和有利条件、劣势与制约性因素、机遇与挑战，目前在周边区域中所处的地位，以及未来所能发挥的作用和所应承担的职能等，并以此为依据，确立区域发展的战略方向，制定区域发展的战略目标、战略重点、战略模式、战略布局与战略对策。

其中战略目标包括区域总体发展战略目标和各部门、各专项发展战略目标，包括规划期内总目标和分期发展阶段性目标。战略布局分区域空间发展总体布局，区域系统各要素的部门发展布局，以及各专项发展与布局。同样，发展对策分总体发展战略对策，各部门、各专项发展战略对策[1]。

1999年，顺德市可持续发展战略的制定，就是在分析市域改革和发展的经验与教训、发展基础、特点与问题；与当时国内7个综合实力最强的县市比较；分析国内沿海开放带和珠港澳经济圈，以及国内外宏观经济发展态势的基础上，明确其发展所面临的制约性因素、机遇与挑战，在区域中所承担的职能等。提出新时期顺德市的发展战略方向是"提升—发展型"战略。

即①继续弘扬"敢为人先，艰苦创业"的改革发展精神，坚持制度和体制创新；②产业结构优化升级、经济持续增长；③节约资源、保护环境；④发展现代化、高科技工业和生态型现代化都市农业；⑤整合大良、容奇、桂洲、伦教四镇，推进中心城建设，加快城镇化过程；⑥配套和提高基础设施，尤其市政基础和公共服务设施建设水平；⑦提高人民生活质量、教育和健康水平，实现碧水蓝天，社会全面进步。

在总体战略目标的指导下，制订市域经济和产业（包括工业、基塘农业、服务业、旅游业等）、人口、城镇、基础设施、基塘整治、土地资源深度开发利用、水环境保护等的发展方向、目标、方案与策略对策[2]。

实践证明，当时规划的理念、思路和方案是正确的，实施效果是明显的，它不仅为顺德市域经济持续发展，经济、社会、资源、环境协调发展奠定了基

---

① 陈烈、沈陆澄等：《潮南区可持续发展总体战略研究》，载《汕头市潮南区可持续发展研究与规划》，2005年6月，第一章。

② 陈烈、刘复友、乔森等：《中国发达地区顺德市域可持续发展研究》，广东科技出版社2002年版。

础，而且大大提高了顺德的城市地位和区域竞争力。在后来撤市立区、成为佛山市两大区域中心之一，起了决定性的作用。

2000年，增城市可持续发展战略，就是从分析珠江三角洲，广州市及其所属各县、区，广深经济走廊沿线诸市、县，尤其相邻的东莞、番禺市的发展现状、特点中，找出自身的差距；分析位于广深走廊经济低谷的原因，使市内干部和群众明确周边发展态势，深感形势逼人和不进则退的发展压力。

总之，从对市域横向和纵向发展的分析、研究中发现，市域在经济结构和产业水平、基础设施建设、城镇化基础、局部区域环境、制度、观念与人力资源开发，尤其与广州市东部的对接等方面，存在种种问题。

从区域分析中还发现，位于广州市东大门和处于广深黄金走廊地带的地理、交通、地缘经济区位，市内宽松的土地资源和中、北部良好的自然生态环境，较好的农业基础和较为雄厚的民营资本等，是市内拥有的后发优势。同时还发现，位于区域经济低谷的干部和广大群众具有强烈的求变化、求发展的愿望。这些优势、压力和愿望有机结合，就构成市域发展的潜在生产力和强大动力。

根据如上分析，规划提出紧紧抓住市域区位、土地资源、自然生态环境、农业和民营资本等优势，以协调—发展为主线，依托广州，对接大城市，实施"南部带动、外向带动、基地带动、城镇带动"四大战略，建设广州市东翼综合性工业基地，广州市和珠江三角洲现代化都市型农业基地，文化、教育、居住和生态旅游休闲度假区，区域性重要物流中心，广州城市圈重要的卫星城市和国家级生态示范区。

在总体战略指导下，制定市域经济和产业、城镇与社会、资源与环境，以及区域空间等发展，利用与保护的方向、目标和方案。①

增城市域可持续发展规划，为统一市内干部和群众的认识和行动，引导市域经济社会快速、健康发展，为以后闻名遐迩的经济发展与生态文明双赢的"增城模式"起了重要的基础性作用。

2003年汕头市潮南新区（从原潮阳市划出）可持续发展战略的制定，也是通过对穿越区内的324国道粤东段沿线区域发展态势的分析，对潮南区周边县、区，汕头市的辖六区一县的比较分析，以及对区内发展基础和发展现状的分析中，发现区内不仅经济基础差，产业结构欠合理，城镇化水平低，村镇分布散乱，江河水域污染严重，基础设施建设滞后，人多地少，人地矛盾尖锐，社会问题多多等。得出的结论是，潮南区是一个弱势区域和问题区域。

通过分析，同时也发现，区内工贸基础较好，民营企业较多，民营资本较

---

① 陈烈、刘复友等：《广州增城市可持续发展研究》，广东科技出版社2003年版。

雄厚，华侨多，新区新人新班子充满活力，随着台海经济圈的崛起和海西经济区的建设，尤其是省、市对新区的重视和支持，以及未来区内、区际道路交通等基础设施的配套等，其发展也充满着机遇。

从几年来区内所出现的诸多制假、造假行为，也使我们从反面认识到区内蕴藏着潜在的生产力，只要把它引导到正确的轨道上来，则可能成为促进区域发展的强大内动力。

根据该区域的现状和特点，规划实施"整合—集聚发展型"战略。即发挥民力、侨乡、工贸和新区体制四大优势，深化改革、调整结构、优化环境、集聚发展。新区伊始，以发展经济、全面提高人民群众的生活水平和生活质量为第一要务，以区域道路交通和新城区建设、民营经济发展与区域协调为突破口，内源挖潜与外源发展相结合，发展与保护结合，既抓总量又抓质量，走资源节约、集约利用的道路，推进经济、社会与人口，资源、环境协调发展，努力提高潮南区可持续发展的区域竞争力和综合经济实力。

规划期末，将潮南区建设成为粤东地区特色显著的经济区，汕头市西翼次中心；汕头市重要的工业制造业基地、都市农业基地、工业品集散地；成为经济繁荣，环境优美，生活富裕，文明法制，城乡、区域、经济社会、人与环境协调的现代化城区。

规划提出新区的发展与建设要凸显集聚、强化中心、点轴带动、组群发展。集中抓好一个中心、三大组群、两条轴线、两个新型经济区。近期的重点是：①规划和建设中心城区和东部滨海综合经济区；②以道路交通和生活供水为重点的基础设施建设；③以练江为重点的江河水域环境治理和水利建设；④人口控制与素质教育；⑤塑造区域形象与弘扬区域人文精神。

规划要求，积极营造4个环境，即①营造富有活力的区域经济环境；②营造"以人为本"、健康、和谐的社会环境；③营造合理、节约、集约利用的土地及空间资源环境；④营造良好的人文和生态环境。

规划还要求，经过15～20年的努力，实现8个转变：①经济发展模式从粗放型发展向集约和可持续发展转变；②经济结构从传统发展二元经济结构向现代经济结构转变；③经济增长方式从数量扩张型向质量效益型转变；④经济发展格局从内源型经济为主向内源型与外源型结合的相互促进、协调发展的格局转变；⑤产业特征从劳动密集型向资本和技术密集型转变；⑥社会结构从农业社会向工业社会、从农村向城市、从农民向市民转变；⑦文化从传统的乡土文化向开放、兼容的城市文化转变；⑧治理模式从乡镇治理模式向城市治理模式转变。①

---

① 陈烈、沈陆澄等：《汕头市潮南区可持续生态研究与规划》，广东科技出版社2005年版。

2009年，廉江市可持续发展与改革规划，从分析市域发展基础和发展条件、发展特点和发展形势，分析环北部湾经济圈两国四方的发展态势，分析毗邻的《北部湾广西经济区》的发展形势与特点，比较周边市县的发展基础和发展速度，分析湛茂城市经济圈的形势与特点，以及广东省新时期宏观战略决策对粤西地区的影响等发现：

（1）改革开放三十多年来，市域经济和社会有较大发展，但经济总量不高，人均GDP低于全省和全国的平均水平，在湛江市域各县市中居中等水平，仍属省内欠发达地区。

（2）缺乏大型龙头企业带动，提出工业立市近二十年，主要精力都集中于工业，可是目前（2008）仍是以农业为重（第一、二、三产业比为40.5:32.9:26.6）的传统型经济结构，说明农业在该市属强势产业部门。

（3）陆海兼有、山水兼优。土地资源比较富裕。

（4）道路交通建设滞后，市域中心处于区际主干公路交通的偏角，南北铁路交通地位和通过北部湾的海陆交通集散地功能在弱化。

（5）城镇，尤其市域中心城区建设有较好的基础，但城镇化水平低。

（6）位于湛茂城市经济圈和北部湾广西经济区的结合部，为廉江市的发展提供多个动力，尤其是毗邻的北部湾广西经济区的形成和发展，为位于广东省西部粤桂边境的廉江市发展迎来难得的机遇，也面临着激烈的挑战和被边缘化的极大危险性。实际上，廉江市西部与广西北海市接壤的乡镇，已从原来的吸入口和辐射者变为今日的被吸引和被辐射者。

（7）广东省委、省政府落实区域协调发展战略，加快落后地区发展，实施产业转移政策，为廉江的发展提供契机。

从上面的分析可以看到，廉江市有丰富的资源、独特的地缘经济区位优势和较好的发展，尤其农业发展基础，也存在诸多问题和发展的制约性因素，尤其新时期发展面临着激烈的区域竞争和挑战。如何不失时机地发挥自身优势、抓住机遇，兼收并蓄来自各方面的强大动力，有效地加快市域经济和社会发展，是摆在廉江市领导和群众面前的硬任务。若错失良机，则将贻误发展时机，有被边缘化的危险，在激烈的区域竞争中将陷入被动境地。因此，不进则退、不上则下，廉江市的广大干部和群众，尤其市委、市政府一班人，要强化竞争意识，要工业化、农业现代化、城镇化，不要边缘化。在新的一轮发展浪潮中，一定要抓住机遇，迎接挑战，在激烈的区域竞争中实现跨越发展。

为此，规划要求廉江市要树立两大观念，其一是树立大区域协调与竞争发展观念。即从粤桂两省和北部湾两国四方的宏观战略高度上分析问题、谋求发展。要依托湛江市和湛—茂城市经济圈，积极承接珠港澳大三角经济圈的产业转移和经济辐射，主动对接和融入广西北部湾经济区，共同参与环北部湾经济圈的竞争和发展。

其二是树立工业为重、多业共荣的大产业发展观念。即要遵循工业立市与农业发展并重、政府引导与市场推进并重、环境保护与经济效益并重、全面开放与重点引进并重、承接转移与自我发展并重的基本原则。着力建设和改善经济发展环境，加快经济发展方式转变和经济结构调整，强化工业对经济增长的支撑作用，稳定和提升第一产业，积极发展以商贸和生态旅游为重点的第三产业，做强特色和优势产业，做大经济规模，优化经济结构，提高经济总量，增强综合实力。

建立规划的指导思想是，以加快工业发展为主线，围绕建设粤西经济强市和滨海宜居城市两大目标，协调推进工业化、城镇化和农业、农村现代化三大重点，全力推进工业园区和特色农业基地建设。实施跨越发展、外向带动、产业集群、集聚发展、科教兴市五大战略。加快推进交通改善、产业优化、城乡统筹、环境保护、体制创新、社会和谐六大任务。进一步解放思想、更新观念、抓住机遇、发挥优势。着力优化经济结构，优化空间布局，加强联合协作，不断提高综合实力和竞争力。成为湛江地区率先发展、加快发展、科学发展、协调发展的区域经济增长极和县域经济发展"排头兵"，成为广东省对接北部湾广西经济区参与北部湾地区发展和进军东盟的桥头堡，成为开放度较高、有一定辐射能力、经济繁荣、社会和谐、生态良好的粤西地区经济强市和滨海宜居城市。

规划提出，廉江市的空间发展要遵照交通引导，轴向发展、功能分区、三圈互动、集聚发展，城乡统筹的基本要求，构建"三圈两廊，两城四节点"的空间格局。实施以廉城为中心，安铺—横山为副中心，东西轴线、南北轴和中南沿海轴线为重点，石岭、良垌、青平、塘蓬为节点，重点开发南部，优化中部发展、限制北部开发，实现市域快速、有序、协调、持续发展。规划提出，近期的战略重点是：①抓道路交通建设，改善投资环境；②加快工业整合、升级、转型；③稳定、提高农业生产效率、农产品质量、农业经营模式，优化产业结构；④强化市域中心地位，增强辐射带动能力；⑤创造政策环境、营造经济增长点。

规划强调开辟和建设广东廉江北部湾海洋经济区，对接北部湾广西经济区，融入环北部湾经济圈，参与北部湾两国四方的区域合作和区域竞争，成为粤桂合作的平台，成为广东参与北部湾经济圈的竞争，进军东盟的桥头堡和经济特区[①]。此举已得到广东省委书记胡春华、常务副省长徐少华和湛江市、廉江市领导的肯定和支持。可以肯定，它将成为廉江市未来发展富有活力的区域

---

① 陈烈等：《廉江市发展改革规划纲要》（未刊），2010年3月。

和强大的经济增长点。

第二节　区域经济可持续发展问题研究

经济发展是解决区域人地矛盾的基础，是区域可持续发展规划的出发点。区域问题的核心，是人地之间的矛盾，焦点是经济，即经济子系统是处在人与地关系的焦点上，是协调人地关系，实现区域系统诸要素协调共荣、持续发展的关键要素。因此，区域人地系统调控的重点是经济子系统的控调，切入点是经济的发展。

"一切物质财富是一切人类生存的第一个前提"，区域是一个开放型的复合社会—经济—自然生态系统，在人与自然的关系中，人地关系是主要矛盾，其中人是矛盾的主要方面，解决矛盾只能靠发展生产力。只有经济发展了，社会财富增加了，才能解决和满足人们的基本需求，提高人们的物质、文化生活水平，才能解决人地系统中存在的各种矛盾和问题，实现人地之间的良性循环和系统诸要素的协调、和谐发展。

以往的区域，尤其欠发达和不发达的贫困区域中出现的许多资源、环境和社会问题，其根本原因在于经济不发展。农业区域中出现的滥垦滥伐，干旱草原中的超载过牧—草量减少—草场退化、沙化的恶性循环，其根子都在于穷，在于区域经济落后。改革开放以后，国家强调在水土流失区、河流上游生态敏感区、干旱草原区实施退耕还林、退牧还草、减畜护草等措施，在解决水土流失和草原退化、沙化、绿化、改善环境等方面，取得了显著的效果。但新时期，照样存在发展的问题。这类区域面临的新问题，是如何进一步发展经济，改善和提高人们的生活质量和生活水平。如何变政府补偿型、"输血型"扶贫为"造血型"扶贫，帮助当地造血，有稳定的经营收入，还具有自生扩大再生产的能力，是新时期的要务，是解决该类型区域人地矛盾，实现持续发展的基础性工作。

据我们调查，尤其对中、西部地区农村情况的调查发现，目前仍有相当的农村、农民收入水平都很低，基本经济来源主要靠子女不远万里外出打工的收入维持家庭生活，除少数靠近城镇的村民外，多数农民目前首位考虑的重点是如何解决生活问题、子女上学问题，很少或根本无能为力考虑如何改善住宅环境、改善村容村貌、搞公益设施和基础设施。有些村，前些年通过上级有关部门对口扶贫或干部下乡挂职，争取财政拨款，搞形象工程，为当地搞了些基础设施和公益设施建设，如修水泥村道或乡道、办文化站等，奈因农村集体经济太薄弱，拿不出资金来管理和维护，公益设施名存实亡，没过几年水泥路就变成了沙土路，沙土路又变回"晴天一把刀、下雨一团糟"的泥巴路。

这就说明，县域农村建设的关键是农村和农民集体经济的发展。只有县域集体经济发展了，才有可能拿出资金，配合国家财政搞基本建设，发展路、水、电和科、教、文、医等设施，只有农民收入提高了，才有能力消费和共享这些设施，才有能力培养小孩读书和自觉提高自己的文化科技素质。农民文化素质的提高，农村基础设施的建设，回过头来又可促进县域经济发展。上下之间两个积极性、两种动力有机结合，党和国家的良好愿望和宏伟目标与农民的期望和农村的现实结合，促进城乡之间良性循环、和谐发展的可持续发展局面。只有这样，才能从根本上解决"三农"问题，建设小康社会，实现农村区域现代化，因此，经济发展是解决县域各种矛盾和问题的基础，是实现区域人地关系协调发展的关键。

研究区域经济发展问题，许多学科都在做。人文地理学从综合和宏观战略的角度，把"区域经济—社会—资源—环境—城镇—乡村"作为一个相互联系的有机整体，置于同一耦合的时空中进行综合研究和统筹规划。即通过广泛深入的调查研究，抓住影响区域经济发展大局的关键性问题进行认真研究，对未来发展进行统筹规划与布局，既研究其发展问题，也研究其协调发展问题，还要研究其差异性发展问题；既建立经济发展的宏观战略理念、战略方向，又制订相应的发展目标、发展重点、发展与布局方案，以及相应的机制和策略对策；既研究系统内经济要素的发生、发展问题，也研究经济发展对系统相关要素发展的影响和作用；既研究经济的中、长期发展问题，也研究和规划其近期和起步发展问题，还要对其发展后效进行分析、预测；既研究和规划本系统经济各要素的共同发展问题，还要研究其与区外大环境同类要素的协调和互补发展问题。

依据人文地理学区域性的特色，研究区域经济发展要注意因区制宜，要抓住制约区域经济发展的主要矛盾和矛盾的特殊性。据笔者多年来在国内外的大量研究，制约区域经济发展的因素多种多样，其中有观念、意识问题，有体制、机制问题，有基础设施和区位交通问题，有产业定位和产业结构问题，有人才、科技问题，有发展理念、发展思路和发展模式问题，有发展平台、发展载体问题等等。这些问题有来自人文历史背景和传统思想观念，有来自快速工业化、城镇化中出现的问题，有来自资源开发利用中的问题，有来自环境保护的问题，还有来自空间发展和城乡协调中的问题，有来自周边区域竞争与协调的问题，等等。

不同类型区域或同一类型区域的不同发展阶段，其问题和矛盾的特殊性是不一样的。有的只是突出存在其中的某些方面，有的则存在多个方面，有的问题带有普遍性，有的则存在个别区域之中。

区域性是人文地理学区别于其他科学的突出特点，从人文地理学的角度研究区域经济发展，首先要抓住制约本区域发展的矛盾特殊性，即要紧紧结合该类型区域的条件、特点与问题，制定相应的科学发展思路、发展模式、发展方案和发展对策。前提是先解决制约发展的关键问题。

如研究欠发达或不发达贫困地区的发展，要抓住制约该类型区域发展的三大关键要素：①是以道路交通运输为重点的基础设施；②是人才短缺、科技落后；③是以观念、意识为表现的区域人文历史文化环境。前者属区域发展的硬环境，后两者属软环境问题。

多年研究实践表明，硬环境方面，如基础设施问题，随着政府加大投入，能在较短的时期内得到有效的改善和解决。从这些年国家对西部广大地区路、水、电等基础设施建设的投入和发展的事实可以得到说明。

人才（含专业科技人才和行政管理人才）短缺是欠发达和不发达贫困地区共同的问题。它与区域环境有直接的关系，除了软环境外，还有硬环境因素。有的学者每谈到这个问题，不顾区域环境条件，就一味地强调要"大力引进人才""大力发展高科技"，实际上并不是那么简单。试想，在区域环境未得到改善、经济待遇和工作条件与发达地区反差很大，在人才可以自由流动的市场经济条件下，要引进人才、发展高科技谈何容易。广东有不少山区县市的领导，到外地苦苦招募人才（如医生、教师等），其收效都甚微。有的来了，短则一年半载，长到两三年，合同期未到就走人了。

据笔者多年实践体会，此类型地区在起步阶段宜实施如下三种措施改善人才短缺问题。其一是派出去。即分期分批组织区内现有的专业技术人员到外地接受培训，提高他们的科技涵养，然后再回本地工作，这些人已适应本地环境，融入本地社会，经培训以后照样回单位安心工作。行政管理干部，尤其是领导干部也可以通过同类方式进行培训，改变他们的观念，开拓他们的视野，提高他们的管理能力。

其二是改善投资环境。政府招商引资，随企业、项目的引进和园区营造等，带进相应的科技和人才。

其三是请进来。即根据各个时期各个阶段发展的需要，聘请外地专家和科技人员到当地帮助解惑，出谋献策和决策咨询等，利用他们的智慧为当地发展服务。往往一个意见或建议，就可以避免一次（项）重大的失误或经济损失，也可以为当地创造千千万万的财富。我国经济发达地区多年来就是坚持这样做的；越南这个国家，实行革新开放以来，也是这样做的。

1993年，受全国人造景区热和深圳锦绣中华项目的影响，南海市决定引进一个重大项目，拟在西樵山建"中华文化民俗村"，按项目书的要求，计划首期投资一亿元（当时的一亿元是个很大的数字）人民币，在山上辟地一平方公里，立1881尊来自江西景德镇的镀金陶瓷塑像，其中包括从黄帝到邓小平，水浒108将，三国演义名人名将，红楼梦才子佳人，还有女儿国、佛教传人、道教洞天福地名士等。

市委、市政府希望通过这个项目"搞旺西樵山，带动市域经济发展"，因此，四套班子讨论决定拟于当年四月中旬择吉日动工。

临近动工前，市政府的一个副市长建议把这项方案送给我过目，听听我的意见（我当时刚主持完成南海市经济社会发展规划，在该市有较高的知名度）。

我看了方案以后，当即赶到南海市，对着他们市的领导班子①表态说：此项目不可取！理由有三，其一是，在西樵山上建纯属观光型项目，不可能有好的效益。因为西樵山与深圳的区位条件、交通环境是截然不同的，纯属观光性的旅游产品缺乏持续吸引力。产品缺乏特色，如果游客想看这些陶瓷工艺品，完全可以到近在咫尺的佛山市石湾陶瓷工艺博览馆，那里的内容更多、文化含量更丰富。

其二，在一平方公里范围内，把古人与现代人、死人与活人（当时邓小平还健在）混在一起，皇帝与将相、少爷、少女同立一屋，佛教与道教同住一窝，这没道理。

其三，更重要的是西樵山属国家级风景名胜区，必须严格按照风景名胜区的要求进行保护、开发与建设，希望通过这个项目搞旺西樵山，最终将会搞乱、毁坏西樵山。

开明的南海市决策者终于接受了我的意见，取消了原来四套班子的决议。

我们这个意见，不仅为南海市少花一笔巨额资金，更重要的是避免了三种后果：其一是避免了把岭南名山、国家级风景名胜区的资源、环境搞砸了，甚至破坏了；其二避免了留下一个欲弃不忍、欲保不能、收支难以平衡、养护难以为继的烂摊子；其三是避免了给南海市留下一个决策失误，不可持续发展的项目。若干年后的今天，证明了我的意见的正确性。

诸如此类的例子，还可以举出许多，除否定性意见外，更多的是建设性的意见和建议。

科学技术是生产力，欠发达和不发达贫困地区，发展经济，尤其在起步阶段发展经济要懂得利用外地人的智慧为本地服务，合理而充分地利用区内现有的科技生产力和区外可利用的科技生产力，为当地经济发展服务。已故的香港大企业家霍英东先生，在世的时候就经常对他的同伴和助手说："用钱买内地知识分子的'脑袋'是最便宜的！"

人文历史社会环境是制约区域发展的决定性因素。它是长期历史文化积淀

---

① 当时与会的以邓耀华市长为首的南海市政府主要成员和市委、政协部分领导。在场的还有时任中山大学党委书记的黄水生同志和地环学院党委书记林应河同志等。

的结果，在长期封闭的环境里形成当地固有理念和意识。不容易在短时期内通过简单的手段或方式得到根本性的改变。在这种观念和意识的主导下，不容易接受新生事物，不容易跟上社会快速发展的步伐，不仅影响区域的发展速度，还影响企业和人才的引进与发展。要改变人们的传统保守观念，建立新的发展理念和发展意识，提高协调、组织、管理能力，首先必须从干部，尤其是主要领导干部自身做起。

珠江三角洲顺德和南海，借国家改革开放的春风，率先在中国崛起，正是当地人们在历史上长期与水患等自然灾害的斗争中，形成了勤劳、勇敢的品德，不畏艰辛、敢为人先、勇于开拓的精神，同时广纳各方人才，兼收并蓄来自海内外多元文化，形成敢于开拓、勇于进取的观念和意识，以及快速接受与应变能力，尤其自明代以来农业生产专业化、商品化、市场化所孕育的、深入人心的商品意识和市场观念，使他们在安定的社会环境和适宜的改革开放政策之下，把潜在的生产力变成促进区域经济发展的强大精神动力和无形资产。这是促进和推动区域经济快速发展的强大内动力。

相反，国内许多欠发达地区，改革开放以后，长期处于发展较慢的阶段，有些区域，在相似的发展条件和同样的政策环境下，迟迟得不到应有的发展，究其原因，主要就在当地的人文环境，在干部和群众的观念和意识上。

广东粤北山区乳源瑶族自治县，原是经济不发达的贫困县，随着穿越县境的京珠高速公路建成通车，改变千百年来交通不便、环境闭塞的状况，通过积极开展对外交流与联系，经常不断通过派出去、请进来的方式提高干部、群众的视野和管理能力，有效地解放干部、群众的思想，更新发展理念；同时利用山区丰富的水力资源发展小水电，引来耗能企业集聚，带进技术和人才，吸纳周边地区人员就业；该县还利用优越的水、土、气等自然资源条件，引进香港和珠江三角洲地区的企业家到当地建立面向港澳和珠三角市场的优质蔬菜等农副产品基地，发展生态型有机农业；还利用当地富有特色的旅游资源发展旅游业，引来大量游客，使当地百姓融入大社会，当地的传统文化与外来文化融合。通过这些，使当地经济和社会得到又快、又好的发展。

第三节　区域工业可持续发展问题研究

工业是区域发展最主要的动力，工业经济是区域总体经济的主要组成部分。区域规划研究区域可持续发展问题，一直以来都把工业可持续发展问题作为一项主要内容。

区域规划研究工业可持续发展，重点是分析工业可持续发展的条件，分析工业发展中存在的问题和挑战，工业可持续发展的方向、目标、重点、模式，工业结构优化与地区布局,以及工业发展的政策和措施等。既研究区域起步阶段工业化初期工业发展与工业园区布局问题,也研究发达地区工业化中、后期工业的提升、整合发展与布局问题。

工业可持续发展的内涵,主要包括产业结构的调整与升级、工业可持续发展的制度条件和工业发展与资源环境协调等。工业可持续发展的战略指导思想是以外向型工业作为区域经济发展的核心,产业优化、升级是区域工业可持续发展的重要因素,把技术创新和管理创新作为工业持续发展的基本动力,多层次产业布局是区域工业可持续发展的基本特点,把建立生态型工业体系作为实现区域工业可持续发展的重要战略目标。

用可持续发展战略理念指导区域工业可持续发展,要求工业发展不能对环境造成破坏而导致发展的不可持续,工业发展模式须有利于生产要素的进步,从而提高工业持续增长的能力。

处于不同发展阶段的区域,工业可持续发展研究的重点和目标要求是不同的。如2002年,县域经济处于欠发达的增城市,其工业发展研究的重点和目标是如何迅速形成强有力的支柱产业,促进工业综合实力的增强和工业可持续发展整体素质的提高,实现市域工业的跨越式发展,近期达到珠江三角洲工业发展的较高水平,为增城率先基本实现现代化打下良好的可持续发展的基础,中期初步建立具有可持续发展的生态型工业体系,形成广州市先进工业发展的重要基地,远期建成可持续发展的与社会经济发展同步协调的生态型工业体系。[①]

2000年,经济发达地区顺德市工业可持续发展研究的重点和目标是要求工业向全球化、集约化与专业化,以及环境无害、清洁生产、节约资源方向发展。工业可持续发展的道路是:①按市场经济规律及可持续发展的要求实施各种战略;②从制度创新走向技术创新;③从工业立市走向三大产业协调发展;④以人为本、科技立市;⑤注重质量,规范管理。强调的是:①把握国际产业发展方向,立足家电产业,用高新技术改造传统产业;提高企业家素质,发挥企业家要素在技术创新的作用;②以提高土地利用效益为目标,优化工业结构,调整工业布局,坚持淘汰污染企业,转移低附加值工业,鼓励高新技术企业发展的原则;③加强政府在工业可持续发展进程中的引导和调控,实施污染管制,征收污染税等环境管理措施;④充分发挥企业在工业可持续发展进程中的作用,企业应主动选择清洁生产,节约资源和环境无害化技术、工艺,最终

---

① 陈烈、刘复友等:《增城市域工业可持续发展研究》,载《广州增城市域可持续发展研究》,广东科技出版社2003年版,第150～184页。

达到降低成本、提高企业素质和现代化管理水平、增强企业在区域中的竞争力。①

工业，包括外来加工业和本地资源型工业。总结国内先发展区域工业发展的经验，他们发展的路途主要有三条，其一是营造环境（有园区、有节点、有轴线）—招商引资，吸引工业企业集聚—参与服务和经营管理—从中熟悉、消化和吸收—进行模仿、制造—创新发展—形成当地主导型、特色企业；其二是上、中、下游结合，从原料供应—成品生产加工制造—产品展销贸易—树立品牌的集群化、园区化、链条化发展模式；其三是整合区域内现有散、乱、小、落后的工业企业，逐步向规模化、标准化和现代化发展。

工业发展的载体在城镇、在县、市域中心城和重点镇，也可利用优越的地缘经济区位和地理交通节点，利用相邻地区的资源和市场发展互补性，集群化、链条化特色加工业。

在起步阶段，不一定一开始就强调高科技、技术密集和资金密集。为了加快城镇经济发展，只要符合安全生产标准和环保要求，不论规模大小、不论哪种形式的所有制的工业企业，都要允许和鼓励进入发展。但要按规划要求，合理布局，节约、集约利用土地资源、保护环境，形成相对独立的产业集聚区，并注意根据企业的特点分类布局。

工业发展要走内源与外源结合、以内源为主的发展道路，要努力营造自身发展环境，包括园区投资环境、社会治安环境、政策环境和政府办事环境，以积极引进"原生型""配套型"企业和培育"自生型"企业为重点。

如有的山区县（如广东省乳源县）利用丰富而便宜的小水电能源引进耗能型、少污染的大型企业，并形成产业链，有效地带动了县城经济的快速发展。也有的如广东省连州市，改变原来北煤南运穿越市境，每年修路来不及破坏的被动状况，利用与湖南宜章市毗邻关系，在星子镇利用近在咫尺的煤炭发电，通过电源形式转送到珠三角和市域南部各城市。同时，利用便宜而充足的电源引进大型耗能企业，形成产业集聚区。不仅从根本改变该山区镇千百年来落后的贫穷状况，而且还吸引大批劳动力，带动周边市、县经济发展。

广西壮族自治区的崇左县，位于中越边界交通节点上，改革开放以来，利用"口岸"这一稀缺资源，在"边"字上做文章，在"开放"上下功夫，在内联上求发展，利用国内外两种资源，两个市场，立足口岸，依据国内，发展路港经济，取得长足发展。

位于中蒙边界的内蒙古二连浩特市，充分依托国内资源、市场、资金、产

---

① 陈烈、刘复友、乔森等：《顺德市域工业可持续发展研究》，载《中国发达地区顺德市域可持续发展研究》，广东科技出版社2002年版，第55～71页。

业和产品，开发和利用境外蒙古、俄罗斯的资源和市场，发展中蒙边贸，旅游、物流、服务和加工、制造业。包括：①利用自身能源（电）优势，重点进口俄、蒙的木材、矿产、畜产品等资源，依托科技工业园就地加工、选炼、然后复出或内销；②建立建材工业集散供应基地，重点利用国内产品供应俄、蒙两国巨大的建筑市场需求；③利用俄、蒙两国日用轻工产业的短腿与强大的市场需求，发展轻型加工、制造业；④建立俄、蒙两国长期必须依赖大量、永久性进口、事关民生的蔬菜、粮、油、水果等农副产品生产、供应基地和批发市场。经济获得快速发展，从原来一个边陲小镇发展成为生气勃勃、明珠璀璨、内蒙古自治区计划单列的区域性中心城市。

后发展区域可以借助别人帮扶，但绝不能单纯依赖异地转移。要牢固树立奋发图强、开拓进取、自力更生的精神。据调查，由于种种原因，这些年，先发展地区，如珠江三角洲地区，向外转移的企业，比例是不多的，向远距离的山区转移，比率就更小，已转移的企业中，极少数是属高科技、知识和技术密集型的，而多数是低层次、高能耗、多占地、污染性企业。

国内和省内一些后发展区域，目前呈现生机勃勃，甚至进入跨越发展，它们主要的还是靠"原生型"企业的引入或"自生型"企业的培育和发展，并不是靠先发展地区企业的二次或三次转移发展。

后发展地区若只等、靠先发展地区的企业转移来发展自己，那将永远处于后发展的被动状态，永远缺乏区域竞争力。若急功近利，随便接受污染企业进入，污染了县（市）内的"原生态"环境，那才是毁了后发展之路。因此，要树立积极发展的思路又要避免随意性、盲目性和急躁情绪。

这些年，有些省、区强调先发展地区工业企业向外转移，要特别注意避免把大量的夕阳型、污染性工业企业转移到河流中、上游地区，而这些地区的人们也要避免因急于发展经济而盲目引进、发展污染性，尤其水污染性工业企业。否则，将毁坏了自身可持续发展之路，还将严重危害下游城市和广大平原地区的生态安全，其后果是不堪设想的。这方面，我们各地，尤其河流中上游山区，在招商引资、发展工业时，务必有个清醒的可持续发展的头脑。

第四节　农业资源调查、农业区划与农业可持续发展研究

农业是区域发展的基础，农业经济也是区域总体经济的重要组成部分。农业发展研究与规划布局，一直是区域发展规划的主要内容之一。

多年来，关于农业专题，重点是研究农业发展的资源和条件、农业区划与布局、农业结构调整和农业可持续发展等问题。

一、农业资源调查与农业区划

早在 20 世纪 80 年代初，广东省落实国家"六五"重点项目，省农业区划委员会组织专家在博罗县搞农业资源调查与农业区划试点。笔者参加试点工作。与省、地、县农委的领导、干部和专业人员一道，深入该县的山山水水，调查农业资源的现状、特点与类型，总结以往农业发展与布局中的问题、经验与教训。在此基础上，根据区内类似性、区外差异性等原则进行分区划片，并根据各区农业资源的特点、优势与问题，因区制宜制定农业发展方向、目标和重点，以及相应的措施和对策。

农业资源调查与农业区划，为纠正在"极左"路线影响下，农业生产不分区域，强行推行一个制度、一个模式、一种作物、一个品种的片面性、盲目性做法所造成的问题，为因地制宜布局农业生产，实行分区、分类指导，为农业结构的调整、农业的科学发展和改革开放以后农业的率先发展和快速发展，发挥了极其重要的作用。

笔者作为主要成员参与《博罗县农业区划综合报告》的撰写工作，经反复论证、修改，最后成果成为广东省农业区划委员会印发全省各地、县，作为样板推广。

1981 年以后，全省各地全面铺开，笔者继续参与《湛江地区综合农业区划》工作；同时，作为广东省农业资源调查与农业区划专家组成员，先后指导和协助茂名、汕头、梅县、佛山等地市和海南自治州农业区划成果的编写、论证、修改，参与全省各地市农业区划成果的审查和验收工作。参与茂名、高州、化州等发展早熟荔、龙眼等水果，雷州半岛、廉江、徐闻以及海南岛等地发展反季节蔬菜的论证。记得关于梅县地区能否发展沙田柚，首期是否先试点10 万亩的问题，就是于 1984 年，梅州地区农委主任带着农业区划办公室有关人员到中山大学，在我家论证、敲定的。

1985 年秋，参与《广东省综合农业区划》的研讨和编写工作，笔者重点参与《农业经济》部分。《广东省综合农业区划》成果被评为广东省农业区划优秀成果一等奖，被全国农业区划委员会评为农业区划优秀成果二等奖。

1986 年，在完成全省农业区划工作的基础上，在省农委副主任、国土厅副厅长、广东省农业区划委员会副主任林举英同志的主持下，对全省各县，按农业资源水、土、气、生物等分类，逐县进行审查、核实，然后汇编成《广东省农业资源要览》①一书，全书 70 多万字，由广东人民出版社出版。笔者负责编审海南、汕头等 50 多个县的材料。

---

① 林举英、陈烈等：《广东省农业资源要览》，广东人民出版社 1987 年版。

该书是广东省首次摸清各县农业资源基础上，整理分类汇编而成，有"广东农业资源大辞典"之称，为省内各地政府指导农业生产提供科学依据，为广东农业科学研究提供很好的基础资料。该书获得广东省农业区划优秀成果二等奖，获全国农业区划优秀成果三等奖。

二、农业结构与农业布局研究

在开展农业资源调查和农业区划工作的同时，笔者率先抓住当时学科前沿，用生态—经济学的观点研究区域农业结构问题。以博罗县为例，选该县平原区李屋大队、山区茶山大队中心屋生产队和何佳大队相西生产队，以及丘陵区的石湖大队下楼角生产队，分别代表平原、丘陵和山区三种地域类型的典型点。取前后15年的农业经济资料和土壤中氮（N）磷（P）钾（K）三种元素含量，用定量的方法进行分析比较。根据生态系统物质循环基本原理，分析、研究生态系统中农业生物与农业环境之间，农业内部农、林、牧、副、渔各部门之间，在不同耕作模式下的物质循环关系，农业产品产出和农业生态系统的稳定性。[①]

通过研究，对于农业的特殊性和农业生产的规律性，对于如何根据不同农业部门和不同区域农业环境的特点，因地制宜建立合理的农业生态结构体系，实现农业生产的高效、持续发展和农业生态系统的稳定性等，有了较为深刻的认识：

（1）农业是一个有机整体，农、林、牧、副、渔各部门各具特点、相互联系，既相互促进又相互制约，合理的农业结构要有利于集各部门之长，避各部门之短，相互协调，互补共荣。

（2）农业是经济再生产与自然再生产交织在一起的过程，要运用生态——经济学的理论，合理利用自然，发展经济。建立一个农业生物群体与资源环境条件密切结合的农业生态——经济结构体系，实现系统中物质和能量流聚通畅、有序，生物与环境供求协调、用养结合，用较少的投入，获得更多的输出。

（3）不同区域，其农业资源、环境技术、经验和习惯是不一样的，农业生态——经济系统的结构特点、性质和功能也不尽相同，要根据不同区域的特点，建立与之相适应的农业结构体系。

如上研究成果，在长期经受"极左"思潮影响，农业生产长期出现片面

[①] 陈烈：《一个农业生态结构分析——以广东省博罗县园洲公社李屋大队为例》，载《中山大学研究生学刊》（理科版），1981年10月。

陈烈：《关于农业地域结构合理性分析》，载《经济地理》，1982年第4期。

性、盲目性、一刀切的情况下，强调用整体性、综合性、区域性的理念研究和指导农业生产，强调用生态——经济学的观点，建立农业生物与农业环境相协调，实现农业各部门相互协调、相互促进、共同发展、稳定和持续发展的农业生态结构的理论和观点，在当时是具有理论指导意义和实际应用价值的。这些含有可持续发展的思想、理念和思维，为后来的本科教学、研究生培养以及在珠江三角洲，在潮南、湛江和越南红河三角洲等地开展农业可持续发展研究奠定了理论基础。

三、区域农业可持续发展研究

从20世纪90年代起，在县、市域规划中，从区域的角度，用可持续发展的战略理念研究农业的发展与布局问题。如顺德县农业发展与结构调整（1990）、增城县农业发展与基地规划布局（1992）、南海市农业结构研究与农业商品基地建设（1993）、顺德市域农业可持续发展研究（2002）、雷州半岛亚热带农业示范区可持续发展研究（2002）、增城市域农业可持续发展研究（2003）、潮南区农业可持续发展与布局研究（2005）、始兴县生态农业产业化问题研究（2005）、廉江市农业产业化与农业布局研究（2010）等。

农业可持续发展，实质上就是不同尺度农业生态系统内部各子系统之间以及农业系统与外部系统或环境之间相互协调、同步演进的一个动态过程，需要通过各个支持系统的不断协调与完善来实现和完成。包括：①环境与资源支持系统；②生产与管理支持系统；③经济与市场支持系统；④技术与信息支持系统；⑤政策与法律支持系统和；⑥社会与伦理支持系统等。

农业可持续发展的重要标志是农业现代化。农业现代化是用现代科技改造农业，用现代物质技术装备农业，用现代管理方法管理农业，把农业建设成为具有显著经济效益、社会效益和生态效益的可持续发展产业。把农村建设成为经济繁荣、科教发达、社会文明、环境优美的新农村。农业现代化以提高劳动生产率，土地生产率，资源产出率，商品率和产品转化、增值率，并维护自然资源的持续生产潜力和优化生态环境为重要标志，其内涵包括现代化的物质装备、现代化的管理体制、现代化优化的资源与环境等方面。

从原始农业到传统农业，再到现代农业，实现农业现代化，这是世界上的所有国家或地区农业发展的必由之路。农业现代化是科学技术进步、社会经济发展和生态文明建设的必然趋势和产物。而实现农业可持续发展原则就是农业现代化的最终目标。

区域农业可持续发展研究，其内容主要包括：①区域农业发展的历史回顾；②农业可持续发展现状、特点分析与资源环境评价；③农业在区域（包括本区域和周边区域）中的地位和作用；④农业可持续发展面临的问题与机遇；⑤农业可持续发展战略目标（总体目标、分段目标、近期目标、中期目标、远景目标）和战略重点；⑥农业可持续发展战略模式（生态农业、高科技农业、都市农业、旅游农业、循环经济等）；⑦农业可持续发展对策与建议（保护有限的土地资源，建立合理的农业生产部门结构，加快农业基地建设，实现农业产业化经营，建立和完善农产品市场体系，加大农业生产的科技含量，改善农业生态环境，促进农村综合发展，提高农民的生活水平等）；⑧因地制宜，确定农业发展重点与特色，创办农业现代化示范区（点）等。

第五节　旅游资源调查、旅游规划与旅游可持续发展研究

旅游是我国改革开放以来发展最快的产业类型之一，从原来的属于"事业"行为转变为"产业"行为。目前国内许多区域，旅游经济已成为总体经济的有机组成部分。在我国，旅游业已成为一项方兴未艾的事关民生的大事业。

旅游业属第三产业的范畴，我们在开展区域规划中，关于第三产业方面的主要内容有旅游、物流和商贸业，其中旅游方面是我们关注最早、最多的一项内容之一。主要是开展旅游资源调查、旅游规划和旅游业可持续发展研究。

一、旅游资源调查与旅游规划

早在20世纪80年代中期（1986年），笔者即在中山大学率先给人文地理专业开讲"旅游规划与旅游管理"课程，1987年秋季开始，供全校选修，成为当时的热门课程。

1984年同黄进、张克东教授一道组织香港中文大学、浸会学院等20多位教师，环岛考察海南岛的旅游资源，开展海南岛风景名胜旅游资源调查[①]；1987年，与广东省旅游局规划处曾庆元处长、广州地理研究所徐君亮研究员一道组织开展"广东省旅游资源调查与开发利用规划"[②]（属广东省国土规划专题之一）；1988年，与时任广东省国土厅副厅长的林举英同志组织开展"阳春县旅游资源调查与旅游区规划"[③]。

此后，旅游作为区域规划专题，先后组织开展顺德[④]（1989）、增城

---

① 见《海南岛风景名胜旅游资源调查报告》，1985年2月。
② 见《广东省旅游资源开发利用规划》，1989年。
③ 林举英、陈烈：《阳春旅游要览》，广东画报社。
④ 陈烈、倪兆球、司徒尚纪：《顺德县旅游资源开发与旅游业发展构想》，载《顺德县县域规划研究》，《中山大学学报》1990年版，第188~196页。

(1991)、南海①（1992）、三水（1993）、湛江②（1995）、湖南城步（2001）等县市，以及南海市和顺、丹灶、里水、大沥、西樵、小塘、金沙、九江、沙头、官窑、黄岐等镇③（区）旅游资源调查与旅游开发利用规划。

21世纪初以来，先后开展顺德④（2002）、增城⑤（2003）、汕头市潮南区⑥（2005）、始兴（2005）、广州市花都区（2006）、廉江（2009）等县市旅游可持续发展研究与规划。

与此同时，还先后组织开展了西樵山国家级风景名胜区规划、南国桃园旅游度假区规划、电白县虎头山海滨旅游区规划、深圳凤凰山与羊台山城市郊野公园规划、揭西北山大洋旅游区规划、湖南城步苗族自治县南山旅游区总体规划、十万古田旅游区总体规划、西江峡谷苗族风情旅游区概念规划及边溪苗族文化生态旅游村修建性详细规划、大寨侗族文化生态旅游村修建性详细规划、南山大坪旅游接待服务中心修建性详细规划、白云湖旅游区概念规划及白云度假区修建性详细规划，还有越南南河省陈庙国家级风景名胜区概念规划、越南海阳省凤翔湖生态旅游区总体规划与东方文化园详细规划等。

如上述各类规划，都是所在区域前所未有的开创性工作。当时，对启迪当地干部、群众的旅游意识，指导以后的旅游资源开发和旅游资源保护，引领当地招商引资，带动相关产业的发展，改善当地百姓的生活方式，振兴经济，提高当地百姓收入，等等，起到了很好的基础性工作。许多成果被当地政府采纳并付诸实施，有的早已成为闻名遐迩的旅游热点（如南国桃园旅游度假区等）。实施证明，当时提出的诸多有关发展理念是具有开创性和超前性的，其基本思路和决策是正确的，规划方案和措施对策，是符合当地实际情况的，有许多在当时、到目前、以及今后，都仍然具有实践指导意义，这些都可以从目前各地留下的足迹中得到印证。

如1987年开展的"广东省旅游资源开发利用规划"，对全省进行了为期数月的旅游资源调查研究。在摸清资源的基础上，根据旅游资源的类型组合与

---

① 陈烈等：《南海市旅游资源开发构想》，载《南海市社会经济发展研究与规划》，广东地图出版社1993年版，第139～145页。

② 陈烈、廖金凤等：《雷州半岛旅游资源综合开发利用研究》，载《雷州半岛经济社会与资源环境协调发展研究》，科学出版社1997年版，第334～360页。

③ 见《南海市镇域社会经济发展规划》，广东科技出版社1994年版。

④ 陈烈、刘复友等：《顺德市旅游业可持续发展研究》，载《中国发达地区顺德市域可持续发展研究》，广东科技出版社2002年版，第162～178页。

⑤ 陈烈、刘复友等：《增城市域旅游业可持续发展研究》，载《广州增城市域可持续发展研究》，广东科技出版社2003年版，第216～233页。

⑥ 陈烈、沈陆登等：《潮南区旅游业可持续发展研究》，载《汕头市潮南区可持续发展研究》，广东科技出版社2005年版，第174～191页。

地域结构在区内的完整性、社会、经济发展水平与旅游资源开发利用方向的相似性、交通、服务设施和旅游者行为习惯的相似性，以及旅游区与行政区划的完整性四个基本原则，同时对某些与相邻旅游区之间具有吸引和辐射双重性作用的旅游区、点，划区时作双重性特殊处理，把广东省划分为珠江三角洲旅游区、粤东沿海旅游区、粤西沿海旅游区、粤北旅游区、西江两岸旅游区和粤东北旅游区。并对每个区及区内主要城市的旅游资源现状、结构特点、客源目标、开发利用方向和旅游业发展战略目标、重点、产品结构与布局，以及资源、环境保护等，都做了详细的论述与规划（见《广东省国土规划专题规划之十二——旅游资源开发利用规划》）。

本次工作的特点，是广东省首次对旅游资源进行全面深入调研。它根据资源的特点和开发利用方向不同，把全省的旅游资源分为山峦风光、岩溶奇观、滨海沙滩、川峡险滩、湖泊水库、温泉、宗教寺庙、古塔、古园林、文化娱乐园、博物馆、特种旅游、科学考察、民俗风情和自然保护区等，共17种类型。每一类都详细描述其特征，标明其地理分布，具有很强的直观性。

如以滨海沙滩类为例。在当时无章可循的条件下，借鉴国外的经验，结合广东省的实际拟定了一系列指标，通过详细调查，把广东沿海较为著名的沙滩列表如下：

表 3-1　滨海沙滩

名称	所在地	主要特征
大角湾沙滩	阳江市	湾长2000多米，沙滩宽300米，海岸内湾，沙细洁白，水色透明，背依绿化山丘，腹地30万平方米，是省内最好的沙滩，已辟为泳场
马尾湾沙滩	阳江市	沙滩长100米，宽500米，后背绿丘，外有沙洲与大海相隔，湾内水深不到1米，水浅无浪，沙质水质好，腹地20万平方米
青澳湾沙滩	南澳县	凹岸沙滩，长约2公里，宽60米，1米等深浅水域宽约150米，沙质软，浪小。无礁石，沙滩后背有200米木麻黄防护林带，四周为小山丘，沙滩两端有两条淡水小河
飞沙滩	台山县	长近5公里，滩平水浅，离沙滩200米的海面水深不过1米，沙滩色白，沙细、平坦、坚实，沙滩背后群山连绵，林木繁茂，饱览海岛风光，观海上日出等，现已辟为泳场
飞龙沙滩	湛江市	沙滩长1600米，最宽处400米，背靠茂密林带，沙滩对面是硇洲岛，中间有大沙洲，海底平缓，浪涌不大，可同时容纳万人游泳，目前正在开发

(续表3-1)

名称	所在地	主要特征
龙头山	电白县	面积约1平方公里，分内湾和外湾，外湾波浪较大，内湾浪平水浅，沙细洁白，背后有马尾松林带，距岸4.5公里有放鸡岛，方圆2公里，海水能见度8～10米，岛上目前无居民
大梅沙小梅沙	深圳大鹏湾	大梅沙沙滩长1700米，腹地面积1平方公里，小梅沙沙滩长800米，腹地面积0.3平方公里，两沙滩坡度都在5度之内，沙质以石英砂岩为主，多为白色细砂，水质好，两侧及背后有茂密林木，郁郁葱葱的山丘，景色优美，已开辟为泳场
金厢滩	陆丰县	沙滩长8平方公里，宽50～60米，2米等深线距海岸200米以上，石英砂质，不含砾石和贝壳，水质好，沙细浪小，坡缓，滩有巨石成环围绕，背后有成带木麻黄，迄今尚未开发
霞涌湾	惠阳大亚湾	沙滩长1.1平方公里，宽25～100米，沙细且白，坡缓，背靠青山，滩前多岛屿，现已辟为大亚湾海滨游乐场
巽寮湾	惠东大亚湾	沙滩长10平方公里，水深1～1.5米范围内沙滩宽200米，沙滩平坦，沙质、水质好，近海有岛屿，海岸青山连绵，山上多怪石，沙滩略有开发
硇州岛潜水与泳场	湛江市	岛的翻船石附近海域水深10～15米，透明度6～8米，水流平缓，水底怪石嶙峋，是潜水理想地，岛内那晏海滩，内凹沙滩长约1000米，沙、水质好，已辟为泳场
妈屿岛海滨泳场	汕头市	岛东面数百米长沙滩，海水碧透，潮流徐缓，已辟为泳场，海边可以抛饵垂钓，有鸾凤朝牡丹景点，现存两座妈宫古建筑
珠海海滨泳场	珠海市	银坡海滨浴场，长约1500米，沙滩宽30多米，湾环如抱，沙滩平均，沙细洁净，岸边林木婆娑，滩外岛屿众多，已辟为泳场。荷包岛大南湾海滨浴场，沙滩长约4公里，宽50米，沙、水质好，岸边丘陵碧绿
内伶仃岛	深圳市	面积4.8平方公里，主峰341米，岛上林木苍翠，有猕猴10群，每群30～50只
龙穴岛	广州市	岛上沙滩广阔，是明、清名胜之一，岛有三奇：奇水、奇洞、奇榕。是发展海滨泳场和观日出好去处，已开发

此外，尚有汕尾沙滩、饶平县柘林湾沙滩、澄海莱芜沙滩、汕头市达濠沙

滩、潮阳莲花岛沙滩、上下横档岛沙滩、电白县虎头山沙滩和海丰县的遮浪海角及沙滩等。

在规划中，对每一种类型的资源，制定若干定量与定性的标准，以衡量各景点质量，确定其开发利用的价值和开发时序。

如在海滨沙滩类型中，根据沙滩的长度、宽阔度、腹地开敞度、海水透明度、水色、水质、沙质、水流波浪、水下沙滩坡度，后背海岸环境，以及前方视野等，对全省20多处海滨沙滩进行分析比较，结论是这些海滩、用地都较宽阔，海水透明度、水色、水质和沙质都较好，后背海岸环境和前方视野也都相当理想。

坐落在阳江县闸坡镇，靠闸坡渔港东南西的三个大海滨沙滩——月济湾、大角湾和马尾湾是省内最好的滨海沙滩，尤其是大角湾沙滩可与海南大东海媲美。还有南澳岛的青澳湾海滩，沙质、水质、腹地、后背和前方环境也都很理想，南澳海产丰富，岛上文物古迹多，只要交通条件解决，即具有良好的开发前景。此外，深圳的大、小梅沙及台山县上川岛飞沙滩，下川岛王府洲海滩等环境条件都很好，还有惠阳霞涌大亚湾和惠东大亚湾巽寮等也是较好的滨海沙滩。充分利用海滨资源，建设海滨浴场，以海上活动为主，与邻近的自然风景资源和人文旅游资源结合发展综合性旅游是很有前途的。

本项规划的另一个特点，是站在全省的高度上，从综合的观点、比较的观点、发展的观点和宏观战略的大视野，对全省、各区和各中心城市旅游资源开发方向、开发重点、开发时序，以及旅游产品基本结构、旅游资源保护等，都提出了明确的意见和要求，为后来省、市旅游资源开发和旅游业发展，发挥了很好的指导性作用。规划中的意见和建议，许多已被实施。

如在关于"潮州古城旅游区"规划中提出，利用潮州古城的文物古迹建成一个独具魅力的旅游区，建设以下项目：

（1）修复开元寺古建筑，恢复已被破坏的祖堂、初祖堂、钟楼、鼓楼和后花园等，尽可能扩大寺庙的规模，增加游览景点。

（2）在东城门（即广济门）门楼上建潮州历史博物馆，介绍潮州城的产生、发展历史，历代名人在潮州的事迹，潮汕平原一带的民俗风情和民间工艺品等。修复靠近城门两侧的古城墙，使城门更加完整。

（3）建成仿古商业街。商业街两侧商店门面可按清代风格建筑进行装修，街内出售各种工艺品、小吃等。商业街的出口处修复几座牌坊，牌坊上木雕、石雕、灰塑应为潮汕风格。

（4）修复和开放城内部分古建筑，对游人开放。

（5）恢复湘子桥。湘子桥又名广济桥，它在我国的桥梁建筑史上有十分重要的地位。新中国成立后改建为公路桥。原桥墩仍旧存在，拟在湘子桥原址，按古湘子桥原貌，恢复湘子桥。

（6）恢复十相祠和八贤祠。东城内广场两侧原建有十相祠和八贤祠，它们分别为纪念唐朝到过潮州的十位宰相和潮州历史上的十六位名人而建，可按潮州古祠的风格重建十相祠和八贤祠，重造他们的塑像置于祠内。

时过多年，现在回顾当年规划的建议是正确的。经过广东省和潮州市有关部门的努力，现在每个去过潮州市的人，都可以领略到古城风貌再现。

在县域旅游规划中，如湖南城步苗族自治县旅游规划，立足于帮助少数民族贫困地区发展经济，根据县内丰富而具特色的旅游资源开展五项专题研究，一个县域旅游发展总体规划，两个旅游区总体规划，四项修建性详细规划，形成规划系列，成为该县扶贫重点项目，对帮助该县旅游发展起了积极的作用。

1992年的南海市南国桃园旅游度假区规划。选点是立足于对土地资源的深度开发、发展经济，带动区域和周边经济发展，规划的理念是以环境为基础，通过旅游效应，实现区域环境、经济、社会的全面发展。由于有个准确的区域分析与区域定位，有个明确的市场目标，有个突出而超前的主题理念，彰显地方特色，注意综合性、协调性和可持续发展，且注意规划设计构思和方案的科学性和可操作性，该旅游区发展很快，20世纪90年代中期就成为珠港澳地区的旅游热点，一直以来成为闻名遐迩、一旺不衰的旅游度假区。

应越南邀请，作为"中国规划专家"的身份，1995年开展越南南河省陈庙国家级风景名胜区概念规划。2003年，开展水域湿地生态旅游开发研究和海阳省凤翔湖生态旅游规划区总体规划，成果都已付诸实施。作为中国规划专家在国外开展旅游规划（详见本书第三编第九章），这在中国和中山大学旅游学史上应该是前所未有的！

二、旅游可持续发展研究

改革开放以来，为我国旅游业的发展和兴起作了许多研究工作，先后发表了诸多文章。如"把旅游业作为振兴海南岛经济的突破口"[1]、利用"窗口"条件发展深圳特色旅游业[2]，对推动深圳微缩景区的建设发挥了舆论作用。尤其对当时（1986）海南岛能否发展旅游业的问题还未被人们真正认识的形势下，发表此文，具有开创性、前瞻性意义。文章发表2年后（1988年6月），广东省农村发展研究办公室给予书面评价是："该文是最早地、鲜明地提出把旅游业作为振兴海南经济突破的观点，两年来从理论和实践看是可行的，有指

---

[1] 陈烈，赵明霞：《把旅游业作为振兴海南岛经济的突破口》，载《广东农村发展研究》，1986年10月第5期。

[2] 陈烈：《利用窗口条件发展深圳特色旅游业》，载《旅游之光》，广东旅游出版社1989年版，第393~411页。

导意义和实际效应的……论文发表后，反映较好，尤其对统一海南省（时已立省）干群的认识、对发展海南经济已产生积极的促进作用。"

这些年公开发表的关于旅游方面的文章中，有些至今仍然具有理论价值和实际指导意义。如在"论民俗旅游资源的基本特征及其开发原则"[①]一文中，论述民俗旅游资源除了具备旅游资源的一般特性外，还具有其独特的世界性、地域性、集体性、增智性、封闭性等特征。文章指出，作为民俗旅游资源是能吸引旅游者、具有一定旅游功能和旅游价值的民族的、物质的、制度的和精神的习俗，它与自然景观或其他人文景观资源都有较大差异。因此，开发民俗旅游资源应注意以下几个问题：

一是掌握政策，加强研究。开发民俗旅游资源要严格掌握、妥善运用有关政策，特别在少数民族地区，要按照党的民族政策办事，努力调动广大群众的社会主义积极性，避免损害民族感情和民族尊严的事情发生。目前，我国还存在一些未识别的民族，民俗事象中也有一些族属不清的地方，对民俗本身也还存在一些值得探讨之处。因此，要加强民俗研究工作，同时也要求政府和旅游部门必须邀请有关方面的专家学者参与民俗旅游资源的开发利用研究，以免出纰漏。

由于民俗旅游资源的区域性和封闭性特点，在民俗旅游景点的开发建设上要充分注意其民俗文化和民俗景观特色，若开发不当，则会破坏民族民俗形象。在远离资源地搞"民俗文化村"之类的项目就更应慎重。

目前，有些地方盲目上马，建这个"村"、那个"村"，建筑没有准确反映出当时社会和当地民族的基本特点，违背历史；有些民俗旅游点只剩下专业表演队伍，人们的日常生活则面目全非，使旅游者失去了身临其境的感觉。因此，开发民俗旅游资源一定要注意消除负面影响，既注重经济效益，又不破坏当地社会文化结构，以保护资源，永续利用。

二是区别主次，梯级开发。民俗旅游资源种类多、地域广，基础条件各异。因此，要注意区别主次和轻重缓急，逐步地、有计划地开发利用。市场条件好、交通便捷、经济较发达、服务水准高、开放程度好的地区，要优先开发，重点扶持，以吸引和巩固客源，切忌一拥而上，遍地开花。当前，应该给国内，尤其是经济较发达、旅游业发展较快的地区兴建民俗旅游项目的热潮降点温。

三是突出优势，重点经营。我国不但民俗旅游资源丰富，而且自然景观和其他人文景观众多。各地民俗旅游资源与其他景观的组合便可形成千变万化、

---

① 陈烈：《论民俗旅游资源的基本特征及其开发原则》，载《热带地理》，1995年9月（第15卷，第3期），第272～277页。

各具特色的旅游景观。如瑶、壮族民俗风情与绿水青山，水乡民族风情与水网渔业组合，等等，将民俗旅游资源优势与其他景观优势合理配置，就能创造出我国民俗旅游的美好前景。

民俗旅游项目的设置也大有文章可做。因地制宜，可开发出风情观光、生活体验、度假疗养、漂流探险、科学考察、登山狩猎、节日及宗教活动、寻根访祖等许多种类，收到立体经营的良好效果。

关于"山地旅游资源的基本特征及其开发利用必须注意的几个问题"，论述山地旅游资源的基本特征，山地旅游活动与现代人类生活的关系，以揭西北山大洋山地方旅游区开发与规划为例，论述山地旅游资源开发和旅游发展必须注意的问题[①]。

1. 山地旅游资源开发要注意以市场为导向，设计相应的旅游产品

研究资源开发要克服以往那种就资源论资源，把资源与经济脱节的封闭式的研究方法，在市场经济条件下，要注意根据当地资源的特点，以市场为导向，研究其开发利用方向，制订相应的开发利用方案，使有限的资源得到更大的经济效益。

旅游资源开发要注意以客源市场为导向。旅游市场决定旅游经济效益和社会效益，旅游市场的数量、质量变化，直接影响客源的变化，如果山地旅游资源盲目开发，客源不足，就失去了开发的意义。旅游市场受许多因素制约，山区经济发展更受诸多因素限制，其旅游产品的开发和旅游经济的发展尤其必须对市场客源情况做出符合实际的评估，科学地论证开发以后的经济效益和社会效益，预测其发展趋势，以客源市场为目标，开发相应的旅游产品。

在北山大洋山地旅游区进行可行性论证时，认真地对客源市场目标进行了分析，预测境内外两个扇面，高、中、低三个层次的客源市场目标。在此基础上，有的放矢地设计相应旅游产品和旅游服务设施（数量、规模和档次），并对投资后经济效益进行分析预测。

2. 山地旅游区的开发要重视区域经济、社会基础条件分析，与区域经济、社会发展相协调

旅游业的发展必须以一定的生产力水平和社会经济基础为前提，尤其是山地区旅游资源的开发和旅游业发展要充分重视区域立体交通网络的基础和未来发展。一些山地旅游资源尽管具有很高的吸引魅力，但由于交通问题未能解决，游客可达性差，就不可能得到开发。因此，我们要根据旅游资源所在的地理区位、交通条件和经济基础，根据目前生产力水平，区分轻重缓急，突出重

---

① 陈烈：《山地旅游资源的基本特征及其开发时必须注意的几个问题》，载《珠江三角洲经济》，1998年第1期，第13～16页。

点，选择地理位置优势、交通便捷、观赏价值大、吸引人、投资少、经济效益显著的旅游资源优先开发利用，并做到开发一项成功一项，出效益一项，千万不要一哄而上，全面开花、争先开发。

3. 山地旅游资源的开发和旅游产品的生产要注意突出特色，与周边区域互补

没有特色就没有旅游业，一个旅游区的旅游产品只有特色才能有吸引力和竞争力，才能有好的经济效益。这些年来，国内许多地方，在旅游资源开发和旅游产品生产方面出现了许多雷同单一的现象，结果耗巨资而没有好的效果。

作为一个旅游区，尤其是山地旅游区，要突出其个性，要从与周边地区的比较中，从与相邻市、县旅游产品类型的互补关系中，建立自己独特的旅游产品结构，树立自己独特的旅游形象。在北山大洋旅游区开发论证与规划，就是考察粤东和潮汕地区旅游资源，旅游产品的特点是以滨海沙滩和海岸风光为主，其他各类景点是小而分散。根据区内人多地少、旅游空间极其有限的情况，结合未来游客的需求和目前的经济承受力，强调立足山区，利用山地宽松的用地条件，坚持自然与人文相结合，动、静相结合，游览观光与游客参与相结合，突出文化性，发展与区域互补的人造旅游产品，发展多种类型、多种档次的旅游产品，形成整体规模，建成综合性旅游区，为人多地少的潮汕平原地区人民创造一个理想的旅游空间。

4. 要重视科学决策与科学管理，有个科学的规划和现代企业经营管理制度

旅游业是一项综合性的经济事业，涉及许多部门和单位，山地旅游资源的开发利用和旅游区的建设是一项科学事业，需要多学科的综合知识，对其开发建设要尊重科学，要重视科学决策和管理，决不能凭主观意志、盲目行事。

要实现科学的决策和管理，必须：①重视科学的规划，规划是决策和管理的基础，也是财富。山地旅游区的开发是一项复杂的系统工程，要协调开发的轻重缓急，科学确定开发区内的多种用地功能，使旅游资源和土地资源发挥更大的效益，保证资源可持续利用，必须通过规划来解决。一个科学的规划，不仅可以保证旅游区内各类用地的合理开发，也是宣传旅游区、招徕游客和投资伙伴的有效手段，它将会获得很好的社会效益和经济效益。②山区人才短缺，开发旅游资源发展旅游业，当务之急是要建立起现代企业规模经营方式，健全管理机构，完善企业管理机制，要建立起一套科学管理规章制度。为此，要招募人才，建立科学研究咨询决策机构，把研究、策划—实施操作—经营管理、服务等有机结合起来，这是保证旅游得以健康进行和稳步发展，实现正常运转，提高资金投资效率的关键。

5. 山地旅游区的开发要重视生态环境保护与防灾抗灾问题

山地旅游资源生态环境自身具有脆弱性特点，同时山地自然环境复杂、气象变化万千，山上山下之间又是一个互相联系和制约的生态——经济系统，因此，开发建设时，首先要摸清自然生态环境的特点和有关自然灾害情况，分析利弊，因势利导，趋利避害。在风景资源开发中要注意按自然规律办事，处理好开发与保护的关系，实施工程技术措施时要注意因山就势，把人工美与自然美有机结合，切忌大推大填，移山填沟，破坏自然生态的稳定性，造成水土流失，开发山上，危害山下。要处理好经济效益与社会效益、环境效益的关系，实现资源永续利用和旅游业的可持续发展。

开展旅游可持续发展研究，就是要用可持续发展战略理念指导旅游资源开发和旅游业发展，其基本要求是实现经济发展、保持环境资源效应（功能）的持续性，实现公平（代内公平与代际公平）。

旅游业作为区域经济和产业的组成部分，要重视其发展，在有条件的地区都可以作为经济和产业发展。我们提出把旅游业作为振兴海南岛经济的突破口，把建设南国桃园旅游度假区作为松岗镇经济和产业定位的首选，其依据就在于此。

通过旅游开发，带动地方经济发展，既改善和提高旅游目的地社区居民的经济收入，提高生活水准和生活质量，又满足日益增长的游客需求和旅游业发展需求，为旅游者提供高质量的旅游感受。但旅游资源开发利用要树立持续性和代际公平性思想。旅游资源，包括自然资源和人文资源，都是历史遗存和积累下来的宝贵财富，既属现代人所有，也属后代人所有，既属当地所有，也属全社会所有，因此，旅游资源的开发既要满足当代人的旅游需求和旅游业发展的需要，也要对未来各代人的需求与消费负起责任，注意为后代人保留和创造可供利用的资源产品和优美的环境空间。

对旅游资源的开发要根据资源的不同类型和不同属性差别，采取不同的对策。对非可更新的资源，对历史文化旅游资源，对有限的自然资源，要强调合理利用、保护性利用、深层次利用。要杜绝为了局部的眼前的利益而采取掠夺式的占有或破坏性开发，要避免资源的过早枯竭。对可更新资源的利用，要限制其开发强度，强调开发与保护结合，保障资源的永续利用。

旅游业发展要树立综合性和系统协调思想。旅游业具有较高的产业关联性，从涉及的行业来看，它包括近10个部门并与几乎全部行业相关联，因而其具有综合性特点。旅游是区域系统的组成部分，与系统经济、社会、文化、自然等要素既相互依存又自成体系。旅游业还是一个多层次、多元构成的目标体系。旅游发展要与系统要素，尤其与经济发展相协调。体现特色，发挥自身在区域（城市）发展中的特殊作用，并注意区际互补性，注意与国际规范接轨。

第六节　区域可持续发展战略性产业选择与论证

区域发展战略性产业选择与区域经济发展密切联系，是实现区域经济快速发展的基础。

战略性产业是对提高区域核心竞争力有着重要的意义，对区域经济运行有着巨大影响力的产业。其选取准确与否直接影响区域可持续发展的方向、速度和竞争力，事关区域发展的前途与命运。科学地选择区域发展战略性产业，既是提高区域整体实力的需要，又是保障区域经济快速发展的需要，也是推动区域经济走可持续发展之路的重大举措。因此，战略性产业选择是区域可持续发展规划另一项重要课题和基础性工作。

区域可持续发展战略性产业选取，要根据区域生产要素、需求条件、相关产业支撑、发展背景条件，以及清洁、环保等生态要求和标准等。要根据区域发展条件和基础，资源、环境特点，从与周边区域的比较和从国内外大市场的分析、预测中，选取符合当地实际、具有竞争优势的互补性产业和产品，作为区域发展的主导产业（产品）。确定其发展方向和目标，制订规划、布局方案。大量实践表明，凡能坚持这样做的，都能实现区域经济快速或跨越发展。相反，则将贻误发展时机，影响发展速度。

有些地区，本来资源（天然资源、人力资源、知识资源和资本资源）相当，环境条件（自然环境条件、市场和政策大环境）也一样，可是发展速度缓慢，或迟迟得不到应有的发展，甚至发展了一阵又停顿下来，在区域中的地位不断下降。究其原因，多种多样，其中主要原因之一，就是对战略主导性产业选取不当，产业（产品）发展定位欠准确。

如广东省西翼的湛江市，滨海深水港口条件极其优越，地缘经济区位优势得天独厚，从20世纪50年代，周总理就亲自抓湛江深水港的发展和建设问题。国家实行改革开放后，湛江被列为首批对外开放的沿海城市。可改革开放以后相当长的时期内，并没有得到应有的发展，与其他沿海港口城市相比落后了。其中的主要原因就在于产业定位的片面性。

自改革开放到90年代初，该市的产业一直定位为"两水一牧"（即水果、水产和畜牧业）的传统农业上。长期以来，滨海深水港口资源，背靠祖国大西南、面向世界大海洋两个扇面的得天独厚的地缘经济区位优势得不到发挥。在三次产业的定位中，长期定位于农业，而且还停留在传统农业生产上。1994年的市域规划，认真总结市域发展的问题，并对产业发展进行了新的定位，但由于种种原因，规划没有得到应有的实施。

进入21世纪后，在第二轮市域发展规划中，认真总结教训，重新给予合理的定位。强调依托海洋资源和深水大港，发展临港大工业，利用两个扇面的区域交通（航运、铁路、公路）结点区位，发展物流业和商贸业，利用南亚热带气候特点和相对宽松的台地土地资源，建设南亚热带特色农业（水果、花卉、水产、海水养殖、畜禽饲养等）生产、加工基地。科学合理的定位，在市委、市政府的全力运作之下，产生了很好的效果，短短几年，经济有很大起色，目前已成为广东省除了珠江三角洲地区以外最具活力的地区。

广东省内和国内一些地区，因区域（含城市）产业定位欠准确而贻误发展时机的例子很多。如粤东的汕头市，多年来，一直缺乏明确的产业定位，发展极其缓慢。2007年，市委、市政府特地委托中山大学的专家，开展《汕头市城市产业发展战略定位研究》。经过专业人员认真研究和专家的反复论证，最后达成了较好的共识。但由于种种原因，研究成果没能如愿、如期实施。时过多年，迄今仍未有新的明显的变化，目前仍处于有业不大、港大货少、经济低迷的状态。随着周边区域和城市，尤其珠江三角洲和海西经济区的快速发展，已逐步被边缘化。

广东省廉江市，原来一直是湛江市的农业大县，种、养业发达，名优农业产品名闻全省。2001年起，实施工业立市战略，市委市政府集中全市资源，把主要精力优先放到抓工业上。2002—2008年，全市工业总产值年均增长17.7%，虽取得了显著的发展，然而经过8年的努力，到2008年，全市三大产业的比重为40.5:32.9:26.6，第二产业比重仍低于第一产业。且工业基础仍然非常薄弱，以传统劳动密集型产品为主，部分是一些资源初加工或简单加工业，科技含量低，产品附加值不高，近90%是小型企业。农业在多年缺乏重视和缺少有力支持的情况下，仍能够保持占GDP的大部分，照样是农业大市，可见农业基础之好，农业资源优势之明显。

2009年的《廉江市域发展改革规划》，强调在发展工业、推进工业化的过程中，要重视发挥农业优势，稳定和强化农业的发展，推进农业结构的调整，加强种、养农业基础建设，提高对农产品的加工，加强对农业的服务能力和服务水平。不能片面强调工业立市而放弃农业，而是要在确立工业的龙头地位的同时，紧紧抓住农业这个基础，借助工业发展推动传统农业的现代化、基地化、规模化发展。

花都区是广州北部农业大区，全区100多万人口，长期以农业经济为主，被广州市规划定为广州市北部生态优化控制区（即"北优"）。从此以后，干部和群众背上沉重的"北优"包袱。由于经济欠发达，干部和群众的经济收入和生活水平都较低，生活质量和生活、工作环境也比不上其他区域。因此，出现留不住人才，干部的思想情绪也不稳定，区领导和主要决策者也很矛盾的状况。

2005年，我们开展《花都区十一五规划》，走访和考察了全区所有的镇，考察了全区的每个角落，召开了数十个座谈会，发现存在一个普遍的疑问，就是花都被定为"生态控制区"，未来的经济该如何发展？

针对如上问题，我们组织开展"花都区资源、环境可持续利用与保护的研究""花都区主导产业选择与产业发展定位研究"和"花都区城镇空间发展与管治"等专题研究。依据新时期广州市和花都区发展的要求，综合研究成果，我们给"北优"作了新的诠释，赋予更丰富的内涵，提出更全面的要求，即"北优"应是产业优化、城镇优化和区域环境优化。从原来单纯强调保护转变为保护与发展相结合；由原来以物为中心转变为以人为中心；由单一发展转向以人为中心的全面发展，在抓住发展的同时重视经济与社会协调；在实施外向经济带动战略的同时，重视民营经济发展和本地化生产体系的完善；在加快发展工业经济的同时，重视稳定和保护农业经济发展。

在产业选择上，规划强调依托广州市，利用白云机场，重点发展临空产业、现代物流业和生产性服务业；同时，抓好以汽车制造及其零部件生产为主的制造业和都市型效益农业，以及以广州市客源市场为主要目标的生态型休闲旅游度假业。

规划强调实施集聚型发展战略，严格按"一港（空港）四区（空港经济区、汽车产业基地、狮岭皮革皮具集聚区和珠宝产业集聚区）"布局工业；按"一个中心（新华中心城区）三个副中心（花东镇、狮岭镇、炭步镇）"建立组团式城镇空间结构；根据区内地域差异特点、规划以东西向的山前大道为界，北部为生态保护与生态产业用地区，大道南分东部为临空产业用地，西部为都市型生态农业用地。

要求把花都区建设成为拥有强大对外交通枢纽功能，自然生态环境优美，以现代物流业、汽车制造业和现代化都市型农业为特色，城乡协调发展，功能相对独立完善，适合居住、创业的广州市北部主要城市组团。

由于有了明确的发展理念和发展思路，极大地调动干部、群众的积极性，加之对区域发展的主导产业和辅助产业有个科学的定位，有效地促进区内经济快速、有序、健康发展。经过几年的发展，目前已成为广州市一个新的、强劲的增长极，逐步展现一个有序、协调发展的新型城市经济区。①

---

① 陈列等：《〈广州市花都区国民经济和社会发展第十一个五年规划〉专题研究报告汇编》，2006年3月（未刊）。

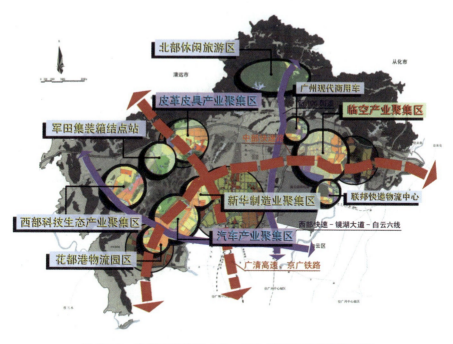

图3-1 广州市花都区"十一五"期间产业空间布局图

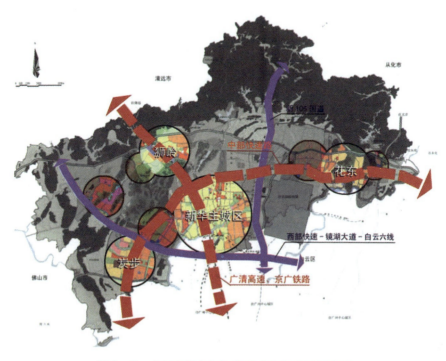

图3-2 广州市花都区远期产业空间布局示意图

1992年，南海市各镇的乡镇企业和招商引资已如火如荼发展，唯松岗镇仍死水一潭，原因是该镇地处丘陵区，各类基础设施滞后，加之丘陵区缺水。在以农业为纲的年代，因农业生产条件差，农业生产水平低，是南海县的贫困镇。时至1992年，仍属县内经济基础最差的地区。

怎么办？摆在市、镇领导面前的难题是如何发展经济，改变贫穷面貌。市镇领导邀请我们开展镇域发展规划。我们对该镇进行了全面的调查研究和分析论证，最后选择距离镇区约5公里的"平顶岗"，以建设旅游度假区作为镇域经济发展的突破口。依据是：

（1）平顶岗，方圆6.8平方公里，原是镇属的一个小林坊，由多个海拔超过100米的丘陵山岗地组成。其中还有数个小山塘，因长期粗放经营，加之改革开放以后，管理体制改变，山丘上主为松树林和桉树林，更大面积是荆棘灌丛。希望通过规划，改变用地性质，对以往粗放经营、低产出、低效益的荒野山丘土地资源进行深度开发，以求获得较大的产出。

（2）平顶岗地处广州、佛山、南海、三水各市的结合部，距佛山、南海桂城中心城区仅有12公里左右的里程，距广州市20公里。位于南亚热带季风气候环境下的珠江三角洲地区，与香港、澳门有便捷的公路、铁路和水运联系，陆域交通在2小时的车程以内。

（3）随着珠江三角洲地区经济的发展和人民生活层次的提高，以及旅游大三角的形成，只要产品是有特色、有个好的自然生态环境和休闲旅游度假环境，将可迎来充足的客源，尤其香港、澳门地区的客源。

（4）旅游是属投资较少、见效较快、利润较高、与各业的关联度较大、带动能力较强的朝阳经济产业。对于经济基础较为薄弱的松岗镇，希望通过平顶岗的旅游效应，吸引和带动招商引资，可以更快、更有效地带动区域和城镇经济、社会发展。

当时规划的出发点是，以平顶岗为突破口，通过该项目，为松岗镇营造一个发展经济的环境和经济增长点；客源市场主目标定位于珠港澳大三角地区。即通过营造优美、幽静、舒适的自然生态环境，为广州市和港、澳居民，以及生活水平提高以后的珠江三角洲地区的人们就近提供一个理想的旅游休闲度假空间；规划目标立足于综合效果，即以环境为基础，通过旅游带动效应，实现区域经济、社会全面快速、协调发展。

基于如上战略理念和规划指导思想，根据其特殊的区位和功能、资源、环境条件和区域周边历史文化特色，瞄准现代和未来人对环境、生活、空间的向往和追求，特命名为"南国桃园旅游度假区"。这个富有深刻含义和超前意识的命名，成为当时旅游快速起步和后来持续发展的重要无形资产。

规划成果出来以后，镇政府以此为依据，组织向港澳推介和招商，获得很好的实际效果。收到实惠以后，镇委镇政府坚定了以旅游业为"龙头"产业的决心，遂组建桃园开发总公司，负责规划的实施和管理工作，从抓基础设施建设、植树造林、改造林相、整合山塘水池，到逐步配置各类观光、娱乐、度假设施，1995年底，正式把一个全新的南国桃园旅游度假区这个红绣球抛给游客、抛向社会，获得很好的效果。

开园的第二年，即1996年度，游客量就突破100万人次，随后进一步加强宾馆酒店等设施的配套建设，提高管理、服务水平，游客量得到了快速增长。1997年度，入园旅游的人数达115万人次。1998年突破150万人次大关。短短数年，由原来一片荒丘野岭变成一个热门旅游区。1999年，被列为广东省级旅游度假区。一个地穷财薄、经济贫困落后的丘陵小镇，一跃成为声名远扬的旅游名镇。

如上的例子，还可以举出许多。大量的实践证明，不论区域大小，其发展，尤其是起步发展阶段，根据区域的条件、特点和市场要求，科学地选取和确定战略性主导产业（产品），对引导和促进区域经济快速发展，是极其重要的。这是区域可持续发展规划的重要基础性工作。

第七节 区域可持续发展战略模式导向

区域发展战略模式是在深入分析区域发展现状、关键问题、要素组合、优势与劣势、发展潜力、机遇与挑战等因素的基础上，对区域未来一段时期内发展思路的概括判断和浓缩提炼。发展模式包括发展理念、发展路径和发展格局等。区域发展战略模式对区域可持续发展有着重要的导向作用。科学的发展战略模式是实现区域健康、有序、快速持续发展的重要途径和手段。因此，发展模式的选择和论证是区域可持续发展规划研究的另一项主要内容和重要的基础性工作。

区域发展战略模式的提出，必须是建立在全面深入分析区域内发展特点的基础上的科学、适时、恰当的高度理论概括与总结。它对区域宏观整体发展是有很强的方向性、战略指导作用。这些年来，我们每规划一处，都花气力做好这方面的工作。

20世纪80年代末，我们根据顺德县从农业农村快速向工业化、城镇化发展阶段的特点，提出"中心城集聚—辐射"型战略发展模式；21世纪初，我们在研究顺德市域可持续发展时，根据新的发展特点与问题，适时提出"提升—发展"型战略模式；2002年，研究增城市域发展，提出了"点轴发展，循序推进"的区域发展战略模式；2006年，花都区可持续发展战略研究，提出"协调—发展"型战略模式；2005年，潮南区可持续发展规划，提出"中心集聚—城镇组群"的区域发展战略模式；2005年研究粤北山区始兴县社会经济可持续发展，提出"培育—发展"型战略模式；对于干旱、半干旱草原区和河流上做水土流失区，我们提出"减负—发展"型战略模式；对于退耕还林、退牧还草以及水源保护区域和贫困山区，我们提出"补偿—造血"型发展战略模式，等等。

这些特定区域的战略发展模式，对于建立区域发展的战略指导思想，制定区域发展战略思路和发展方案，制定一定时期内的区域发展战略目标、发展重点和发展对策，具有重要的战略指导意义。实践证明，这些模式对于促进特定区域的经济发展、社会稳定和全面进步、基础设施统筹配套、资源合理开发利用、区域健康协调持续发展等，起到了重要的导向性作用。

这些年来，有的省、市、县，盲目推行"城乡一体化"模式，有的省，从省到市、到县、到镇，层层设立"城乡一体化办公室"，全面推行城乡一体化。据笔者调查，搞了几年，有关人员以及领导，对于城乡一体化是个啥东西，谁也说不清楚，更难以搞出一套运行机制，结果只能名存实亡。珠江三角洲有的县（如顺德），20世纪90年代初就被上级作为推行城乡一体化的试点县，时经近10年，当地人们对城乡一体化的认识仍模糊不清。在许多人（包括干部和群众）的心理，城乡一体化就是"城乡一个样"。结果，小城镇和乡村的规划、建设和土地利用方式，照搬城市模式，市政和公共设施搞大而全，尤其在"工业立市"的形势下，乡镇工业随处布局，"遍地开花"，城镇无序发展，出现资源浪费，环境污染，城不城、乡不乡的状况。1989年县城规划中提出的中心城"集聚—辐射"战略，没得到应有的实施。到1999年的可持续发展研究发现，市域中心大良镇，因缺乏人口、产业和经济集聚，城市首位度比1989年进一步下降了，在市域各镇中的地位降至第三位，更谈不上对区域发展的带动和辐射作用了。省政府把顺德市定为2005年广东率先实现现代化的试点市，可是，按世界公认的有关区域现代化指标要求，市域中心的第三产业和人均绿化指标成为无法完成的制约性指标。

顺德市委、市政府只好重新接受市域可持续发展规划的方案，做出新的决策。即整合大良、容奇、桂州和伦教四镇，组成复合型中心城区，在大良与容奇交界的顺峰山南麓至德胜河边地带，建设城市中心。并作出决定，改"城乡一体化"提法，重新实施"乡村城镇化"模式，集中全力建设中心城区。

2005年区域调整，顺德撤市设区，并入佛山市。正是由于经过5年的整合提升，复合中心城市已基本形成，城市核心区建设也成规模，呈现出一个产业集聚既拥有经济实力，又有一个生产创业、生活居住，设施配套的城市环境。并入佛山市以后，不仅不会被边缘化，反而被确立为大佛山（包括南海、高明、三水、顺德、禅城五区）与禅城区并列发展的两个百万人口中心城市之一。从顺德的例子可以看到，科学选择区域发展模式，对于促进区域健康快速有序发展，增强区域竞争力和辐射力有重要意义。

笔者认为，区域发展战略模式的选择是事关区域发展大局的重要基础性工作，要根据区域发展的基础、条件、特点，根据区域内的空间差异、发展重点、发展主次，选择符合区域各个时期发展实际的战略模式。对城乡之间的发展要强调的是"统筹""协调""协同"，对"一体化"的提法要谨慎，在内涵上应有所规定，从社会、经济、环境、基础设施层面上要求城乡一体化，而在产业、资源、城镇和土地利用等方面，不宜笼统提"一体化"。一个区域，尤其一个省，甚至一个国家，不宜规定一个模式，否则，将可能对区域发展产生误导。

这些年，有的地方为了加快城市化进程，从省到市县区，层层定下指令性城市化指标，要求每年必须完成所规定的任务。实际上，如果经济发展缓慢，城市基础设施和市政公共服务设施没能及时配套，尤其就业、教育、住房、生活等问题没能有效解决和提供，一味强调加快城市化速度，追求发达国家的城市化指标，是不现实的。

乡村城市化是全球发展趋势，是历史的必然，我国也绝不可逾越这个历史发展过程。但我国的国情有两个突出的特点，其一是人口总量大，13亿人口的国家，不可能，也没必要追求和达到西方国家的城市化率；其二是地域差异大，经济和城镇基础薄弱，人口密度、基础设施等各地，尤其东中西部差异大。根据中国的国情和区域发展特点，不同地区，乡村城市化应有阶段性差异，宜有不同形式的城市化模式。如经济发达，城市基础较好，人口密度较大的地区，可以直接实施城市化模式，按城市要求进行规划和建设，而对于人口密度少，经济欠发达或不发达阶段的广大地区，尤其西部地区，其城市化进程宜走乡村城镇化到城市化的发展路径。城市化是目标，城镇化是基础。城镇化是实现城市化的初级阶段，两者有程度、指标上的差别，但目标是一致的。这就是说，根据我国的国情，目前宜城市化与城镇化并行，不同地区，或同一类型地区的不同发展阶段，应实事求是选择符合当地实际的城市化模式。这有利于利用大中城市辐射和乡村集聚两种动力机制，利于调动城市和乡村两个积极性，实事求是制定实现城市化阶段性目标的措施与对策，这样可以更有效地加速我国城市化的进程。

第八节　区域可持续发展主要节点培育、发展论证与规划

区域发展在空间上表现为一个由点到线再到面的动态变化过程。区域可持续发展战略研究，必须遵循区域发展不平衡增长的客观规律，在地域空间上选

择一些经济基础较好、交通地理区位或地缘经济区位优越，发展潜力较大，增长辐射带动能力较强的区域发展主要节点作为经济发展载体加以培育，强化和凸显区域主要节点的核心地位，充分利用节点的规模经济效应，充分发挥节点的集聚扩散效应，实现产业集聚、人口集聚、经济集聚，带动区域经济发展，带动整个区域城市化和现代化进程。

对作为区域发展载体的主要节点选择、培育、发展与规划论证，是区域可持续发展规划研究的另一项主要内容。

一般而言，区域中心城市和重点镇是主要的节点，位于省、区边界的县市，也可选取位于经济地理交通区位和地缘经济区位优越的节点，作为产业，或资源、劳动力引进的吸入口，进行重点开发建设。考虑区域内部的差异性特点和节点的区域带动效应，一个区域一般应有一个中心，1～2个次中心。有的小镇，虽然目前的基础仍较差，但其在区域中的潜在重要性和未来对区域的带动作用，仍应作为节点加以规划引导和培育。这方面，我们已经有许多成功的案例。

如广州增城市北部的派潭镇，曾是北部山区的一个经济落后、全镇不足400人口的区区小镇。1986年，我们开展增城县城镇体系规划试点时，发现该镇虽基础较弱，在人们的心目中很不起眼，但我们觉得其所处的区位有特殊的意义，它位于从化、新丰、增城三县的交通节点上，是增江生态经济带的顶点，坐落在增城县北部广阔的山地丘陵之中。据此，我们在规划中明确提出把派潭作为增城县北部发展的节点，强调南抓新塘（镇），北抓派潭，要求把派潭镇培育成为增城县北部的区域中心。1990年的县域规划，进一步强调以荔城为中心，新塘派潭为次中心的城镇空间结构。增城县接受了我们的方案，步步加以引导，经过培育和发展，派潭镇终于从原来一个不起眼的区区小镇发展成为近10万人的大镇，成为引领北部山区旅游经济的生态环保产业发展的基地，成为名副其实的带动增城北部地区发展的区域中心。

对于选定的节点，要用超前的意识和可持续发展的战略理念指导其发展、规划和建设，将其构筑成为区域经济、社会发展的平台。作为引进企业，发展经济，解决"三农"问题，实现工业化、乡村城镇化和区域现代化的基础和载体，作为未来参与区域竞争的阵地和桥头堡。

区域各节点的发展要有明确的功能定位，彼此间各有特色，互补协调。规划既要从实际出发，又要高起点，规划要有区域协调理念，要根据自身的条件和特色，及其在区域中的地位和作用，科学合理确定其发展方向、目标、性质和规模。

规划要坚持以"以人为本"的要则，对其内部功能和设施进行科学的控制和合理布局，立足于营造一个高效有序的生产创业环境和舒适和谐的生活居住环境；规划要遵循公平性原则，合理、节约、集约利用资源，既提高单位土地产出率，满足当代人的物质文化生产需要，又为子孙后代留下可供发展的生产和生活空间；要树立整体观念，坚持从可持续发展研究入手到规划设计，做到统一规划，有序开发、突出重点、适当超前、配套建设，优先开发能够产生集聚效益的建设用地；要强化环保意识，加强环境保护和环境建设，走生态—经济型可持续城镇发展道路，绿地系统建设既要考虑景观园林效果，也要重视环境生态效果，要注意保护和弘扬城镇风貌和历史文化特征；还要加强规划实施与管理，健全管理机构，依法管理小城镇。

总之，通过科学规划与严格的实施与监督管理，营造两个理想的环境，为外来企业和本地内生型企业提供理想的创业发展环境和为外来人口（包括企业自身带来的人才和服务人员，以及从本县及周边区域转移来的人口和劳动力）提供服务就业和生活居住环境。

通过营造环境，不仅吸引企业集聚，还要及时配套各类服务设施，不断提高服务水平，以诚为人，稳住企业发展，延长产业链，逐步实现两个本地化，即外来企业本地化、外来人员本地化；形成两个竞争力，即区域竞争力和城镇竞争力；达到两个目标，即产业、经济和人口集聚，促进区域经济发展，带动周边区域发展，解决"三农"问题，推进工业化、城镇化进程，逐步实现区域现代化的目标。

为了配合城镇发展和人口集聚，要有适当超前的配套的市政基础设施，还要有配套的教育、文化、医疗、卫生、娱乐、体育等公共服务设施。有些地方强调加速城镇化，甚至追求城镇化率，但由于城镇的各类设施没及时得到配套，城镇档次没得到应有的提升，城镇环境没能及时得到改善，又缺乏必要的产业支撑，结果留不住人，已进来的企业，也缺乏持续发展的能力。

欠发达地区在发展前期，除借助一些优越的经济地理交通区位和位于省、市、区、县边界的节点作为产业引进的吸入口和区域经济发展的增长点进行重点开发建设之外，一般都把有限的资源和财力优先投放在重点城镇的建设上，着力营造城镇发展的内外部环境，提高吸引力和竞争力，形成产业、经济和人口集聚中心。然后利用集聚效应带动和辐射后发展区域的发展，最后达到区域共荣、协调发展的目的。

河南省鹤壁市庞村镇，是河南省的重点镇。但由于种种原因，多年没得到应有的发展。2003年，面临被摘去"重点镇"牌子前夕，我们在深入调查研究的基础上，对其发展进行认真的论证和科学的规划，提出了以工业为突破口，并制定了一套可行的发展方案。以此统一了干部和群众的认识和行动，有效地调动大家的积极性。在市区领导的支持下，干群同心协力，共同奋斗，在短短的几年内，取得明显的效果。被誉为"中原崛起第一镇"，在《人民日报》登出。其发展路径、速度、效果和经验,被称为"庞村效益",成为河南省委、省政府组织现场参观学习交流经验的案例。在现场上,河南省建设厅厅长说:"庞村镇规划水平全省第一,发展建设速度全省第一,项目摆放全省第一。"总结庞村镇的发展,主要有以下几个方面的特色:

其一是对其发展和规划有个明确的指导思想——寻找经济增长点。

庞村镇不是为规划而规划,也不是就规划论规划,而是有一个以人为本的可持续发展思想。从一开始就有很强的目的性,就是为欠发达的庞村镇寻找经济增长点。依托优越的地理和交通区位,利用相对宽松的资源(土地、水等)和较为优越的环境条件,紧紧抓住工业为突破口。通过抓好工业,促进经济发展,带动文化教育、商业贸易和休闲度假等各业全面协调发展。

总体规划确定以后,紧接着抓工业带的规划细化,抓道路交通等基础设施建设,抓招商引资。仅一年零八个月时间就取得了显著成效,至2006年,已累计投入基础设施建设资金6600万元,入驻企业达34家,总投资达到20.9亿元,其中10家企业已建成投产。如今的工业带厂房林立,处处呈现热火朝天的建设景象。

其二是规划有个科学的目标定位——今天小城镇,明日中心城。

庞村镇是位于两市(安阳市、鹤壁市),两县(淇县、汤阴县),两区(鹤壁市山城区、淇滨区)交界地带的一个小镇,京广铁路、107国道以及在建中的南水北调工程从镇域东侧穿过。据其特殊的地理区位和未来周边区域发展态势,我们给予"今日小城镇、明日中心城"的目标定位。这就是说,庞村镇目前虽属基础较薄弱的小城镇,但随着鹤壁市经济社会的发展,城区的扩大,未来将成为鹤壁市现代化中心城区的组成部分。强调规划既要注意在近期的可行性和可操作性,又要做好远期发展的引导和控制,在用地功能布局、基础和公共服务设施建设等既要考虑到近期可操作性和可进入性又考虑到未来可以置换和提升。统筹规划、明确功能、有序建设、分步实施、持续协调发展。

其三是规划有个寓意深长的发展理念——"金山淇水聚仙鹤"。

理念不是一个简单的口号,而是对未来发展的高度的形象概括,是一种无形资产。理念应用得好,将会形成巨大的生产力。我们根据庞村北依锦绣金山,南临碧绿淇河,较好的资源禀赋,以及底蕴深厚的历史人文环境,提出"金山淇水聚仙鹤"的发展与规划理念。这是对原来关于"鹤壁是鹤栖于峭壁"历史诠释的更新,这就是说,未来的仙鹤不再是像历史传说中那样栖于悬崖峭壁上苦苦度日,而是聚集于平川沃地之中,安然自得的生活。意涵这里是一个生物与环境和谐的良性循环生态—经济系统,未来将是精英荟萃、产业集聚、业居双优的理想之地。要求遵照这个理念,合理规划和建设,保护自然生态、保护历史文化,节约集约利用资源,营造发展平台,建设"生态、文化、个性、现代"的城区。同时运用这个理念，铸造城镇形象，形成人无我有的城镇竞争力，吸引天下精英荟萃，吸引广大企业家前来创业发展。

其四是三分规划、七分管理、十分效果。

要变规划为生产力，全靠规划的实施与管理。再好的规划，若束之高阁，或当成墙上挂挂的装饰品，那只能是废纸一张。俗话说"三分规划、七分管理"，只有把三分规划与七分管理结合起来才能获得十分的效果。庞村镇就是这样做的，他们严格按照规划的要求，围绕工业搞城镇环境建设，围绕工业抓招商引资。目前，以工业为突破口的城镇建设已全面展开，以道路交通网络为重点的基础设施框架已基本形成，城镇建设和经济发展已呈现良好的势头。每天前来考察参观、洽谈投资、共谋发展的企业、商客络绎不绝，这些穿梭的车流、晃动的身影与正在推土建设的厂区和工地的火热场面交织在一起，构成一幅振奋人心的建设画境，庞村镇已成为一片"投资乐园"和"开发热土"。

庞村发展之快出于人们的意料，这要归功于规划的实施与管理。其特点包括：①市、区、镇各级主要领导都对规划工作极为重视，在规划编制过程中，专门成立了由区、镇主要领导和有关干部组成的"规划领导小组"，全力配合规划人员工作，参与规划的全过程，这为后来的规划实施打下了很好的业务基础；②规划通过以后，区政府专门成立"小城镇规划建设管理办公室"，由一名区长级干部负责，下设五个职能科室，分管规划建设开发事宜，他们边抓规划细化边抓基础设施建设，边招商引资；③为规范建设用地规划审批和工程招标制度，专门制定了小城镇管理办法，使小城镇管理有章可循；④他们还完善城镇建设用地审批制度，坚持在小城镇建设中，占地、用地严格按照程序申报批；⑤在规划实施过程中，市、区及有关部门主要领导经常到庞村镇调研和指导，区委书记甚至搬到现场办公。所有的这一切都有效地促进规划的实施和小城镇的建设进程。庞村的做法和实践，对小城镇规划的编制和实施、建设与管理具有普遍的借鉴意义。

庞村以人为本、快速健康发展的实践已初步产生了两个方面的效应，即①通过抓规划，理清发展思路，统一干部群众的认识和行动，调动积极性，全力招商引资，抓发展经济；②实施规划方案，重点围绕工业抓城镇环境建设，营造发展平台，吸引产业集聚。庞村还产生两个效应，那就是①通过产业集聚，带动人口集聚，促进以商贸服务房地产和休闲度假等产业发展；②通过统筹规划，分步实施严格管理，逐步实现镇内全面发展和城乡协调发展，实现从小城镇有序、健康和持续的发展。

从庞村的实践说明，抓小城镇和其他主要节点的发展、规划与管理，必须有一批爱岗敬业的管理者的无私奉献，需要一批脚踏实地，既懂规划又懂管理，既能做人的工作，又能审视工程建设管理的组织者细致务实的艰苦工作，需要领导者对规划和管理的重视和强有力的领导和支持。

图3-3 陈烈（左一）的治学特点是每到一处都要对当地进行认真考察

图3-4 陈烈（右一）冒严寒在鹤壁市进行野外考察（2005）

第九节　区域土地资源可持续利用研究、土地利用类型区划分及其保护开发利用指引

土地资源是有限且不可再生的资源，合理利用有限的土地资源，可以有效地促进区域经济、社会发展，资源合理开发，生态环境得到有效保护，实现资源的永续利用，或让有限的资源发挥更大的经济、社会和环境效益，促进区域经济社会可持续发展。

因此，土地资源可持续利用研究历来被列为区域可持续发展规划的重要内容之一。如南海市土地利用研究与土地利用总体规划、顺德市域土地资源可持续利用研究、增城市土地资源可持续利用研究、潮南区土地资源可持续利用研究、广州市花都区土地资源可持续利用研究以及廉江市土地资源可持续利用研究等。

可持续利用土地资源的基本特征具体表现为：①土地资源可持续利用是一个动态发展过程；②土地资源可持续利用是土地资源经济供给能力稳步提高；③土地资源可持续利用是开发、利用、整合与保护相互结合；④土地资源可持续利用是生态效益、经济效益和社会效益的相互统一。可持续利用土地资源的基本要求是：①粮食生产能力稳步和持续增长；②土地生态环境持续稳定和不断改善。

开展土地资源可持续利用研究，要在摸清区域土地资源结构状况，开发利用现状、特点与问题，用地扩张的动力机制及空间模式，以及进一步开发利用的潜力与需求的基础上，遵循合理、集约、高效的原则，围绕整合、挖潜、合理、节约、集约、高效。持续、协调的可持续利用目标，研究土地资源可持续利用的途径、方法、机制和策略、对策等。

土地利用类型区划分是保障区域土地资源合理、有序、持续利用的有效手段之一。其理论基础是地理学的区域性特点，其实践源于20世纪60年代地理工作者开展县级农业区划试点，尤其是80年代初全国开展的县级农业资源调查和农业区划。农业区划根据县内农业资源（水、土、气、生物等）、农业环境、农业生产条件和基础，以及农业发展方向、目标、措施与对策等的区内类似性和区际差异性进行分片划区。

农业区划为因区制宜、合理布局和指导农业生产提供科学依据，为纠正当时出现的全国"一个模式""一个制度""一个品种"的农业生产"一刀切"倾向，指导全国性农业结构调整，因地制宜布局农业生产发挥了重要的作用，极大地调动了农民的积极性，有效地促进全国农业发展。

但现在总结起来，农业区划也有其局限性，其一是仅局限于农业单一部

门，布局农业生产只重点考虑水、土、气等自然资源条件和农业生物的适宜性特点；其二是由于时代的限制，农业土地利用、农业发展与布局研究，仍然停留在计划经济时代的传统农业观念上，没有或很少涉及市场农业、商品农业和农业科技进步等概念。但农业区划分片划区，因区制宜布局农业生产的理论和实践，为后来县、市域规划的土地利用类型划分和"十一五"时期开始的主体功能区规划打下了重要的基础。

自20世纪80年代中期以来，我们在县、市域规划中，把资源要素作为区域自然生态系统诸要素的有机组成部分，把土地资源作为区内各类自然资源的重点，应用生态经济观念和可持续发展的观念，进行综合研究与统筹规划。

根据区内地形地貌结构特点，土地资源分布和自然生态环境的差异性；根据土地资源开发条件、开发历史和开发程度的差异性；根据人口集聚程度、经济和产业发展水平，以及道路交通等基础设施建设的基础；还根据土地资源利用中的问题，开发利用方向，以及未来在区域经济、社会发展中的环境、生态功能与职任担当等，在保持行政界线完整的条件下，划分不同类型土地利用区域。如在南海市划分东部围田经济、产业集聚区，西部丘陵生态产业区和南部基塘生态保护区，并强调充分利用东部，重点开发西部，积极保护南部（1992）；在增城市划分南部平原经济、产业集聚区，中部丘陵台地重点开发区和北部山地丘陵生态保护区，并强调抓南部扶北部促中部（1986）；在顺德市划分农业用地（包括耕地、鱼塘和园地）保护区、非农建设（包括城镇、工业、乡村居民点，道路交通建设）用地区和生态保护与旅游建设用地区（1999）；在汕头市潮南区划分城镇、产业集聚区、基本农田保护区、山地水源生态保护区和海滨生态环境保护区（2004）；在广州市花都区划分城镇重点

图3-5 部分区域规划研究成果

建设区、产业发展集聚区、基本农田保护区和山地丘陵生态保护与风景旅游区（2005）；在廉江市划分南部海洋经济与新型产业区，中部城镇文化、生活、生产、服务区和北部低山丘陵生态农业、旅游休闲度假区（2009）等。

在划分的基础上，还重视根据不同类型区域的基础条件、特点、功能等制定相应地发展思路、发展目标、发展模式、发展方案、发展重点以及相应的保护、开发、利用机制、措施与对策。

多年实施结果证明，这种思路和做法是正确的，它对引导区域空间有序发展、差异性发展和互补性发展，实现区域整体发展、共同发展，经济、社会、资源、环境协调、可持续发展，发挥了重要的基础性作用。

第四章　区域可持续发展规划的地理学效应

图 4-1　陈烈应邀在福州大学环境与资源学院和建筑学院作题为"区域可持续发展规划与人文地理学"学术讲座（2014）

第一节　给人们重新认识地理学打开"一扇窗口"

区域规划的内涵是区域发展研究与规划，其工作为社会上的人们重新认识地理学打开一扇窗口，也为中山大学地理学，尤其人文地理学改革和发展找到一个重要的突破口。

顺德、增城和南海等县市的规划工作和规划成果，使人们认识到：

（1）地理工作者开展区域规划是从宏观战略的高度，综合谋划区域整体发展问题。即把区域当成一个有机整体，把区域内经济、社会、资源、环境、城镇、乡村等要素放在同一层面上，对经济社会发展进行总体规划部署，对资源环境实行综合开发利用，对城镇、乡村协调发展进行统筹规划。区域规划是一项综合性、整体性、系统性的大工程，是指导区域中长期发展的宏观战略性规划。

（2）从规划成果中，我们清楚地看到，区域规划，研究是基础，规划是手段，递交一份既有理论指导作用又可实施操作的规划成果是目的。所谓研究，就是区域发展问题研究，即研究区域发展的条件和基础，发展中存在的问题，今后发展所面临的制约性因素，以及今后如何发展和为保障发展的需要而采取的各项相关措施和对策等。通过抓问题，分析、研究和解决问题，为区域未来发展理出一个科学发展思路，为领导班子引领区域发展提供科学决策依据，也为指导区内各类规划提供科学依据。规划就是应用如上理论研究成果，因地制宜落实在土地利用空间上。

通过研究与规划的有机结合，就能为区域发展提供一份既有科学理论指导意义又能看得见、摸得着、有用、可行、可操作的成果。这样的成果同以往地理工作者所提供的成果截然不同，以往的地理研究成果只是停留在宏观层面上，停留在对现状的描述或现象的罗列上，既缺乏理论指导意义又不具实际应用价值。现实的规划成果，反映地理学的革新和进步，反映地理科学与地方经济社会发展结合上迈开了可喜的一步。

（3）人们高兴地看到，区域规划的出发点和落脚点都非常明确，旨在为区域发展，尤其经济发展理出一个科学的发展思路和一套行之有效的方案。为此目的，规划人员不畏艰苦，深入实地调查研究，广泛听取干部、群众的意见，获取大量的资料和信息，掌握区域各要素发生、发展的规律性，明确区域发展现状、特点和问题，深入分析、预测未来宏观发展形势。在此基础上，制定区域发展方向、发展目标和发展方案。他们看到我们在较短的时间内就能为他们提供一套既有总体发展思路又符合当地发展实际，可供实施和操作的规划方案，就显得非常满意，同时对我们的艰苦工作和敬业精神也深受感动、深感佩服，自然而然地就产生了对地理学和地理工作者的新印象和新认识。

实践证明，我们的这些规划成果，对县（市）的发展和建设是发挥了积极的指导性作用的，时至今日，随处都能找到可供见证的足迹。

图4-2 陈烈（右）应香港中文大学地理系系主任（左）邀请开展学术交流，并作《广东省旅游规划》学术报告（1989）

顺德、增城、南海等地的规划,成为遭受十年浩劫以后人们重新认识地理学的开端,也是改变中山大学人文地理工作者形象的起点,是中大地理工作者探索区域研究内容,实践区域研究方法,摸索区域系统调控手段和调控模式的首次成功,也为中山大学地理学,尤其是人文地理学的改革、创新和发展打开一扇窗口。

　　因此,工作得到中山大学地理系和人文地理教研室的支持。规划成果得到我国著名区域地理学家、原地理系主任梁溥教授的首肯,得到中科院黄秉维、吴传钧两位院士的肯定、鼓励和支持。著名地理学家刘盛佳教授在纪念中山大学经济地理学与城乡区域规划专业创建40周年的《回顾与展望》[①] 一文中写道:"陈烈等《顺德县域规划研究》(1990),《增城县社会经济发展研究与规划》(1992)、《南海市社会经济发展研究与规划》(1993)等著作,是我国县(市)域研究的代表作。"他说:"区域研究是地理科学研究的核心;区域规划又是区域研究的最高形式,是地理科学由现象归纳、规律探索进到发展预测、操作规划的飞跃。从这个角度而言,陈烈等人的研究,具有开拓创新的重要意义。"

图4-3　陈烈(左二)应霍英东先生邀请参与南沙发展与规划工作,并赴港考察,右二为何铭思先生、右三为罗章仁教授(1991)

---

① 见《开拓、探索、前进》,中山大学出版社1996年版,第29页。

第二节　为中山大学人文地理工作者
　　　　开辟了一个广阔的"舞台"

给社会有个好认识，留下好的印象，就会产生良好的效应。在改革开放、发展经济的大势之下，从长期计划经济、封闭保守的观念解脱出来的人们，从传统的农业农村中洗脚上田的人们，强烈的渴望就是要发展经济、改善生活环境、提高生活水平和生活质量；他们共同的希望就是要有一套发展的思路和方案。他们吸收以往的教训，光有热情和激情不行，还要讲理智和科学，把愿望、激情与理智有机结合起来，才能达到科学发展的目的和效果。

正是在这种形势下，极大地推动了区域规划工作的蓬勃发展。顺德、增城、南海等地的规划，给人们的感觉就是，规划再不是以往那样"写写画画、墙上挂挂"的装饰品，地理工作者能搞区域规划，要做区域规划，去中山大学地理系找专家。这样一来，紧接着迎来了中山、三水、开平、湛江等县市的规划。南海在市域规划基础上，要求对全市12个镇和部分管理区一一进行规划，可谓忙碌之极，马不停蹄。舞台之大，何止是一个微观区域！

尤其自90年代中期，把可持续发展战略理念引入县市域规划之中，并根据区域生态—经济系统要素多样性和复杂性的特点，组织多学科专家、教授，共同参与区域规划工作，进一步提高了规划成果的质量，使人们进一步认识和体会到规划对他们所在区域发展的意义和作用。尤其各级领导干部更认识到抓好区域规划的必要性和重要性。由此，进一步推动了区域规划形势的发展。顺德、增城、湛江等地要求开展第二轮规划。汕头市[1]潮南区[2]、韶关市始兴县[3]、江西省德安县[4]、广州市花都区[5]、湛江廉江市[6]等都陆续要求开展区域可持续发展与规划。

与此同时，笔者陆续应邀先后参与揭阳市惠来县、揭东县，韶关市乳源县、南雄市，云浮市，肇庆高要市，汕头潮阳市，清远连州市，梅州市大埔县，湛江市及霞山区、赤坎区，安徽合肥市，广西北海市、钦州市、防城市、玉林市，内蒙古二连呼特市，新疆伊宁市，越南南河省、南定市、胡志明市等的发展战略研讨和规划决策咨询，可谓足迹涉及省内外、国内外。

---

[1] 中山大学专家组：《汕头城市与产业发展战略定位研究》，载《汕头市政府文集》，2006年。
[2] 陈烈、沈陆澄等：《汕头市潮南区可持续发展研究与规划》，广东科技出版社2005年版。
[3] 陈烈等：《广东省韶关市始兴县经济社会可持续发展战略研究》，2005年（未刊）。
[4] 陈烈、冯正汉：《江西省德安县发展战略研究与城市总体规划》，2005年（未刊）。
[5] 陈烈等：《广州市花都区经济社会发展战略与"十一五"规划》，2006年（未刊）。
[6] 陈烈等：《廉江市经济社会发展与改革规划》，2009年（未刊）。

由于社会的信任和人们的认可，多年来，在国内外建立了诸多研究与规划基地。先后被国家建设部、安徽省域规划设计院、广东省国际技术研究所、湖南省科委、越南红河三角洲发展与规划中心、广州市旅游局等30多个部门和单位聘请为规划总工程师、兼职研究员、客座教授、决策咨询高级技术顾问。

图4-4 1994年陈烈在中山大学地学院地环科技应用研究中心成立大会上致辞，该中心的名字在20世纪90年代曾享誉越南

图4-5 2000年，在原中心基础上成立中山大学规划设计研究院，该规划院名字在21世纪初10年也在越南负有盛名

图4-6 中山大学校长黄达人（左一）多次到规划院指导工作

图4-7 中山大学规划设计研究院与安徽省城乡规划设计院是业务合作单位，安徽省城乡规划设计院书记董阳（左三）、院长胡厚国（右三）与总工刘复友（左一）莅临我院参观（2004）

图 4-8　安徽省城乡规划设计院院长胡厚国（左一）、总工刘复友（右一）多次专程到中大看望陈烈（于 2013 年在陈烈家中留影）

图 4-9　陈烈享受国务院特殊津贴证书

图4-10 国家建设部聘请陈烈为小城镇建设技术顾问的通知

图4-11 陈烈在"中国乡镇企业发展与小城镇建设研讨会"会上作题为《乡镇企业发展要与小城镇规划建设相协调》的报告

图4-12　1998年11月13日，陈烈在广州市海洋局"加快广州海洋经济发展研讨会"上作题为《海洋经济与广州市发展》的发言

图4-13　1993年9月，陈烈作为建设部技术顾问参加全国小康村镇建设研讨会（会议期间在山西省晋城市留影）

图4-14 2000年，陈烈（右三）作为广州市海洋经济发展规划专家，受到时任广州市委书记黄华华（左一）、市长林树森（右二）、副市长王守初（右一）等领导接见

多年来，诸多省、市、县和企业单位，每逢区域发展、规划和建设中的重大事件，关键性的重大决策，或每个发展阶段的转折期，一般都会听取笔者意见、参与论证，给他们做报告或讲座。笔者也会根据当地发展的需要和他们的要求，及时为他们提供思路、观点和方案，尽心尽力帮助当地解决难题。

如以广东省湛江市为例，1994年邀请我组织专家开展"湛江市域规划"[①]，1996年4月应邀在"湛江市发展战略研讨会"上作题为"北部湾经济圈发展态势与雷州半岛的战略任务和对策"的报告[②]；1998年12月，在"北部湾城市论坛"湛江会议上，应邀为论坛顾问，并作题为"加强区域合作，促进共同发展"的主题报告[③]；2002年，为建设雷州半岛亚热带农业示范区，应邀作题为"雷州半岛南亚热带农业示范区可持续发展必须重视的几个问题"的报告[④]；2003年，应市政府的邀请，组织多学科专家开展第二轮规划[⑤]；2008年2月，在霞山区召开有关市属各区、县旅游局长和区属各级领导、干部参加的

[①] 陈烈、刘复友、廖金凤等：《雷州半岛经济社会与资源环境协调发展研究》，科学出版社1997年版。

[②] 陈烈、彭永岸：《北部湾经济圈发展态势与雷州半岛的战略任务和对策》，载《经济地理》，1997年第3期，第82～88页。

[③] 陈烈、沈静：《加强区域合作，促进共同发展》，载《经济地理》，1999年第3期，第58～62页。

[④] 陈烈、沈静：《雷州半岛南亚热带农业示范区可持续发展必须重视的几个问题》，载《科技兴湛简报》，2002年第7期。

[⑤] 陈烈、刘复友等：《湛江市域城镇体系发展战略研究与城市总体规划修编》，2003年（未刊）。

"霞山区旅游发展战略研讨会"上，应邀作题为"站在环北部湾国际旅游圈的高度上打造湛江市霞山旅游核心区"的报告；2008年12月，在"湛江市赤坎区党政领导班子深入学习、实践科学发展观总结大会"上，应邀作题为"用可持续发展战略视野打造湛江区域中心城市核心区"的报告。

总之，自1994年涉足湛江市域规划和1996年被聘为"兴湛专家高级技术顾问"以来的二十多年间，经常应邀参加湛江市的重大活动，或各类评审、论证会议，或重大决策咨询，笔者也为湛江市的发展与规划付出了许多精力，做出了许多贡献。

上面的例子，还可以举出许多。总之，从20世纪80年代末90年代初的顺德、增城、南海等地的规划至今，区域规划工作得到步步发展，从未停止过。中山大学人文地理科学在社会上给人们的认识不断扩大，人文地理工作者给人们的印象步步加深。从那时起，人文地理专业的教师再不愁为学生找实习基地了，再不会有闲暇的日子了，教师们再不会为发表文章、著作而缺资料和版面费发愁了，带领学生外出实习，再也不缺经费、车辆和设备了，社会上，再也听不到"地理无用""地理危机"的声音了。

我们开展区域规划始终坚持"研究—规划—设计"一体化的技术路线，坚持从"感性—理性—悟性"的实事求是科学认识路线，坚持少说多做，边实践边总结提高的治学方法。不同类型的区域或同一类区域的不同发展阶段，其特点和问题是不一样的，只有坚持深入实地，踏踏实实考察区域的每个角落，通过收集、访谈等方式掌握应该掌握到的资料和信息，坚持把每项规划都作为锻炼自己，为当地发展与繁荣，为百姓过上好日子的大事、好事、善事和功德事来做。

自1990年以来，我们基本坚持每做完一个区域（有代表性的）的规划，就整理出版一个研究成果，专辟《区域发展研究与规划》系列。迄今已正式出版各类成果24种，形成市域（地级）—县（市）域—镇域—管理区规划研究系列成果。形成一套以地理学的理论和方法为基础，吸纳区域经济学、环境生态学、资源学、社会学、哲学、规划学、农学、管理学等学科的有关理论和方法于一体的内容丰富、类型多样，具有综合性、系统性、区域性、理论性和实践性特点的系列成果。

时过20多年，它可以让人们看到区域规划内容、方法、基础理论的发生、发展过程，也可以让人们印证以往提出的一系列关于区域发展理念、观点、思路和方案的正确性和科学性，还可以检验我们这一系列成果的质量和人文地理学在区域经济社会发展中应有的地位和作用。

顺德市的老干部经常说："我们顺德这些年的发展，中山大学陈烈教授他们为我们提出了许多带有决策性的好意见。"2007年，南海市的一批老干部为编写"南海市规划志",专程来到我的办公室,他们说:"我们系统查阅了你们在我们市的一系列规划成果,思考你们当时提出的发展理念、发展思路和规划方案,对照目前市域发展状况,深感差距很大。如果我们当时能认真按照你们的规划思路和规划方案实施,那该多好啊!"他们还说:"顺德市同样是你们做的规划,可他们执行规划的意识、力度比我们强,现在的情况就比我们好。"

增城市属重视抓区域规划和贯彻落实区域规划成果的单位。1986年,我们在县域镇体系规划中提出的"点、轴发展梯度推进的空间发展战略",从"六五"到"十五"的前后五个五年计划中都被作为规划的指导思想。"增城市可持续发展研究"也得到很好的实施。2002年,《南方日报》记者、《瞭望》杂志社记者,采访时任市委书记的汤锦华同志,问及增城市近年为何能实现较快发展时,汤书记指着办公桌上的《广州增城市域可持续发展研究》一书说:"就靠这个"!跨入新世纪,增城市的发展进入快速道,综合实力从1999年全国排行第58位到2009年的第9位,连续9年居广东省首位,被誉为全国发展三大模式之一的"增城模式","全国中小城市科学发展的典范",作为"广东省可持续发展示范基地",被联合国副秘书长、人居署执行主任誉为"杰出的、可持续发展的典范城市",2008年,荣获"中国和谐之城"名闻遐迩。

我想,我作为一名人文地理工作者,能作为"中国规划专家"的身份应邀走出国门指导区域可持续发展研究和区域规划工作,且通过我的学术影响,为国家、为中山大学获得荣誉,这在中国地理(含旅游)学史上,在中山大学的校史中,也许是罕有的。我的地理学修养还很不够,关于区域可持续发展研究与规划的理论和实践也极其有限,但能迈出这一步,说明中山大学人文地理学的改革和发展方向是正确的!

地理不是危机,而是处处都充满着生机,地理不是无用,而是处处都希望我们去发挥作用。地理工作者已经有了一个自我表现的大舞台,有了一个施展才能的广阔天地。中山大学人文地理科学迎来了春光明媚、阳光灿烂的"春天"。地理科学迎来史无前例的"黄金发展期"。可以肯定,国内高等院校也将会给地理系迎来重新"正名"的新形势。

这种形势来之不易,但愿我们的年轻地理工作者多加珍惜。要明白学术理论、学术品德是引领学科发展的关键,切忌急功近利,否则,大好的形势也会被毁。地理工作者首先要有较好的地理业务修养,要有丰富的知识量、要有优化的知识结构,懂理论、会实践,更要有好的治学态度。

要培养热爱地理、懂地理的学生,培养复合型地理人才。要讲道德,树立先"义"后"利"的奉献精神。但愿后来者继续沿着正确的方向,脚踏实地,不断改革、创新,推动地理科学持续发展。

多年来,应邀为国内各地经济、社会发展与决策咨询。每到一处,坚持跑

（实地考察调研）、看、听（座谈访问）、思（分析、研究、决策）、讲的工作路线，先后为诸多县市单位做了近60个场次的报告与讲座，获得好评，收到很好的效果。如下列举部分调研报告目录。

［1］《高要市现代农业发展与规划问题》，在高要市科级以上干部会议上的报告，1991（1）。

［2］《惠来县经济发展战略与规划构想》，在惠来县及惠籍在外工作的领导、干部、专家、企业家大会上的报告，2000（1），刊于《农村研究》，2000（4）。

［3］《寻找经济增长点，促进揭东县经济发展上新台阶》，在揭东县科级以上全体干部会议上的报告，2000（10）。

［4］《面向21世纪潮阳市可持续发展的战略思考》，在潮阳市科级以上全体干部会议上的报告，刊于《潮阳日报》，2000（12）。

［5］《农业现代化与小城镇发展、规划和建设》，在全国县市级农业干部培训班上的讲座，2002（10）。

［6］《用可持续发展战略理念指导"韶郴赣红三角经济圈"的开发与建设》，在南沙"红三角"经济发展研讨会上的发言，2003（4）。

［7］《区域协调与乳源县可持续发展》，在首届区域协调与县域经济发展（粤北）高层论坛会上的发言，2003（9）。

［8］《泛珠江三角洲经济协作区构建与玉林市的机遇和对策》，在玉林市科级以上全体干部大会上的发言，2004（3）。

［9］《昌九经济走廊发展态势与德安县的发展与规划》，在江西德安县城市发展专家论坛上的发言，2004（4）。

［10］《用可持续发展战略理念指导城乡协调发展》，在合肥市城市规划领导干部培训班上的讲座，2004（5）。

［11］《用可持续发展战略理念指导小城镇发展、规划和建设》，在河南鹤壁市淇滨区全体干部会议上的报告，2004（12）。

［12］《始兴县经济社会可持续发展战略思考》，在始兴县全体干部会议上的报告，2005（3）。

［13］《岭南文化与广州城市园林建设》，在广州市园林系统干部会议上的报告，2005（6）。

［14］《汕头市发展态势与潮南区的战略任务与战略重点》，在潮南区潮商联谊会上的报告，2005（12）。

［15］《"十一五"时期我国经济社会政策取向与花都区第十一个五年规划》，在广州市花都区党校学员大会上的报告，2006（4）。

［16］《抓好县域经济发展必须重视的几个问题》，在连州市全体干部会议上的报告，2006（6），刊于《北江》杂志，2007（2），总第122期，第15～17页。

[17]《关于大埔县发展与规划的几点意见》,在梅州市大埔县干部会议上的讲座,2006(9)。

[18]《新农村建设要着眼全局,立足于可持续发展》,在河南省信阳市小岗村干部会议上的讲话,2006(8),刊于《小城镇建设》,2006(8)。

[19]《新农村建设规划要以规划为依据,立足于可持续发展》,在中国农业工程学会首届"中国新农村建设规划编制论坛"上的报告,2006(12)。

[20]《把南雄市建设成为粤北的门户城市》,在广东省南雄市全体干部会议上的报告,2007(1)。

[21]《理想城市建设的思考及其对云浮市发展的启示》,在广东省云浮市城市论坛会上的发言,2007(6)。

[22]《关于韶关市可持续发展的几点意见》,在韶关市领导干部会议上的讲座,2007(6)。

[23]《边境口岸城市基本特点与二连浩特市发展战略》,在内蒙古二连浩特市科级以上全体干部会议上的报告,2007(8)。

[24]《汕头市可持续发展战略思考与对策》,在汕头市发展战略研讨会上的发言,2007(9)。

[25]《名镇可持续发展与科学规划》,在首届中国名镇博览会暨中国名镇发展论坛上的报告,2007(10)。

[26]《实现广州市可持续发展几个问题的思考》,在广州市城建战线党员干部会议上的报告,2008(8)。

[27]《规划就是生产力》,在全国老教授协会广州会议上的报告,2008(12),刊于《老教授纵论改革开放三十年》,北京:中国人民大学出版社,2008(12),第302~313页。

[28]《创新开放发展新环境加快廉江市经济社会发展步伐》,在廉江市全体干部会议上的报告,2009(11)。

[29]《县域可持续发展与科学规划》,在广州从化市科级以上全体干部会议上的报告,2010(6),刊于《经济地理》,2012,32(1),第7~12页。

[30]《我国旅游发展趋势与潮州市旅游发展规划》,给广东省潮州师范学院旅游、地理系全体师生的讲座,2011(4)。

[31]《沿边城市开放与伊宁市发展战略》,在新疆伊宁市科级以上全体干部会议上的报告,2011(4)。

[32]《南水北调以后汉江流域各方的战略任务与对策》,在湖北襄阳首届汉江论坛上的发言,2014(2)。

[33]《生态文明建设与区域可持续发展规划》,给福建师大地理学院研究生讲座报告,2014(5)。

[34]《区域可持续发展规划与人文地理学》,给福州大学资源环境与规划学院全体师生的讲座报告,2014(5)。

[35] 关于鄂伦春自治旗经济和产业发展的思考,在内蒙古鄂伦春旗全体干部会议上的报告,2016(8)。

[36] 关于全南县发展与城市规划管理的几点意见,在江西全南县全体干部会议上的报告,2016(9)。

[37] 关于金灶镇产业转型与旅游旺镇的战略思考,在汕头市潮阳区金灶镇全体干部会议上的报告,2016(10)。

图4-15 陈烈在惠来县及惠籍在外工作的领导、干部、专家、企业家大会上作题为《惠来县经济发展战略与规划的构想》报告(2000)

图4-16 陈烈在汕头市潮南区潮商联谊会上作《汕头市发展态势与潮南区的战略任务和战略重点》报告(2004)

图4-17 陈烈在广东省乳源县做《用可持续发展战略理念指导乳源县经济社会协调发展与规划》报告(2003)

图4-18 陈烈应邀在潮阳市科级以上全体干部会作《面向21世纪朝阳市可持续发展的战略思考》报告（报告全文刊于2000年12月《潮阳日报》）

图4-19 陈烈在河南省鹤壁市淇滨区全体干部会议上作《用可持续发展战略理念指导小城镇发展、规划和建设》报告（2004）

第三节 人文地理工作者应邀作为"中国规划专家"走出国门，为启迪和开拓越南干部的视野发挥了作用

越南实行"革新开放"政策以后，重视学习中国经验，自20世纪90年代初，他们的高级官员分期分批到广东珠江三角洲学习、考察。其中，他们对顺德和南海等地的规划很感兴趣。他们认为，"顺德、南海等地通过抓县、市域规划，促进县域经济社会有序发展的经验值得我们学习。"于是，自1992年春天开始，接连不断地请我给他们的考察团举行讲座，多次向我索要资料。

1994年春，在一次讲座结束以后，我把刚出版的《南海市社会经济发展研究与规划》一书及部分已公开发表的文章送给他们，他们认为这是个厚礼。没过多久，就被翻译成越文。他们说："这本书对规划、研究人员和管理干部是十分宝贵的参考书！具有很高的参考价值，因此，我们把它翻译出来，以供越南，尤其红河三角洲从事规划与研究工作的专业人员和各省、市管理干部阅读。"后来我在越南了解到，越方许多省，尤其是红河三角洲地区的省、市、县，都专门组织学习。

1994年春，在给他们的考察团讲完课之后，越方建设部部长特地提出请我去越南，他说："我们国家正实行革新开放，请你过去看看，同时给我们的干部讲讲课、指导我们红河三角洲的规划。"不久，越方就以国家建设部、科学工艺与环境部红河三角洲规划办公室、南河省政府的名义联合发来邀请函。因是时中越两国尚未恢复正常关系，中大党委未敢批准，此次未能按期赴越。

次年夏天（1995年5月底），越方又来函邀请。在国家和广东省有关部门的直接关心和支持下，当年6月30日终于跨上越南国土。以越南科学工艺与环境部红河三角洲规划办公室主任、国家科委办公室主任阮加胜先生一行，到河内机场迎接我。

自此以后，至21世纪前10年，我往返越南多次，这期间，我为越南国家做了以下几件事：其一，先后给他们国家的官员作报告和讲座，听讲对象有中央委员、省委书记、省长，以及建设部、科学工艺与环境部、农业与农村发展部、国家计委、国家土地总局等部委官员和国家规划局、国家地理所、河内国家综合大学、有关研究院院长与副院长以及各市、县长等官员和专家数百人；其二，组织国内专家给他们国家做了三种类型的规划案例示范，以此培训他们的干部和专业技术人员。包括省域经济社会发展战略研究、城市发展与规划、旅游区规划设计等；其三，多次组织他们的考察团到珠江三角洲、南海、顺德、中山、深圳、珠海、增城等地参观、考察。每次都根据他们考察的主题和考察团的要求给他们做相应的讲座和报告。

前后20年，给越方的干部和专业技术人员作了大小近20场次报告和讲座，其内容主要包括：区域可持续发展条件分析，区域和城市可持续发展战略（包括战略定位、战略理念、战略思路和方法等制定），区域可持续发展规划的内容和方法，经济、产业发展与规划布局，还有城镇发展与规划、资源开发与土地利用规划、环境保护与规划、旅游发展与规划、城市房地产开发等。既有理论又有方法，既紧紧结合珠江三角洲的经验和做法，又联系红河三角洲的实际。我的报告和讲座对于具有强烈求知欲望的越方人员有很强的吸引力，他们不仅听得认真，还认真做笔记。每次课后，不论在休息室里，在路上，在餐桌上都不停地发问请教。他们普遍觉得我的观点很好、很新鲜，富有开创性和战略前瞻性，对他们有很好的启发和指导作用。

2008年1月，我应邀到胡志明市参加"2008越南国际城市规划暨房地产开发高峰论坛会"。会前，原越南建设部部长、现任越南建设总会副主席范士廉先生，原建设部副部长、现任河内建筑大学校长陈重亨先生，建设部规划与建筑司司长范氏美玲女士，越南城市规划发展协会主席阮世霸先生，以及越南城市与农村规划院院长刘德海先生等，专程从河内赶到胡志明市同我见面和参加会议，大家一见如故。范士廉先生一见面就说："听说你要来参加会议，我特地从河内赶来见你，"他又说"1993年在广州听过你的报告，你讲得很好，对我们有很好的启发，我当时认真做了笔记，现在还保留着。"

1995年11月，南河省南定市人民委员会给中国规划专家的感谢信中说：陈烈教授的规划理论和规划方法给我们有很大的启发，你们为我们南河省和南定市未来社会、经济的发展和规划布局提出了许多带有决策性的好意见。中国专家工作热情、有责任,表现了很高的规划水平,你们不仅给我们的发展提出了很好的思路,制订了很好的规划方案,还给我们带来了科学的规划理论和规划方法。

陈烈教授等关于南河省经济和社会发展的优势和劣势、战略目标和战略重点、空间发展与重点开发区域以及战略措施和对策等的分析,符合南河省的实际,对本省未来经济和社会发展具有重要的指导作用。你们对南定市的发展理念和发展思路,城市用地发展方向、空间结构与功能布局、城市性质及产业发展等,都具有科学性,既考察长远又立足当前实际。得到中央委员、省委书记裴春山,南定市主席阮进勇,市委书记阮富厚以及其他省、市各主要领导和部门赞同,也得到国家建设部、国家科委、国家计委、国家交通部、农业部和红河三角洲规划办公室等有关部门领导和专家的好评。

信中又说:"中国专家两次到越南工作,都表现出谦虚的态度和严肃的治学风格,对南定市的困难条件表示感通,每到一处研究考察都很快和当地人民与干部融合在一起。陈烈教授和各位中国专家的规划理论和方法以及严谨的科学态度给我们留下很好的印象。我们向中国专家表示感谢,也请你们代表我们向中国广州中山大学领导表示深深的感谢!"

越南科学、工艺与环境部副部长黎桂安先生,在海防涂山国家宾馆接待中国规划专家,会上,用中国话说:"陈烈教授《关于红河三角洲发展与规划的报告》做得很好,你的知识很渊博,既有理论又有实践,既立足当前又有远见性。你的理论、观点和思路、方案具有开拓性和前瞻性,非常符合我们的国情,对我们的干部的思想有很好的启迪作用,对我们的实践工作有很好的现实指导意义。我们越南的干部和人民都非常感谢你!"

1995年11月,越南建设部副部长阮文检先生组织该部、科技、工艺与环境部,农业与农村发展部,交通部,国家规划院,红河三角洲规划办公室,以及南河省、南定市等部门和单位的领导、干部、专家和专业技术人员等近百人,在河内听取我们关于南定市规划报告以后。阮文检先生用中国话总结说:"这些年来,我们聘请了好些国家的专家帮我们做规划,现在比较起来,中国专家的工作态度最好,工作效率最高。你们的发展理念、观点具有创新性,你们关于南定市的发展思路和规划方案,符合我们的国情。"

2008年冬,越南一批官员、企业家和专家,到中国南宁、天津、北京等地进行以"旅游发展、规划与综合经济发展"为专题的参观、考察和取经。最后来到佛山市南国桃园旅游度假区。他们一致认为,"该点给他们的印象最深刻"。他们说"同其他参观点相比,南国桃园最成功在于有个理想的旅游度假环境和综合发展的生态经济综合体"。他们深有感触地说:"你们在那么多年以前(注1992年)就有这样的发展思路和规划理念,真值得我们学习和借鉴!"会上,当即提出请我去河内及周边地区考察,同时指导和帮助他们做旅游规划。回国后还多次向我提出邀请。

这些年来,越方不止一次地对我说:"希望陈教授多来看看,看看你提出的方案实施情况,及时给我们提意见,同时对下一步如何发展,再给我们提意见和建议。"

我想,作为一个人文地理工作者,能有机会为越南国家,尤其红河三角洲的发展与规划作些实质性的工作,提出的观点、思路和方案能得到他们的高度认可并付诸实施,我的所为能得到他们国家和人民的高度信任,尽管付出了巨大的艰辛,心里也感到很大的欣慰。

红河三角洲与珠江三角洲相比,目前在发展水平上是相差一个相当大的档次,但这些年,红河三角洲的发展也快,到2000年就实现了1995年预测的发展指标,GDP每年以10%的速度增长。可以预测,照此发展,若干年后,红河三角洲和珠江三角洲将可能呈现两种景观、两个档次。因为前者是在认真学习中国经验,在科学规划的基础上有序发展起来的。

图4-20　陈烈及交流团成员在芝加哥与该市主要官员座谈

图4-21 陈烈等在洛杉矶市考察美国家庭时留影

图4-22 陈烈及交流团成员在芝加哥市建筑事务所考察

以上三幅图片是在1997年2月，陈烈作为国家建设部顾问受国家建设部的委派参加中国小城镇规划建设技术交流团（一行14人）赴美考察了洛杉矶、华盛顿、纽约、芝加哥、旧金山等11个城市，走访了美国建设部、美国土木工程协会、S.O.M.建筑设计事务所、南加州大学和芝加哥市政厅计划与发展部等9个单位。考察了农村、工厂，考察了美国东部沿海中段（华盛顿—纽约）土地利用、城市发展与环境保护，考察了洛杉矶、芝加哥、旧金山、纽约及woods tock和Vacaville等城市的规划、建设及大城市中心区至郊区城镇间的用地变化，考察了农村土地利用特点与农业发展，考察沙漠地区土地开发和城镇发展、规划和建设等，途经10个州。既与美国的官员、规划设计专家广泛接触，也到美国公民（包括本土和华人）家作客。

图4-23 越南国家建设部副部长阮文检先生（右）与陈烈教授合影（1995）

图4-24 越共中央委员、南河省省委书记裴春山（中）与陈烈、林琳、胡厚国、尤修阔等中国规划专家合影（1995）

图4-25 越南南河省省长陈光玉先生（左）与陈烈在河内合影（1995）

图4-26 陈烈（右二）等应柬埔寨企业家的邀请赴柬埔寨考察旅游资源，并对拟赴之实施的旅游小区规划进行评审，左二为华南理工大学刘德平教授（2002）

图4-27 越南农业与农村发展部副部长（右二）、水利科学研究院院长（左二）在河内宴请陈烈教授（右一）一行，并与陈烈在河内合影留念（2004）

图4-28 陈烈（右一）与原越南建设部部长范士廉先生（中）在胡志明市合影（2008）

图4-29 越共中央委员、南河省省委书记裴春山（左）给陈烈赠送纪念品（1995）

图4-30 南河省南定市委书记给陈烈赠送纪念品（1995）

图4-31 南河省南定市市长(左二)和政协主席(左一)给陈烈夫妇赠送纪念品(1998)

图4-32 陈烈在柬埔寨金边市郊区农村考察(2002)

图4-33 陈烈在柬埔寨考察农村吊脚楼

被越南翻译的著作和论文:

[1] 陈烈,等. 南海市社会经济发展研究与规划[M]. 广州:广东地图出版社,1993:9.

[2] 陈烈. 关于市域发展与规划研究中的几个问题[J]. 中山大学学报(自然科学版),1994(7).

[3] 陈烈. 珠江三角洲经济发展与环境问题研究[J]. 经济地理,1994(4).

[4] 陈烈. 珠江三角洲土地利用发展趋势及其宏观调控的基本途径[J]. 中山大学学报(自然科学版),1996(3).

[5] 陈烈. 珠江三角洲乡村城市化的思考 [J]. 热带地理, 1998（4）.

[6] 陈烈. 珠江三角洲小城镇可持续发展研究 [J]. 经济地理, 1998（12）.

[7] 陈烈. 重视环境保护与规划, 促进红河三角洲经济社会可持续发展, 在"红河—沅江流域经济开发与环境保护", 在国际学术研讨会上的发言.

[8] 广州城市规划的经验与教训及其给胡志明市的启示, 在"2008越南国际城市规划暨房地产发展高峰论坛"会上的演讲.

图4-34　南海市社会经济发展研究与规划

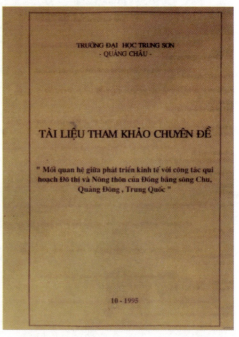

图4-35　南海市社会经济发展研究与规划越文译本

第四节　区域可持续发展规划是培养"复合型"地理人才的理想课堂和有效手段

内容丰富、类型多样，涉及多学科理论和方法的区域发展规划是培养复合型地理人才的最佳手段，而作为与中观、宏观区域同样具有经济、社会、资源、环境等人地系统要素的微观地域单元，更是学生学习、锻炼的理想场所。

众所周知，教学实习和毕业实习，从来是地理教学内容和地理专业学生培养所必需的环节，以往在学校的教学培养经费预算中，都有关于地理系学生实习的专项预算，教师可以根据教学各个阶段，到学校领取费用，组织学生外出实习。但后来这笔经费给取消了，学生实习，要靠任课教师自己想办法，这给任课教师和负责管教学的系、室领导带来很大的压力，对学生的培养也造成了影响。我曾任管教学的教研室副主任、任课教师，对此压力，迄今仍记忆犹新。

直到80年代末，为学生实习找场所、找经费困扰多年的问题，随着县市域规划的开展，终于得到彻底解决了，教师可以利用县、市这个空间，利用他们提供的经费，用在学生的培养上。自此以后，教师不仅不需要给学生找实习经费，并且参加规划实习的学生还可以领到适量野外实习补贴，部分家庭困难的学生，还可以得到一些生活补助费，师生都皆大欢喜。

县域虽小，却是学生学习锻炼的大课堂。以往的实习，由于经费和场地限制，学生只能局限在老师预先设计好的空间和时间内进行，属于老师讲，学生听，或是老师画，学生看的那种参观式、蜻蜓点水式、跑马观花式的实习，学生停留在认识的感性阶段。而参加县域规划的实习，是带着任务下去，学生既实习，还要同老师一道完成县、市交给的规划任务。因此，学生跟着老师一道深入实地调查研究，到各个部门和单位收集资料信息、参加各种类型的座谈会和访谈会。同老师一道分析问题，总结问题，研究问题，理出解决问题的思路，制定解决问题的方案、措施和对策等。

这整个过程，使学生学到实实在在的知识。同时，通过老师在各个环节的指导、引导、总结，以及同甲方交流，向甲方汇报，同当地基层干部、群众打交道，了解他们求生存、谋发展的愿望。使学生的独立调查、分析、研究和社会工作能力得到很好的锻炼和提高。同时还使学生认识到区域人地系统的复杂性和解决人地矛盾、协调人地关系的必要性和重要性，从而也深刻认识到开展县、市域规划工作的现实意义。通过全过程的实践还使学生检测自己的知识和业务基础，以及还需要补充哪些方面的知识和提高哪些方面的实际能力。

时至今日，这些参加规划研究工作的学生已学有所成，长大成才，有的已当上本单位、本专业的学术带头人，有的已当上部门或单位的领导、决策者或管理者，有的已当上企业家，等等。但他们都不会忘记当年参加县、市域规划过程中得到的锻炼、提高以及对后来自身发展的影响和实际工作中的帮助，不忘在广泛接触基层干部、群众的过程中学到他们朴素、敬业、实事求是的品德和作风，不忘在同老师一起调研、总结的过程中学到老师的综合、协调、组织能力和脚踏实地、实事求是的治学态度和工作作风，更不会忘老师们的辛苦和对他们的培养教导之恩。

总之，县、市域发展规划是锻炼学生，培养学生，造就人才的有效手段，是培养复合型地理人才的大课堂。这是被实践所证明的事实。

图4-36　陈烈与博士毕业生在一起合影

图4-37　陈烈为毕业博士生组织论文答辩　　图4-38　答辩委员与博士生合影

图4-39 教书生涯几十秋,丹心一片珠江涛。为育英才尽绵力,桃李缤纷慰白头。
(陈烈为来自全国各地的学生齐聚校园为其祝寿有感)

第五节 微观区域规划研究为地理学开展中观、宏观区域研究积累经验、奠定基础

理论原理和治学手段是具有联通性的,区域大小也是相对而言,地理学开展宏观大区域研究固然必要,而对微观小区域的研究也应无可非议。事实上,通过对微观区域的"解剖麻雀",深入研究,科学规划摸索经验,可以为中观、宏观区域的研究与规划提供依据和方法论基础,它们之间相互补充,相互促进,相得益彰,共同达到提高区域研究成果质量的效果和推动地理学改革与发展的目的。

我们从国内县域的规划与研究做到越南红河三角洲(含10个省市)的规划与研究就是事实。1995年,我在越南给他们的高层干部作报告,提出"北部湾经济圈"的概念,他们觉得这是第一次听到新鲜观点,得到他们的高度认可。回国以后,遂即组织开展环北部湾经济圈的研究(详见本书第六章),以及对广东省,对粤西、粤东和"韶郴赣红三角"的研究与规划,还有关于广西要重点抓好"南宁—北海—钦州—防城"大三角区域的建议(1997);关

于安徽省要重点抓"合(肥)—安(庆)—马(鞍山)·芜(湖)皖中三点一带长江城市经济带"的建议(2005);以及关于内蒙古要重点抓好"呼—包—鄂"蒙中经济重心区(2005)等的一系列建议都得到有关省区和国家的认同,还有关于内蒙古二连浩特市,新疆伊宁市,河南鹤壁市,广东汕头市、湛江市等的发展与规划建议(详见本书第七章),也都得到当地的认可,许多已付之实施。所有关于这些区域和城市的发展理念和发展思路,都源于对区区小县域的规划和研究的实践与体会。

实践告诉我们,这种立足于实际,脚踏实地、实事求是从小做起,由小及大的治学路径是正确的。我国著名地理学家刘盛佳教授就明确地说:"地理学向来长于宏观,而短于中观和微观,陈烈则是先微观、中观,先城镇、县域,然后是珠江三角洲和雷州半岛,最后是红河三角洲和北部湾经济圈,实现了宏观、中观、微观的有机结合,从国内到国外,在我国地理界是极为罕见的。"(1998)

我们的实践证明梁溥教授"如果地理学研究能与县域规划结合起来,必将有强大的生命力"的预言(1990)是正确的。也证明黄秉维院士"这种与当地政府领导和专业工作人员协作,编制发展规划,并在规划的基础上不断开展深入研究,不断总结提高,删繁取要,实质上也就是为建立和发展地理科学而工作","如果全国有好些集体都努力这样做,我相信地理科学很快就会在中国奠定良好的基础"之论断的正确性和现实性(1993)。

图4-40 陈烈在山东省东营市考察黄河出海口湿地公园

图4-41 陈烈在河南省林州市考察红旗渠

部分区域经济社会发展与规划建议目录:

[1]《区域协调与广东可持续发展》,在广东省可持续发展协会学术年会上的报告,2009(6)。

[2]《关于蒙中地区可持续发展与规划研究的建议》,给内蒙古自治区党

委、政府领导的信,2005 年 1 月 16 日。

[3]《关于抓好"合(肥)—安(庆)—马(鞍山)·芜(湖)皖中"大三角的建议》,给安徽省委、省政府领导的信,2005 年 7 月 6 日。

[4]《关于加快粤东地区协调发展的规划建议》,给广东省委书记张德江同志的信,2007 年 3 月 28 日。

[5]《加快粤东地区发展的战略思考》,2007(12),总第二期,第 52～61 页。

第五章　中山大学人文地理工作者在国内与国外

第一节　广东省农业委员会副主任、农业区划委员会副主任、广东省国土厅副厅长林举英同志代表省农业区划委员会和国土厅给中山大学科技管理处和陈烈同志的通知书

陈烈同志参加农业区划工作卓有成效

我省自一九八〇年再度开展农业区划工作以来，陈烈同志积极参加这项工作，几年来作了许多贡献，很有成效，主要是：

一、一九八〇年春省在博罗县搞农业区划的试点，组织了一个有干部和大专院校、科研部门的专家、学者、教授、讲师参加的农业资源考察队，对该县的资源进行调查，陈烈同志和同志们一道，深入县里的山山水水，调查了大量的资料、数据。他负责指导编写《博罗县农业区划综合报告》，蹲在博罗县二十多天，对资源作了补充调查，一字一句地修改《报告》，经过多层次的评估论证、送审、定稿，完成了编写工作。同年的十一月，由省、县农业区划办公室将《报告》印发全省各地参考，起到了样板的作用，对全省的农业区划工作，推动很大。

二、参加《广东省综合农业区划报告》的编写工作。一九八五年夏秋之间，省农业区划办公室，组织有干部、专家、学者参加的《报告》编写组，陈烈同志参加这个编写组，他和大家一起讨论研究整个《报告》的编写外，同时具体负责编写"农经"部分。该《报告》曾获广东省农业区划优秀成果一等奖，在全国的农业区划优秀成果的评比中获得二等奖。

三、积极参加和指导一些地市农业区划工作。几年来，他先后参加了汕头、梅县、茂名、湛江、佛山等地市的《综合农业区划报告》的论证和修改、编审工作。为全省各地的农业区划工作出了力、作了贡献。

广东省农业区划办公室（公章）
一九八八年六月二十日

陈烈同志参加《广东省农业资源要览》的编审工作

为了编写好《广东省农业资源要览》,省农业区划办公室请了二十多位学者、专家、教授、讲师和干部参加该书的编审工作。由于陈烈同志几年来积极参与我省各地的区划工作,所以我们也邀请陈烈同志参加这本书的编审工作。

全书70余万字,概述了我省(含修订本)各县的农业资源。在编审中陈烈同志分工负责审查和修改该书中广州市郊区县、海南和汕头市等五十多个县、市的材料,做了大量的工作。现该书已由广东人民出版社出版。凌伯棠副省长为这书写了序言,称该书是我省第一本农业资源汇编书。

广东省农业区划办公室(公章)

一九八八年六月十日

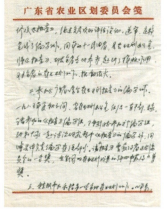

图5-1 省农业区划委员会和国土厅给陈烈同志的通知书

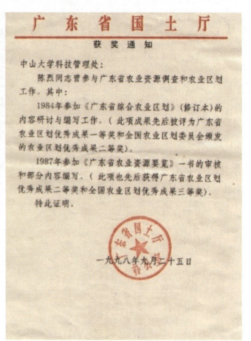

图5-2 《广东省农业资源要览》获奖通知

第二节 越南国家科委办公室主任、红河三角洲规划中心主任阮加胜先生代表越南国家科委，越南科学、工艺与环境部和红河三角洲规划办公室给中山大学校长和地环学院院长的信

尊敬的中国中山大学校长同志

尊敬的中山大学地球与环境学学院院长

  在你们即将举办中山大学校庆日纪念活动之际，我谨向你们表示最热烈的祝贺。祝贵校在培养高水平的科学和管理干部以及在高水平的科研工作方面取得更大的成绩。

  借此机会也请允许我对这些年帮助我们与贵校和贵学院建立关系，同时也帮助数以百计的越南干部了解中国的陈烈教授表达我们衷心的感谢。

  迄今为止，我们和陈烈教授认识已经四年有余了。在这四年多的时间里，陈烈教授帮助我们进行了以下的工作：

  向数以百计的越南干部和规划部门干部介绍了中国和广东省规划方面的理

论和实践。

帮助和指导（越南）南河省和南定市等进行了规划研究和社会经济发展的研究。

参加和指导由我部组织的一些有关地区的规划研究工作和参加全国性规划学术研讨会。

我们也已经把陈烈教授的有关规划的著作翻译成越文，供我国的干部和规划人员阅读。

在中国和在越南工作期间，陈烈教授曾经与很多越南同志见过面并交换了意见。他们中有部长、副部长、越共中央委员、省委书记、省政府主席、市委书记、市政府主席，还有有关研究院院长、副院长、河内大学教授和各县县长等等。

每个听过陈烈教授的报告和讲课的越南同志都有以下的感想：

他是一位在理论上渊博，在实践上敏感的规划工作专家。他的观点从纵向和横向都有很高的造诣。因此，他的意见既切合（越南的）实际，也具有远见性、符合未来的发展潮流。

每个与他接触和共事过的人都感到他有很强的工作能力和组织能力。例如曾经仅在两个月的时间里，他就指导（越南）干部完成了南定市的社会经济发展总体规划等三项规划研究任务。这些成果使越南的领导和规划干部们十分佩服。

他表现出仁厚、谦虚的精神和全心全意为工作、为同志、为人民的高尚品质。他每到一处都赢得（越南）干部和老百姓的尊敬，给他们留下了深刻的印象……

我谨向校长和院长同志表示衷心的谢意，感谢你们在过去创造条件使陈烈教授能给我们帮助和指导，并诚恳地希望你们今后将继续给陈烈教授以支持。

我们也再一次对陈烈教授为我们所做的一切以及您对我们的深厚情意表示衷心的感谢。

谨祝您身体健康、事业进步！

1998 年 7 月 28 日
（公章为：越南科学、工艺和环境部
红河三角洲规划办公室）
时任中山大学外事处处长冯永福教授译

区域规划三十年的思与行

图5-3 越南国家科委办公室主任、红河三角洲规划中心主任阮加胜先生代表越南国家科委，越南科学、工艺与环境部和红河三角洲规划办公室给中山大学校长和地环学院院长的信（越文）

第三节 越南国家科委办公室主任、时任红河三角洲规划办公室副主任阮加胜先生代表越南国家科委，越南科学、工艺与环境部和红河三角洲规划办公室给陈烈的信

中国广州中山大学陈烈教授：

一九九四年四月，越南的规划工作考察因有机会访问了中国广东珠江三角洲，并在中山大学听取了您和汤其高教授对珠江三角洲的介绍，会后，我们得到汤其高教授和您赠送的一些材料，其中有您所著的《南海市社会经济发展研究与规划》一书。

我们拜读了这些材料，感到这些材料是对我们的工作有实际价值的好教材。我们便把它翻译出来，以供越南，尤其是红河三角洲社会经济总体规划工作与研究的专业人员和管理干部阅读。

通过我本人认真的研究及收集了读者的意见，我们觉得您的书对规划研究人员和管理干部是一本十分宝贵的参考书。

您的书共14章200多页的内容，在对南海市的历史文化、地理背景、优势与局限性等，进行了科学的论证基础上，提出了南海市经济社会发展的战略目标和战略重点，并在此基础上制订出市域总体发展和各专项发展的规划方案。例如：城镇体系规划，基础设施规划，商业贸易规划，旅游资源开发利用规划，工业发展与布局规划，农业发展规划，土地利用总体规划，人口、劳动力发展预测与规划，环境规划等。

这是您对历史、自然地理、经济地理、市场、社会等深入研究的成果，尤其是您在把上述研究结论应用于南海的实践，提出了南海市的总体发展战略和发展道路。

我，这封信的书写人，十分荣幸地在今年10月初访问了南海市及一些乡镇，感受到南海市经济社会发展的实践已证明了您的研究工作的正确性。

您的书对进行规划研究工作的人有很高的参考价值，它虽然是以科学报告的形式来谈总体规划问题，但又很有条理，使读者感到有趣，而不落入单纯的规划报告的俗套。

最近一段时间，具体是今年6月20日到7月14日，10月20日到11月22日，我又有机会参与越南南河省和南定市的规划研究工作，直接感受到陈烈教授和他的同事们（林琳、胡厚国、尤修阔）高度的责任心和学术水平，谦虚、科学的态度和刻苦的精神……正因为如此，所以在短时间内（约100日），陈教授和他们同事们与越南的专家一起基本完成了任务，得到越南许多高、中级领导干部和南河省、南定市主要领导干部的高度评价和认可，你们的才智得到了越南同行的敬重，彼此建立了密切的感情。

我谨代表曾聆听您报告的各位专家、干部向您及您的同事再一次表示衷心的感谢。感谢你们的贡献及对我们所表示的亲如一家的感情。

我谨请您向贵校、贵中心各位教授、院长、校长、领导干部和研究人员致以问候。

越南国家科委办公室主任
红河三角洲规划办公室副主任阮加胜
（公章）
1995年11月12日于河内
时任中山大学外事处处长冯永福教授译

Kính gửi : Giáo sư Trần Liệt-
Trường Đại học Trung Sơn Quảng châu Trung quốc.

Tháng 4 năm 1994, Đoàn khảo sát công tác quy hoạch Đồng bằng Sông Chu, Quảng đông Trung quốc của Việt nam có dịp đến thăm và nghe giới thiệu về Đồng bằng sông Chu tại Trường Đại học Trung sơn. Sau buổi họp, chúng tôi được Giáo sư Thang Kỳ Cao tặng một số tài liệu trong đó có tài liệu " Nghiên cứu và qui hoạch thành phố Nam Hải " do giáo sư chủ biên.

Sau khi đọc nhanh tài liệu này, thấy đây là tài liệu tốt có giá trị thực tiễn cho công tác của chúng tôi, tôi đã dịch để cung tấp làm tài liệu tham khảo nội bộ cho những người nghiên cứu và chỉ đạo công tác nghiên cứu qui hoạch tổng thể phát triển kinh tế xã hội Đồng bằng sông Hồng Việt nam .

Qua nghiên cứu kỹ lưỡng của bản thân và thu thập phản ảnh từ những người đã đọc, chúng tôi thấy đây là một cuốn sách rất quí đối với những người nghiên cứu và quản lý qui hoạch.

Với hơn 200 trang sách và 14 chương mục, giáo sư đã trình bầy khá cặn kẽ về: các kết quả nghiên cứu về lịch sử, vị trí địa lý, phân tích các thế mạnh, những hạn chế của thành phố Nam Hải, từ đó luận cứ các cơ sở khoa học và các giải pháp để phát triển kinh tế-xã hội Nam Hải, trên cơ sở đó đưa ra chiến lược phát triển tổng thể, các mục tiêu cụ thể và các qui hoạch chuyên ngành như : qui hoạch hệ thống đô thị, qui hoạch cơ sở hạ tầng, qui hoạch thương mại, qui hoạch khai phát tài nguyên du lịch, qui hoạch nông nghiệp, qui hoạch sử dụng đất, qui hoạch phát triển nguồn nhân lực, qui hoạch môi trường v.v....

Đây là kết quả của hàng loạt những nghiên cứu kỹ lưỡng về lịch sử, địa lý tự nhiên, địa lý kinh tế, về thị trường, về xã hội học ...điều quan trọng hơn nữa là tác giả đã thể hiện trình độ của mình trong việc sử lí các kết quả đó trong hiện trạng của Nam Hải để đề xuất ra những tư tưởng phát triển chiến lược và con đường phát triển của Nam Hải .

Điều may mắn cho tôi-người viết bức thư này- là đã được đến mục sở thị thành phố Nam Hải vào đầu tháng 10 năm 1995, thực tiễn về kinh tế xã hội của Nam Hải đã chứng minh tính đúng đắn của các nghiên cứu của giáo sư .

Tài liệu này còn có giá trị cao cho những người làm công tác nghiên cứu qui hoạch, nó là tài liệu tham khảo tốt để trình bày một qui hoạch tổng thể dưới dạng một báo cáo khoa học nhưng lại rất qui hoạch, làm cho người đọc thích thú, không sa vào sự khô cứng của một báo cáo qui hoạch đơn thuần.

Thời gian gần đây, cụ thể là từ 30-6 đến 14-7 và 20-10 đến 22-11-1995, tôi lại có dịp được trực tiếp cùng nghiên cứu qui hoạch thành phố Nam định tỉnh Nam hà Việt nam, giáo sư Trần Liệt cùng với các cộng sự (Lin Lin, Hu hou guo, You xiu Kuo...) đã trực tiếp thấy được tinh thần làm việc với trách nhiệm hết sức cao, trình độ rất uyên thâm, tác phong rất khiêm tốn, rất khoa học và sự cần cù thật khó ... Chính nhờ đó, mà chỉ trong một thời gian ngắn ngủi (khoảng 100 ngày người) Giáo sư và các công sự đã cùng với các chuyên gia Việt Nam hoàn thành về cơ bản các nhiệm vụ đặt ra, được những cán bộ lãnh đạo Việt nam đánh giá cao và chấp nhận, được các đồng nghiệp kính trọng về tài trí và quí mến về tình cảm .

Tôi xin thay mặt các chuyên gia và những người đã được nghe giáo sư nói chuyện hoặc trình bày báo cáo, lần nữa xin cảm ơn giáo sư, các cộng sự về những đóng góp và tình cảm chân thành anh em một nhà .

Tôi cũng xin giáo sư chuyển lời cảm ơn và thăm hỏi tới giáo sư hiệu trưởng, viện trưởng, các cán bộ lãnh đạo, nghiên cứu của Trung tâm, viện và trường ..

Nguyễn Gia Thắng ,
Phó giám đốc Dự án Quy hoạch Tổng thể ĐBSH

Hanoi, 12-11-1995.

图 5-4 越南国家科委办公室主任、时任红河三角洲规划办公室副主任阮加胜先生代表越南国家科委,越南科学、工艺与环境部和红河三角洲规划办公室给陈烈的信(越文)

第四节 越南南河省和南定市给中国规划专家的感谢信

感　谢
中国专家到南定市帮助规划工作

应我国、我省和我市的邀请，陈烈教授和他的助手林琳、胡厚国副教授、尤修阔工程师等中国专家于今年7月和10月两次来我市帮助搞规划工作，通过这两次到本市工作，给南河省和南定市人民留下了深刻的印象。

1、陈烈教授等热情和负责任地工作，你们工作的时间效率高，甚至带病工作。陈教授的规划理论和规划方法给我们有很大的启发，你们为我们南河省和南定市未来社会、经济的发展和布局提出了许多决策性的好意见。中国专家工作热情、有责任，表现出很高的规划水平，你们不仅给我们的发展提出很好的思路，制订了很好的规划方案，还给我们带来了科学的规划理论和规划方法。

陈烈教授等关于南河省经济和社会发展的优势和劣势、战略目标和战略重点、空间发展与重点开发区域以及战略措施和对策等的分析，符合南河省的实际，对本省未来经济和社会发展具有重要的指导作用。你们对南定市的路网规划，城市用地发展方向、空间结构与功能布局、城市性质及产业发展等，都具有科学性，既考虑长远又立足当前实际。得到中央委员、省委书记裴春山，南定市主席阮进勇，市委书记阮富厚以及其他省、市各主要领导和部门的赞同，也得到国家建设部、国家科委、国家计委、国家交通部、农业部和红河三角洲规划办公室等有关部门领导的好评。

2、中国专家两次到越南工作，都表现出谦虚的态度和严肃的治学风格，对南定市的困难条件表示感通，每到一处研究考察都很快和当地人民与干部融合在一起。陈烈教授和各位中国专家的规划理论和方法以及严格的科学态度给我们留下很好的印象。我们向中国专家表示感谢，也请你们代表我们向中国广州中山大学的领导表示深深的感谢。

祝你们一路平安，家庭幸福！

越　南
南河省南定市人民委员会
一九九五年十一月三日

CHỦ TỊCH
NGUYỄN TIẾN DŨNG

LỜI CẢM ƠN

(Chuyên gia Trung Quốc đến thành phố Nam Định giúp đỡ làm công tác quy hoạch)

Nhận lời mời của thành phố Nam Định, tỉnh Nam Hà (Việt Nam)

Giáo sư Trần Liệt và những người cùng đi - Phó giáo sư Lâm Linh, Phó giáo sư Hồ Hậu Quốc, Công trình sư Vưu Tu Khoát đã hai lần đến thành phố Nam Định giúp đỡ chúng tôi làm quy hoạch trong thời gian từ tháng 7 đến tháng 10 năm nay, qua hai đợt công tác tại thành phố đã để lại trong lòng nhân dân tỉnh Nam Hà và thành phố Nam Định những ấn tượng vô cùng sâu sắc.

1 - Giáo sư Trần Liệt và những người cùng đi đã làm việc hết sức nhiệt tình và có trách nhiệm, thời gian ngắn ngủi, hiệu suất công tác cao, thậm chí ốm đau vẫn say sưa làm việc. Những lý luận và phương pháp làm qui hoạch của Giáo sư Trần Liệt đã gọi mở cho chúng tôi rất nhiều, giáo sư đã nêu nhiều ý kiến mang ý nghĩa quyết sách đối với bố cục và sự phát triển kinh tế xã hội của tỉnh Nam Hà và thành phố Nam Định trong tương lai. Nhiệt tình và trách nhiệm của các bạn chuyên gia Trung Quốc thể hiện trình độ qui hoạch tương đối cao, các bạn không chỉ mang đến cho chúng tôi lý luận qui hoạch khoa học, mà còn giúp cho chúng tôi phương pháp làm qui hoạch rất tốt.

Nội dung ý kiến phân tích về thế mạnh, thế yếu, và mục tiêu chiến lược và trọng điểm chiến lược, phát triển kinh tế xã hội của tỉnh Nam Hà, về phát triển không gian, mở mang các khu vực trọng điểm cùng những phương sách và giải pháp cụ thể rất phù hợp với điều kiện thực tế của tỉnh Nam Hà. Còn có ý nghĩa tác dụng chỉ đạo quan trọng về qui hoạch mạng đường, phương hướng sử dụng đất, kết cấu và công năng bố cục không gian, tính chất Thành phố, mở mang khu du lịch đều mang tính chất khoa học, và còn suy nghĩ tới thực tế trước mắt lâu dài. Điều đó đã được sự đồng tình nhất trí của đồng chí Bùi Xuân Sơn Ủy viên trung ương Đảng hiện bí thư Tỉnh Ủy, đồng chí Nguyễn tiến Dũng Chủ tịch thành phố Nam Định, đồng chí Nguyễn Phú Hậu Bí thư thành phố cùng các đồng chí lãnh đạo các cấp các ngành của tỉnh và thành phố và cũng được sự đánh giá cao của Bộ Xây dựng, Ủy ban Khoa Học, Ủy Ban kế Hoạch nhà nước, Bộ Giao thông, Bộ Nông nghiệp và văn phòng dự án qui hoạch đồng bằng sông Hồng cũng như lãnh đạo các ban ngành có liên quan

2 - Hai lần chuyên gia Trung Quốc sang Việt Nam Làm việc đều thể hiện thái độ khiêm tốn và phong cách làm việc nghiêm túc đồng thời cũng rất thông cảm với những khó khăn của thành phố Nam Định, mỗi lần đi nghiên cứu khảo sát đều nhanh chóng hòa nhập với nhân dân của thành phố và cán bộ Việt Nam. Lý luận và phương pháp qui hoạch của Giáo sư Trần Liệt và các chuyên gia Trung Quốc, thái độ khoa học nghiêm túc đã để lại cho chúng tôi những ấn tượng tốt đẹp.

Chúng tôi xin tỏ lòng biết ơn các chuyên gia Trung Quốc và qua các bạn cho chúng tôi gửi lời cảm ơn sâu sắc đối với lãnh đạo của trường Trung Sơn Quảng Châu Trung Quốc

Chúc các chuyên gia Trung Quốc thượng lộ bình an, gia đình hạnh phúc

Ngày 3 - 11 - 1995
UBND thành phố Nam Định tỉnh Nam Hà

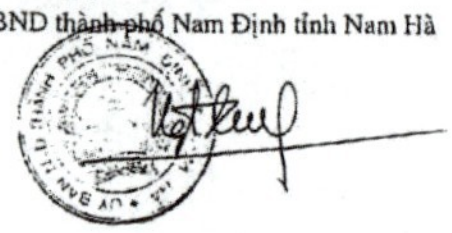

图 5-5　越南南河省和南定市给中国规划专家的感谢信（越文）

第五节　写给中华人民共和国国务院的报告书

1996年5月，给中华人民共和国国务院写了一份报告，报告中的主要观点以周大建为名整合成《加强我国在北部湾经济圈中作用的若干考虑》，刊于国务院发展研究中心内部刊物《亚非发展研究》1996年第23期（总第73期）。

该报告全文于1996年9月，以陈烈为名被人民日报理论部以《越南发展态势及我们的战略对策》为题登于人民日报《理论参考》第46～48页。

如下是报告全文。

中华人民共和国国务院：

应越南官方的邀请，在国家和广东省有关部门的全力支持下，去年7月和11月，我先后两次赴越指导他们开展红河三角洲经济区区域规划、南河省经济社会发展综合规划和南定市（省会）市区总体规划。同时在越南国家科委办公室主任、红河三角洲规划办公室副主任阮加胜的组织下，我先后作了七个专题的学术报告和参加了六场座谈会，与会者除少数专家、教授外，多为中央和各省、市的高、中级官员，迄今接触的人数已逾300人次，其中有部长、副部长、省委书记、省长和中央委员等。我们还考察了越南全国，尤其是详细考

察了红河三角洲。通过与广大干部、群众和官方的广泛接触和对全国的综合性考察,我的感觉是:

一、越南的经济和社会发展基础虽较薄弱,但其发展形势却不可低估,未来将会以较快的速度发展。其理由是:

1. 有个宽松的国际环境。越南这几年在外交上奉行与世界各国建立友好关系"希望成为国际社会所有国家的朋友"的外交政策,主动与中国、韩国、日本、欧共体等国家和地区改善关系,申请加入东盟,主动与美国建交等。

2. 有个安定团结、改革开放、发展经济的国内环境。经过几十年战争生活以后,化干戈为玉帛,实行革新开放,发展经济,符合民意,干群热情极高。且通过多年的战争锻炼,培养出一批能干事、会吃苦的干部队伍。

3. 有个优越的地缘经济区位。利于与世界各国各地区的联系和贸易往来,也利于兼收并蓄来自世界各国、各地的资金、技术和产业倾斜。

4. 越南是个面向海南的国家,海岸线长达 3000 多公里。海洋和陆地间都有丰富而优越的土地资源;有许多优良的港口;有丰富的石油天然气、煤、铁、木材、橡胶、热带、亚热带作物和海洋资源;还有类型多样、富有吸引魅力的旅游资源等。

5. 越南正采取各种有效措施,加足马力吸引外资、发展经济,近年来已有大批外国资本陆续投入。目前,日本、韩国、美国、法国等国家和中国的台湾、香港等,在越南的投资势头甚猛,尤其是美国和日本。

6. 得到世界银行的资金倾斜和人才、技术、设备等的扶助。

7. 越南提出"技术学美国,经验学中国"的口号,他们认真学习和总结中国改革开放的经验。

8. 越南把教育作为首位政策,日本、法国都在越南无偿修建校舍和提供设备办教育等。

基于如上原因,断定越南这个国家未来将会有较快的发展。

二、越南发展以后北部湾的态势及其对我国的挑战

北部湾二国四方经济都比较落后,目前仍处于太平洋西岸、亚洲大陆东岸的经济低谷,但随着世界经济重心东移和日益向亚太地区倾斜,该地区未来可能是接受世界各地经济辐射和产业倾斜的重点区域。

北部湾二国四方近些年来都实行了改革开放政策,经济发展水平都发生了深刻的变化,目前都已露出其勃勃的生机。未来,北部湾地区将会成为新的经济热点,而由其资源和地缘经济区位优势,未来还可能成为世界争夺的焦点之一。

北部湾二国四方都是发展中地区,其经济发展存在很强的互补性,北部湾经济圈的形成和发展将对中国和越南带来巨大的影响,将给我国雷州半岛、广西和海南的经济发展带来良好的机遇,同时也产生了激烈的竞争和挑战。越方

是未来北部湾地区的主要竞争对手。其发展态势拟作如下分析：

越南的发展加之美、日等西方国家的插手，未来将直接影响南海和北部湾的形势，广东西部、广西南部和海南岛将面临激烈的竞争和挑战。分析日本政府之所以不遗余力，投巨资在越南搞基础设施建设和无偿办教育，其目的无非是以经济援助开路，进而占领越南和印支地区，实施其五十年前提出的"建立东亚共荣圈"的战略。日本学者也称：此举"有着极强的政治考量"。

美国政府在越南问题上的态度之所以来个急转弯，并以迅猛之势向越投资，其目的更是昭然若揭。一是乘苏联解体控制越南和东南亚的势力减弱的机会，乘虚进入越南、东南亚和印支，以遏制苏联在这一地区的势力，猎取其在多年的武力侵越中未得到的东西；二是企图通过控制越南和东南亚，对中国造成威胁和控制之势。这种威胁和控制，可能表现在如下几个方面：

其一，美可能与日等结盟，在越南形成综合力量，控制整个越南和东南亚及印支的经济、政治形势，支持越南占领东盟的盟主地位，进而在南海和北部湾与中国形成挑战和竞争之势；

其二，美、日两国出于他们的政治需要，可能共同控制越南的资源和产品，尤其控制他们所认为的中国未来的严重问题——粮食问题，垄断红河三角洲和湄公河三角洲两个世界级商品粮基地，造成对中国，尤其对广东等地的粮食控制；

其三，美、日等国还可能抓住中越间的敏感性问题—边界和海洋资源问题，同越南等国合作争夺中国北部湾和南中国海的领土和海洋资源。

凡此种种，都将给中国造成被动之势。湛江市在过去相当长的时期内，曾占据北部湾的重要地位，可是八十年代以来，随着海南建省，茂名、阳江从中析出，分别立市，加之在八十年代末未能及时抓住中央给予沿海开放城市的宽松政策环境发展港口经济，至目前各方面的基础仍较薄弱，近年受宏观经济调控的影响，在引进资金、技术方面也遇到种种困难。这种形势（包括海南和广西）与北部湾对岸的越南相比，已有相当差距。照此发展，若干年以后，谁是北部湾经济圈的"领头雁"，这是摆在湛江市，也是广东省和全国人民面前的一个极为严峻的问题。不上则下，不进则退，形势逼人，从现在开始，我们就必须清醒地估计这种态势。

三、我国应主动参与北部湾经济圈的竞争

北部湾经济圈的发展与中国息息相关，因此，我们要主动参与北部湾经济圈的竞争。

越南与中国，尤其是广东、广西和海南近在咫尺，在资源、产品、市场等方面均具有很强的互补性，北部湾经济圈的发展与这些省区息息相关。这些年来，这些省区的发展靠国内、国外两个优势，在新形势下，要保持经济、社会持续发展，还必须更充分地利用外部优势，其中面向越南和东南亚就是一个重要方面。

中国与越南合作、参与竞争，具有许多有利条件，其中最主要的是：

（1）中国与越南具有很深的历史文化渊源，目前在越人中，尤其在农村和普通老百姓中，在厅级以上的干部中仍有深刻的认识和普遍的反应。

（2）越南在"技术学美国，经验学中国"的口号之下，通过大量的考察和历史的分析比较，深刻地认识到中国的理论和经验，中国改革开放的政策和措施最适合他们的国情。他们国家的高、中级官员基本上都来过中国，尤其是珠江三角洲地区考察，他们对中国改革开放所取得的成就极为赞赏。

（3）越南的许多干部，尤其是北部和中部省、市的领导干部，普遍希望能与广东建立经济贸易合作关系。如南河省省委书记、中央委员裴春山，去年11月3日晚上，在特地为我们举行的欢送宴会上，就一本正经地对我说："请你回国后代我向广东省委书记和省长问好，希望你起桥梁作用促进两省发展经济贸易合作关系。"该省省长陈光玉于11月6日晚专程从中央党校赶到河内为我们送行，并说："我今晚特地赶来给你们送行，请你回国后代我问候你们的省长，希望通过你的作用促进两省建立合作关系。"该省交通厅长说，"希望南河省和广东省能结成姐妹省。"还有诸多市、县的领导都向我提出同类问题。

（4）中国与越南合作，参与竞争的主要途径和内容。越南与中国具有许多互补性的资源和产品。如越南的粮食、木材、海产品、农副产品、煤和石油等，是我们国内所需要的，而国内的工业品（如布匹、服装、家用电器）、建筑材料、机械设备及其他日用品等，在越南更具有很大的吸引力。

根据目前中越的关系和原有基础，本人认为宜采取先入为主，从小到大，从简单到复杂的发展方式。

首先，建议我们国家及北部湾周边省、市的领导顺应越南官员的心愿，创造机会，双方进行会遇，加强联系，沟通感情；然后利用中越间资源产品的互补性发展两国的海上贸易和边境贸易，发展双边经贸合作；在此基础上，逐步增加两国关于金融方面的合作，比如共同开发越南的煤矿资源；合作开发南海和北部湾的石油、天然气资源和其他海洋资源；还可以合作开发中越和北部湾地区的旅游资源，共同形成环北部湾旅游圈，作为亚太国际旅游圈的组成部分等。红河三角洲和湄公河三角洲是两个世界级的商品粮基地，我国如能与越南合作，共同建设红河三角洲或湄公河三角洲稳定的商品粮和优质农副产品生产基地，这对中越两国都有很大的好处，这也是与美日竞争的重要内容之一。

中山大学　陈烈
一九九六年五月

第六节 给广东省省委书记张德江同志的信

尊敬的张德江书记：

您好！

我是中山大学陈烈。值新春佳节之际给您写信，一来祝您新春愉快，万事如意，在新的一年中身体健康，获得更大的成绩；二来是想向您汇报一些想法并提点建议。

看到2006年11月22日《中共广东省委、广东省人民政府关于促进粤东地区加快经济社会发展的若干建议》以后，我心里很高兴。其中提出了许多符合粤东区域实际、顺应当地民情的战略思路和战略对策，这是广东省委、省政府贯彻落实科学发展观，进一步实施广东区域协调发展战略，促进广东协调、持续、和谐发展，提高广东综合实力的重大举措。我作为工作于广东，长期从事于区域可持续发展研究和区域规划工作的知识分子，深感这一举措的必要性和重要性。

我觉得这几年广东省委和省政府在抓广东省区域协调发展方面比以往任何时候都更加重视，且富有成效。除了中部珠三角地区继续保持快速、持续发展之外，粤西和粤北地区也出现了新的发展态势，尤其是粤西地区的湛江市，近年更出现了前所未有的发展势头，这是有目共睹的开心事。

然而，曾在历史上、在省内乃至国内显有重要地位，并作出许多贡献的粤东地区，由于种种原因，近些年来在广东及周边区域中的地位明显下降了，其发展速度缓慢，生气和活力严重不足。

究其原因是多样的，我认为区域形象被破坏是其中的根本原因。"形象就是生产力"，区域或城市的形象被毁了，这就意味着生产力被破坏，这是制约粤东地区可持续发展的最重要因素。

粤东地区区域形象被毁的原因也是多方面的，但主要集中在一个"假"字。我认为，"假"与"真"是一个辩证的关系，一个地区出现了制假、造假固然是坏事，但另一方面也反映出该地区有搞"真"的素质。就是说，一个地区的人既能搞"假"就能搞"真"，这意味着它具有潜在的生产力。

因此，政府部门在打"假"的同时也要扶"真"。这就是说，在狠狠打击少数不法分子的造假、制假行为的同时，要及时发现和扶持大多数人潜在的基本素质，引导到发展区域生产力的正确轨道上来。

区域或城市发展的关键在于定位，包括区域、城市定位和产业定位。它决定了一个区域或城市的发展方向、目标、速度和竞争力。粤东地区，尤其汕头市在定位问题上长期没有得到统一，缺乏与港口和海洋资源相配套的、能支撑区域和城市发展、在区域中具有竞争优势的大型支柱产业，加之原来的腹地不断被分割，区域形象被破坏，造成了在区域中的吸引力、辐射力和竞争力不断下降，甚至随着周边区域的发展而逐步被边缘化。

随着国内、国际形势的发展，我认为海峡两岸经济圈的崛起势在必行。该经济圈北起浙南温州地区，南到粤东地区（粤东地区应包括梅州市域），东边是台湾，西边是福建。粤东地区将是该经济圈的重要组成部分，而汕头市不仅是粤东区域中心城市，还应是海峡经济圈的中心城市之一。历史上曾经是汕头市腹地的厦门市，近些年来发展很快。我认为，广东省要像福建省重视厦门市那样重视汕头市的发展，要像福建省抓西岸经济区那样的力度重视抓粤东地区的发展，要把汕头市作为未来参与海峡经济圈竞争的桥头堡。不失时机地加快其发展和建设，决不能让其边缘化或被福建吸引，这是作为经济大省的广东必须高度重视的问题。因此，省委、省政府提出加快粤东地区发展是极其正确的。

一个区域或城市要发展必须有个科学的发展战略思路，包括发展理念、模式、目标、方案、突破口、措施和对策等，用这个思路来统一领导、干部和广大群众的认识和行动，大家沿着共同的方向和目标努力奋斗，就会形成巨大的生产力。如果能这样做，快则两三年，慢则四五年，必然会有较大的发展，这是我多年来在国内外大量实践的深刻体会（本人先后在国内外兼任了数十个高级技术顾问）。

省内和国内有些地区或城市，本来资源和自然环境条件相当，市场和政策环境也一样，可是有的发展快，有的迟迟得不到发展，有的在某个阶段发展较快，而某个阶段却停滞不前，原因是多种多样的。其中最重要的就是当地决策者是否有个科学的发展思路，这个思路是否在干部和群众中，尤其是在主要领导干部中形成共识，领导班子成员是否能遵循既定的方向和目标坚持下去。

科学的发展思路要靠认真的研究和科学的规划来获得。为此，我建议省政府及时组织开展粤东四市（实际上应该包括梅州市）区域协调发展规划。即把四市作为一个有机的区域整体，应用可持续发展战略理念，从综合的角度、宏观战略的角度，把区域内经济、社会、资源、环境、城镇、乡村等要素放在同一个层面上，对其发展和协调发展问题进行研究和规划。

根据粤东四市的实际，当前规划和研究拟抓住如下几个方面：城市和产业发展定位与分工；重点发展区域、重要发展节点和重要产业选择；道路、港口为重点的基础设施统筹发展；城镇体系和村庄布点规划与区域发展载体论证；资源整合、开发利用与管治；环境治理与现代化生态环境建设；文化振兴、形象塑造与区域营销；近期发展重点，协调发展机制与对策等。重点解决城市空间、职能、产业、特色与文化定位等问题。

根据多年的实践体会（本人已在国内外主持完成了多项规划和研究任务，留下了许多可供见证的足迹），区域发展规划的作用在于为区域发展提供一个科学的发展思路，为宏观调控和管理提供科学决策依据，指导区内各类规划编制，作为统一区内领导、干部和群众认识的有效手段，为促进区域，尤其是从传统农业和农村区域快速向工业化、城镇化发展的区域有序、健康、快速、协调发展奠定基础。

国外许多发达的国家和地区都重视区域发展规划，我国经过五十年的实践，从"十一五"开始改"计划"为"规划"，它强调从区域发展研究入手搞好区域发展规划，为宏观调控提供科学的决策依据。虽一字之差，其意义深长。

省内顺德和南海是广东省最早开展区域发展规划的区域。他们自20世纪80年代末90年代初就组织开展县域经济社会发展规划，有效地促进90年代两县有序、快速发展和顺利立市。1999年，正当市域经济社会获得巨大发展的时刻，顺德市的领导又及时的在广东省率先组织开展市域可持续发展研究与规划，为顺德市在新时期持续、创新发展和率先实现现代化打下基础。似顺德市那样在10年之内开展两次区域发展规划，这在广东是率先的，在国内是罕见的。

越南实行革新开放以后，认真学习中国的经验。他们的官员自20世纪90年代初就一批批到珠江三角洲考察，其中对顺德和南海通过抓好县域发展规划，促进经济社会发展的做法极感兴趣。他们费尽力气找到我给他们介绍经验，把我们关于顺德和南海的规划成果和有关区域规划方面的著作和研究论文翻译成越文，发给各省主要领导，并指定为必读文献。多年来，他们每次来珠江三角洲考察，都要我给他们讲课。自1995年开始，他们经常邀请我赴越给他们国家的高级官员讲课，同时指导红河三角洲、南河省、海阳省等多项区域发展研究与规划。似这类规划，他们有关的省、部长都亲自抓，总理亲自批准实施。

相比之下，我觉得广东省有关部门，尤其是主管部门的区域规划意识是淡薄的。多年来，省内各地花了巨大的财力、物力和人力作了大量的专项、局部的规划。但对综合的，事关全局发展的，对各个专项和局部规划起到统领和指导作用的区域发展规划重视不够，缺乏基本的引导。

珠江三角洲这些年来，在创造巨大的物质文明的同时也存在许多制约可持续发展的问题。这其中有的是与发展之初缺乏及时抓好区域协调发展规划和加强宏观调控与管理有直接的关系。后来（20世纪90年代中）虽补上了一课，但许多已成定局不容易改变了，况且规划深度不够，尤其对于重点问题的研究和解决的力度不够，对规划的实施管理也不力。三分规划只有加上七分实施管理才能达到十分的效果，可是本来规划深度就不够，加之实施管理不落实，效果就更难说了。

当前，省、市、县主管部门都在抓新农村建设规划。我认为，农村应是个区域概念，它应是包括村庄、集镇和建制镇在内的县域范围。农村规划和建设应有全面、长远、因地制宜和可持续发展的观点，决不能把眼光只放在行政意义上的农村，孤立地考虑每个村庄的问题，规划和建设千村一个样。如果这样，今后将会出现新的矛盾和问题。新农村发展、规划和建设要着眼于农村城镇化这个大局，要以县域经济社会发展规划为依据，尤其要以县域城镇体系和村庄布点规划、县域基础设施和社会服务设施规划为依据。

在省委、省政府的关心和支持下，可以坚信，粤东四市将迎来大发展的机遇。面对人口众多、资源短缺、环境问题突出、经济基础薄弱、社会问题多多的区域，要实现又好、又快、又省的发展，要在激烈的区域竞争中取胜，首先必须组织多学科专家认真研究和科学规划，必须重视当地领导、干部和群众的积极参与。

尊敬的张书记，我没有直接同您接触过，但这几年的感觉，您是一个有思路、有能力，既务实又开拓的领导干部。所以利用春节休假之机向您汇报些想法，仅供参考，谬误或不当之处，敬请批评指正是盼！

陈烈

敬上

2007 年 3 月 28 日于中山大学规划设计研究院

张德江同志阅后当即给时任广东省省长的黄华华同志、常务副省长黄龙云同志批示："请华华、龙云同志阅，建议省政府委托中山大学规划设计研究院搞一个粤东地区区域规划。"

黄华华同志阅后，当即给黄龙云同志指示："请龙云同志协调省发改委研究、落实德江同志的批示。"黄龙云同志阅后，给省发改委主任和广东省发展研究中心主任分别批示："请善如同志（时任广东省发改委主任）根据德江书记、华华省长重要批示，做好相关准备，请鹏飞同志（时任广东省发展研究中心主任）约好陈烈教授，届时我们到校求教，听意见。"

没多久，广东省委常委、常务副省长黄云龙同志和广东省委常委、副省长林木声同志分别约见陈烈，听取意见。

尊敬的张德江书记：

您好！

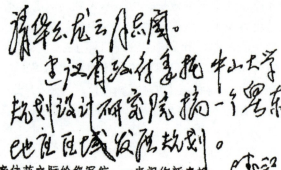

我是中山大学陈烈。值新春佳节之际给您写信，一来祝你新春愉快，万事如意，在新的一年中身体健康，获得更大的成绩；二来是想向您汇报一些想法并提点建议。

看到2006年11月22日《中共广东省委、广东省人民政府关于促进粤东地区加快经济社会发展的若干意见》以后，我心里很高兴。其中提出了许多符合粤东区域实际、顺应当地民情的战略思路和战略对策，这是广东省委、省政府贯彻落实科学发展观，进一步实施广东区域协调发展战略，促进广东协调、持续、和谐发展，提高广东综合实力的重大举措。我作为工作于广东，长期从事于区域可持续发展研究和区域规划工作的知识分子，深感这一举措的必要性和重要性。

我觉得这几年广东省委和省政府在抓广东省区域协调发展方面比以往任何时候都更加重视，且富有成效。除了中部珠三角地区继续保持快速、持续发展之外，粤西和粤北地区也出现了新的发展态势，尤其是粤西地区的湛江市，近年更出现了前所未有的发展势头，这是有目共睹的开心事。

然而，曾在历史上、在省内乃至国内显有重要地位，并作出许多贡献的粤东地区，由于种种原因，近些年来在广东及周边区域中的地位明显下降了，其发展速度缓慢，生气和活力严重不足。

究其原因是多样的，我认为区域形象被破坏是其中的根本原因。形象就是生产力，区域或者城市的形象被毁了，这就意味着生产力被

图 5-6　给广东省省委书记张德江同志的信

领导批件呈办表

平件

来文单位	德江同志办公室	收文日期	2007-03-29	批件编号	184
文件标题	中山大学规划设计研究院院长陈烈同志致德江同志的信				

【批示内容】

3月28日，德江同志批示：请华华、龙云同志阅。建议省政府委托中山大学规划设计研究院搞一个粤东地区区域发展规划。

【拟办意见】

按德江同志批示，送请华华、龙云同志阅。

请志恒同志并耀明同志阅。

28/3

省委办公厅办文处

2007年3月29日

【领导批示】

请龙云同志协调省发改委研究，落实德江同志的批示。

30/3

龙云 第210号 2007年4月1日

审批后请退回省委办公厅办文处批示组 经办人：林瀚 电话：87196137

图5－7 领导批件呈办表

第七节　关于抓好"合—安—马（芜）皖中大三角"问题给安徽省省委和省政府领导的建议书

尊敬的中共安徽省委、省政府领导同志：

你们好！

我是中山大学教授陈烈。2005年6月，我受贵省邀请参加安徽省城镇体系规划专家评审会，会上我就安徽省的区域和空间发展战略问题提出了看法和建议，得到与会专家的认同和好评。借此机会把我的基本想法也向领导汇报，并提点建议。

安徽省正处在经济快速发展的重要转折期，从全国和全省的角度看，我认为当前和今后制约安徽省发展的主要问题是省域中心城市——合肥的核心作用欠突出，在区域中的吸引和辐射作用较弱，同时全省缺乏一个富有竞争优势的中心区域。因此，如何整合省域的资源要素，强化整体协同发展意识，提高安徽省在全国和中部地区的地位和作用，是当前亟待解决的重大战略问题。我认为，与区域经济发展阶段相适应，当前应在非均衡发展战略思想指导下，合理选择和抓好省域重点发展区域和中心城市，并在政策上，在政府宏观调控力度上给予适当倾斜，积极培育成为能够带动省域发展又具有区域竞争力的重心区域。为此，我提出要重点抓好合肥—安庆—马鞍山（芜湖）大三角（或称皖中大三角）重点区域的意见。

合肥—安庆—马鞍山（芜湖）大三角是以合肥市、安庆市、马芜组合城市（马鞍山市和芜湖市）为顶点，沿长江城市带为重点发展轴的省域中心区域。包括合肥、芜湖、安庆、马鞍山、巢湖、池州、铜陵等七市，面积占全省的1/3。2003年该区域总人口占全省的47.2%，GDP占全省的46.7%，其中工业增加值占全省的55.8%，人均GDP高出全省2579元。从上面的统计数据可见，该区域的面积和人口约占全省的三分之一，可GDP已占全省近半，工业增加值已占全省的二分之一以上。事实上它已是省内的重要区域。

区域内的许多城市目前已有较好的基础，面临着良好的发展机遇。而该区域的安庆市目前尚属于弱势地位，但安庆市在1937年以前曾是安徽省的省会所在地和全省的政治、经济、文化中心，其腹地较广，1952年其非农人口仍超过合肥，1980年其GDP还居于合肥之上。虽然新中国成立后，尤其是改革开放以来由于行政和计划经济因素等原因，安庆逐渐落后了，腹地收缩厉害，如今面临被边缘化的危险，但其所处的战略位置却是不可低估。新时期应运用行政和市场经济的力量重新强化其发展，将其培育成为大三角的重要支点之一，成为安徽省承东启西的重要门户和参与中部竞争的重要据点。

省委省政府近年重视抓合肥和皖江经济带是正确的，但从全省的长远宏观战略高度上，从安徽省积极参与全国和中部区域竞争的战略高度上，还必须加大合肥—安庆—芜湖大三角的力度，将其作为一个重点区域来抓。这样，可以把皖江经济带与合肥经济圈有机地整合起来，形成合力，树立品牌，突出优势，以整体区域形象，主动参与国内区域竞争，强化安徽省在全国，尤其在中部各省区的地位和作用。

合肥—芜湖—马鞍山是大三角中的核心"小三角"，它涵盖合肥、芜湖、马鞍山和巢湖四市，面积占全省的15.6%。2003年总人口占全省的1/5，而非农人口占全省的30%，城镇建成区面积占全省的38.1%，GDP占全省的1/3，其中工业增加值占全省的41.2%，人均GDP高出全省3375元，合同利用外资和实际利用外资都占到了全省的1/2。可见，该区域不仅是安徽省的经济重心区域，而且已经成为长江经济带上一个耀眼的发展"金三角"。从发展时序上看，它应该成为安徽省"十一五"期间的经济增长点、省域近期发展的重点区域，通过强化政府行为和市场经济作用，将其建设成为大三角中的经济重心区，把马芜组合城市建设成为省城东部区域的中心城市。

安徽省的发展，一方面需积极向东，融入长三角，兼收并蓄来自长三角各省市的辐射；另一方面应主动承东启西参与中部竞争。在"东进西联"中营造自己的区域地位，掌握区域竞争和发展的主动权。近期重点抓"东进"是必要的，但从长远来说，也要紧紧抓好"西联"。为此，在发展策略上要实施分步空间推进战略。即通过抓好合肥—马鞍山—芜湖小三角这个重心区域，形成省域增长极，然后逐步向西推进，带动安庆地区的发展。中远期，将安庆培育成为省域西部区域中心城市，促进合肥—安庆—芜湖大三角区域的经济一体化进程。届时，安徽的大三角将成为长江经济带的重要一极，并在中部地区崛起中发挥重要的带动作用。在此过程中，推进"抓中部、带北部、促南部"的省域空间发展战略，逐步实现全省协调发展。

皖中大三角区域，环境容量较大，经济基础较好，要素和资源富集且匹配较好，富有吸引力和发展潜力，在区域中具有较强的潜在竞争优势。若抓得及时，抓得好，将是一个可以创造许多奇迹的地区。

多年来，我们在国内外开展了为数众多的区域可持续发展战略研究与规划工作。根据我们的体会和经验，像皖中大三角这样的区域，若能有一个明确的可持续发展战略思路以及一套科学的发展方案和相应的发展机制和策略对策，是完全可以实现快速发展的。

若如上述建议可取，则从现在开始，省委、省政府就要抓住发展机遇及时组织开展"皖中大三角地区可持续发展战略研究与规划"工作。重点抓好皖中大三角的总体发展战略，包括经济社会发展、资源环境开发利用和保护、基础设施尤其是交通网络安排与布局、城市空间结构组织与管治、重点产业定位和生产力空间布局等。

  思路决定出路，大量实践和经验证明，科学的研究和规划，可以为地区发展提供一个清晰的思路，尤其是应用科学发展观和可持续发展战略理念指导开展区域发展研究和规划其成果更具前瞻性和宏观战略指导性，更能引导一个区域全面协调、健康、快速、持续发展。一句话，它可以成为促进一个地区发展的强大生产力。

  我在应聘兼任安徽省城乡规划设计院规划总工程师期间，以及以后多年间，在该院院长胡厚国高级工程师和刘复友总工程师的陪同下，多次考察安徽省。深感该省资源极其丰富，环境也极其优越，历史上人才（尤其是大人才）辈出，当今仍是人才济济、贤人众多，她是在我国，尤其中部地区具有重要的地位的大省。安徽大有可为！

  我企盼安徽省更快发展，出于对安徽的感情特冒昧提点不成熟的意见和建议，谬误之处的敬请批评是盼。

中山大学规划设计研究院　陈烈
2005 年 7 月 6 日

第八节　关于做好"蒙中地区可持续发展研究与规划"的问题给内蒙古自治区党委和区政府领导的建议书

尊敬的内蒙古自治区党委、区政府领导同志：

  你们好！

  我是中山大学教授陈烈。2004 年 8 月，在我的博士生海山同志（内蒙古师范大学地理科学学院教授）的陪同下，到内蒙古旅游考察，其间认真考察了蒙中地区（也称呼包鄂地区），引起了我的浓厚兴趣和认真思考，特把我的想法向领导汇报，并提点建议。

  蒙中地区地处我国北方黄土高原、温带草原和荒漠戈壁三大脆弱生态系统结合部的贫困落后地区的腹地，地理位置十分重要。它不仅是内蒙古及周边省区，而且在东北亚地区也都是一个具有重要战略地位的地区。

  从 2003 年的资料可知，蒙中地区面积仅占自治区的 1/10 左右，而人口却占全区的 1/4、GDP 占全区的一半以上，其中工业产值占全区的 60% 以上。可见，该区域不仅是内蒙古的经济中心区域，而且已经成为中国北方一个显眼的发展"金三角"。

  其地位和作用十分重要。只要抓好这个重点地区，促使"呼包鄂"三市形成一个有机整体，将可以带动整个内蒙古和周边省区相邻地区经济社会的快速发展，有效吸引广布于乡村牧区农牧民集聚，缓解生态环境压力，提高农牧民生活水平和质量，从而加快全自治区的城镇化进程。

尤其最富有吸引力和发展潜力的是该地区匹配良好的资源富集优势。像一个这么小的范围内，集中如此多的资源，这在国内外都是不可多得的。这就意味着该区域具有很强的竞争优势。若抓得及时、抓得好，将是一个可以创造许多奇迹的地区。

因此，从现在开始就要用发展、协调发展和环境优先的可持续发展战略理念，指导该区域的发展与规划，为实现经济、社会、资源、环境协调发展理出一个科学的思路和方案，为该区域可持续发展奠定基础，保障资源、环境合理利用、持续利用。

多年来，我们在国内外开展了为数众多的区域可持续发展战略研究与规划。根据我们的体会和经验，像蒙中这样的区域，若能有一个明确的可持续发展战略思路以及一套科学的发展方案和相应的对策措施，则完全可以实现快速发展。

也必须清醒地看到，该区域，尤其是鄂尔多斯地区，生态环境具有很大的脆弱性和风险性，经济社会发展也存在许多制约性因素。综观国内外有关资源型区域进入资源衰竭期所出现的不可持续发展的教训，这里从现在开始就应当有"未雨绸缪"的可持续发展意识，以避免重蹈国内外同类型地区的覆辙，即由于资源的枯竭、环境的破坏、产业结构的单一，使整个地区社会经济陷入萧条衰落的被动局面。

可以相信，蒙中地区已经迎来了迅速发展的转折期。为了降低开发与发展的成本和风险，特别建议自治区领导抓住这个发展机遇，及时组织开展"蒙中地区可持续发展战略研究与规划"工作。大量实践和经验证明，科学的规划可以成为一个地区发展的强大生产力，可以为一个地区创造许多有形和无形的财富。根据先发展地区的经验，结合蒙中地区的实际，我们建议近期应当重点抓好如下几方面的研究和规划工作：

1. 蒙中地区经济社会可持续发展总体战略研究（含战略理念、战略方向、战略目标、战略重点、战略方案、机制与策略对策等）；
2. 蒙中地区产业定位、产业结构优化与产业集群培育研究；
3. 蒙中地区各城市发展战略定位及竞争力研究；
4. 蒙中地区基础设施网络体系和公共服务设施布局研究与规划；
5. 蒙中地区工业化与城市化互动发展研究；
6. 蒙中地区盟市、城乡协调发展战略研究；
7. 蒙中地区资源综合开发利用与生态环境保护建设研究与规划；

8. 蒙中地区区域形象设计与营销策略研究；
9. 蒙中乡村牧区扶贫开发对策研究等。

以上建议仅供参考，妥否，愿聆听领导的意见。

中山大学　陈烈
2005 年 1 月 16 日

第九节　关于发展广州海洋经济和开展广州海洋规划问题给广州市市委和市政府领导的建议书

王首初副市长并转林树森市长和黄华华书记：

第二次世界大战以后，特别是 20 世纪 60 年代以来，在陆地资源日益贫乏、人地关系日益尖锐的情况下，海洋资源开发越来越被人们所重视，开发的范围在急剧扩大，海洋经济得到迅猛的发展，许多频海国家和地区，海洋经济已成为一个新的经济增长点。未来世界将进入一个既全面开发海洋资源、发展海洋经济，又激烈争夺海洋资源、瓜分海域和维护海洋权益的新时代。

改革开放以来，尤其是近年来，我国和沿海各省、市越来越重视开发海洋、发展海洋经济，并取得了良好的效果。

广东省委、省政府也重视海洋经济发展问题，1993 年以来先后召开了三次全省海洋工作会议，提出海洋经济发展战略，1998 年，在省的八届党代会上更明确地提出"建设海洋强省"的总体要求。

广州历史上的发展得益于海洋的区位优势和丰富的海洋资源。尤其改革开放以来，更得沿海开放城市之利。在新的形势下林树森市长在市十一届人大会议上提出"努力建设海洋强市"的要求，这是很及时和正确的。

广州具有发展海洋经济的资源条件和物质基础，我们认为，重视海洋、发展海洋经济，不仅可以为广州市经济发展寻找新的增长点，而且可以有效地参与区域竞争，促进市域经济、社会协调、可持续发展，具有重要的历史意义和现实意义。为此，我们特地提出如下几点建议供参考：

一、抓好宣传，强化广州人的海洋意识

广州濒临南海，海洋经济发展已有悠久的历史，经过长期的发展，尤其是改革开放以来的发展，目前已有一定的基础。尤其是海滨旅游、海洋油气、海洋交通运输、海洋船舶修造、海洋渔业和港口业等已有相当的成就。1997 年，海洋产业产值达 301 亿元，占全省海洋产业总产值 1/3，海洋产业已成为广州市经济发展中举足轻重的产业，在全国、全省海洋经济中占有重要的位置。

未来的世纪是海洋经济的世纪，未来的世界是海洋的世界，广州海洋经济的发展与否，事关未来在区域竞争中的成败，事关经济、社会能否可持续发展。这一点，每一个广州人从现在开始都必须有清醒的认识。因此，建议通过多渠道、多种形式开展宣传、教育、提高人们的海洋意识，充分认识海洋在广州未来经济发展中的地位和作用，积极开发海洋资源，发展海洋产业，把发展海洋经济作为新的经济增长点。

二、制订海域资源开发和海洋产业发展规划

进入80年代，尤其90年代以来，许多濒海国家和地区制定海洋发展战略，把海洋作为可持续发展的重要基地。1994年，《联合国海洋公约》生效以后，掀起了新的"蓝色圈地运动"。

近年来，我国和沿海各省、市也相继制定了海洋发展战略，出台了各具特色的海洋开发规划。目前，我省各市、县也正在全面贯彻落实"建设海洋强省"总体要求，制订海洋经济发展总体规划。为此，我们建议抓紧编制"广州海域资源开发和海洋产业发展规划"（下称《规划》），并将其列入广州市经济社会发展总体规划的组成部分。《规划》的编制，重点要抓好如下三个方面：

其一，要立足于摸清资源家底。这是规划的基础，根据资源现状、特点、海洋经济发展的基础和生产力水平，从与区域大环境的分析比较中找出自身的优势和特色、制约性因素和不利条件，并扬长避短，发挥优势，确立资源开发利用方向，制定海洋经济发展的战略思想、战略目标和战略重点（包括重点产业、重点项目和重点开发区域），这就是从总的方面给予定向、定位、定目标。

其二，在如上战略总目标的指导下，制订各部门、各产业专项规划，如交通运输规划、海洋渔业发展规划、滨海旅游规划等。各专项规划的目标必须以总目标为据。

其三，制定实现规划的战略措施和对策。为进一步制定海域资源综合开发利用保护和海洋经济持续发展的法规、管理措施和政策提供科学依据。

三、成立广州市海洋经济发展与管理权威领导机构

开发海域资源，发展海洋经济，是21世纪的一项伟大事业，是一项涉及许多部门、单位和产业的系统工程，光靠海洋水产局一个单位的力量和积极性是不够的，因此，建议成立一个由市领导兼任的、由各涉海部门负责人组成的权威领导管理机构，其主要职能是：理顺中央部、省、市、县不同层次涉海部门和单位关系，实行按规划综合开发利用与保护：对目前市内各涉海部门和行

业实行归口统一管理；组织编制和实施海域规划；制定海洋经济发展的方针政策，加强对海洋开发利用与保护的组织和宏观决策与管理。

四、抓好海洋经济重点产业

　　开发海洋要靠物质基础和科学技术，发展海洋经济要落实在产业上。广州市原有经济基础较好，改革开放以来，综合经济实力更上一层楼。目前在国内各沿海城市中，它具有较雄厚的物质基础和科学技术力量，为开发海洋提供了重要的前提。这些年，远洋渔业、滨海旅游业、海上交通运输和港口业，以及海洋船舶修造业等，在全国都占有重要的地位。要建设海洋强市，必须充分利用现有的物质基础，发挥海洋科技密集的优势，面向 21 世纪，面向南海海域，抓住未来人类生活和身体健康的需要，重点发展远洋捕捞业，以南沙群岛为据点，建立渔工贸一体化和生产经营规模化的远洋渔业基地；利用丰富而优质的海洋资源发展优质海洋绿色食品、海洋生物保健药品、海洋石油精细化工、海滨、海岛生态旅游等新兴产业，推进海洋高新技术产业化，努力培植一批生产加工—销售一体化的投资、技术、市场开发主体，形成广州市新的经济增长点。

　　如上建议对否？仅供参考。

中山大学地环学院科技应用研究中心
主任、国家建设部技术顾问：陈烈（教授）
中山大学海洋研究中心副主任：甘雨鸣（教授）
一九九九年二月一日

第二编
区域可持续发展战略研究与规划在国内的实践

艰苦求索,一步一个脚印,从必然获得自由。

引　言

　　北部湾经济圈包括广东省的雷州半岛、广西壮族自治区的南部、海南省的西部及越南北部沿海地区的陆域和海域，总面积约 30 万平方公里，其中北部湾海面面积约 13 万平方公里（北部湾海面东西宽约 390 公里，东北至西南长约 550 公里），分属两国四方。

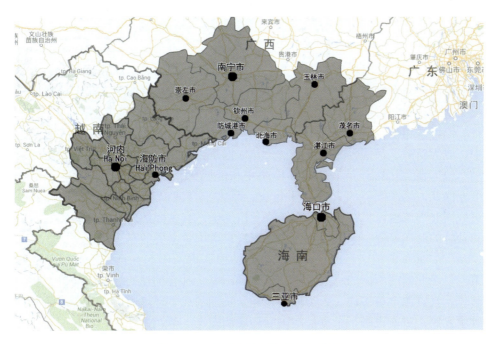

图 6-1　北部湾经济圈区域示意图

　　区域资源丰富多样，尤其光、热、水、土和生物资源，以及海产、港口、旅游等海洋资源，还有煤、铁、油气等矿产资源。由越南北部沿海、广西南部沿海、雷州半岛西岸沿海和海南省西部沿海所围成的热带海湾，越南有海岸线 1000 公里以上，我方广西、广东和海南约有海岸线 1500 公里。湾内海岸线曲折，有优良港湾和港口近二十处，据专家研究，中越双方北部湾沿岸可建成 $2\times 108t$ 以上吞吐能力的港口群。

该地区光热充足、雨水丰沛，生物种类繁多且生长快、生长量大。据不完全统计，仅高等植物就在1万种以上，栽培作物品种繁多，除各类粮食作物内，热带、南亚热带经济作物都可种植。

北部湾水域在北纬22°以内，水温高，适宜各种热带鱼类和海洋生物繁衍，湾内沿岸滩涂广阔，十分适宜发展海水养殖，还可以利用港口发展远洋捕捞。

北部湾区域具有优越的地缘经济区位和重要的战略地位。它背山面海，形成两大扇面，兼收并蓄海陆优势，处于承东启西、承北启南的区域中心区位，早在秦汉时期，就是我国最大出海口之一，早于上海。新的时期，北部湾同样是我国大西南地区通往世界各地的出海通道，也是印支北部走向世界的通道和门户，是日本、韩国、我国大陆及"台湾"、港澳经济特区从海上通往新加坡、南亚、非洲乃至欧洲的要冲和中途歇脚站，是东南亚和大中华两大经济圈的交汇口和联系的枢纽。由此可见，其战略区位十分重要。

北部湾经济圈的崛起势在必行。北部湾地区，由于缺乏一个类似日本海经济圈中的日本、南海经济圈中的香港和新马泰经济圈中的新加坡这样能够带动区域发展的强大经济中心作为"领头雁"，尤其是西岸的越南，几十年都处于战争状态，因此目前经济比较落后，处于太平洋西岸、亚洲大陆东岸的经济低谷。但可以相信，其崛起指日可待，在不久的将来，它将在世界经济的星系中，成为新的、最耀眼的明珠之一。其依据是：

（1）随着国际经济一体化、集团化和区域化，以及世界经济重心东移和产业向亚太地区倾斜的大势，21世纪，环太平洋西岸将迎来经济最辉煌的一页。而北部湾地区将在环太平洋经济大格局中占有主要地位，因其特殊的区位和独特的海洋资源，未来将成为世界经济棋盘中最主要的棋子之一。

（2）北部湾地区目前经济都欠发达。但区内两国四方都实行改革开放政策。位于北部湾西岸的越南，是一个海洋国家，具有优越的地缘、经济、政治区位，且资源丰富多样、人杰地灵，经受长期的战争环境以后，人心思定，百姓求发展，目前也有一个宽松的国际环境和安定、革新、开放、发展的国内环境，其未来发展将令人瞩目。事实上，经过这些年的发展，北部湾已呈现出勃勃的生机。

位于北部湾顶端的广西壮族自治区，是我国西部地区唯一一个沿海省份，其南部环北部湾沿岸地区，兼有海、陆、边的特点和优势，机场、港口以及沟通大西南的铁路和高等级公路已建成通车，在对接东盟、沟通西南、承接珠三角等方面，有其特殊的地位和作用。随着广西区域开发重点的南移和国家战略的倾斜，该区域将会成为北部湾顶部的经济增长极，得到快速发展。

海南是我国最大的经济特区，开放度更高，政策更灵活，作为一个海岛，它更占尽海洋优势。随着连接大陆的高等级公路和铁路的建成,以及国家政策的倾斜,其发展将如虎添翼。

位于北部湾东岸的雷州半岛地区,也拥有海洋和深水港交通地理区位之利,湛江曾是引领北部湾各城市的"龙头"城市。其地缘经济区位和深水港口条件是湛江市最具战略意义的优势。它集中表现在如下两个方面,其一是我国沿海通向东南亚、非洲、中东和欧洲及大洋洲运输距离最短的深水港口,也是与新马泰经济圈和珠港澳经济圈航程最短的港口之一,它还处在日本、韩国等至欧洲航线的中转位置上;其二是通过黎湛铁路的对内联系,有着广阔的大西南经济腹地和潜力巨大的市场。对外、对内这两个扇面,在湛江这个最佳节点上结合,构成中国西南大陆桥与环太平洋海洋桥的又一转换枢纽。由于区位、资源和环境优势,它将可能成为中国华南和环北部湾地区最具活力和潜力的经济增长极。只要湛江市充分利用大港口、大腹地这两大潜在的巨大优势,实施"大工业、大市场"战略,以港兴工、以工促港、以港带商、以商活港、以港立市、以港兴市,建立一个"港—工—商"相互促进、协调发展的、具有强大辐射和竞争能力的多功能、内外向型结合的海洋深水港口经济体系,湛江将迎来新的辉煌。

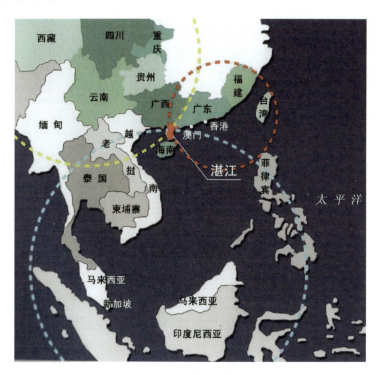

图6-2 湛江在东盟和我国大西南的地理区位

从上面分析可知，北部湾地区面临难得的发展机遇，北部湾经济圈的形成和发展势在必行。

笔者于20世纪60年代中期，就参加雷北（雷州半岛有雷南、雷北之分）地区农业布局研究，1981—1985年，参与海南岛和雷州半岛的农业资源调查与农业区划，1983—1984年，开展海南环岛旅游资源调研，1993—1994年，组织多学科专家开展湛江市域经济、社会发展规划，与此同时，也多次赴广西参加学术活动和实地考察，从1995年开始，多次赴越南参观考察和讲学。自1994年以来，陆续兼任湛江、越南、北海、钦州、防城、玉林、海口、儋州等环北部湾各城市的顾问，每年都频繁参与他们的各项活动，对环北部湾地区的情况比较了解，对该区域的共同性、特殊性、战略重要性和未来崛起的必然性有较深刻的体会。为此，自1995年7月，在越南给该国高级官员讲座时，首次提出"北部湾经济圈"的概念以来，付出大量的精力与时间宣传和研究北部湾经济圈的形成与发展问题，强调环北部湾中国段应争取纳入国家发展战略层面，强调各方、各城市要站在北部湾区域的宏观战略高度上谋划自身的发展，同时注意协调发展。

鉴于两国四方在资源上具有雷同性，在发展上又处于同一个欠发达的层次上，在未来的发展中彼此间竞争将多于合作的特点，要实现北部湾经济圈快速、健康、协调、有序发展，增强其在世界的吸引力和亚洲大陆东岸的竞争力，必须认真做好区域协调发展规划。若两国共同规划有困难，起码中国段应该有个共同的规划。围绕目前发展中急需解决的主要问题和未来发展的要求，应用发展、协调发展和以人为本发展的可持续发展战略理念，把区域当成一个有机整体，把经济、社会、资源、环境诸要素放在同一个层面上，组织多学科专家进行认真的研究和科学的规划。包括：①制定区域和各城市经济社会发展战略方向、目标、模式、重点与特色等；②整合沿岸港口资源，建立规模合理、职能分工明确的环北部湾港口群；③规划、建设环北部湾铁路和高等级公路交通网络；④规划、建设互利共赢的环北部湾港口产业群和国际旅游圈；⑤规划、建设规模等级合理、地域空间有序、性质和功能互补的相互联系的环北部湾城镇体系；⑥合理开发资源，有效保护环境，建设亚洲大陆东部、太平洋西部沿岸可持续发展的经济圈等。

通过笔者的演讲、宣传和游说，1997年4月，由湛江市、北海市和防城港市政协联合发起、成立"环北部湾城市论坛"（下称"论坛"），规定每年开会一次，轮流主办，组织专家和各市有关领导研讨环北部湾地区经济、社会发展和资源、环境开发、利用与保护等问题。特聘笔者为"论坛"顾问。1998年，"论坛"成员增加了海口、儋州和玉林，自1997—2001年，"论坛"活动了四届，每届规定一个主题，与会数十人到一百多人，除北海和海口会议外，其余各届都出有论文集。

附件：《亚太经济时报》记者访陈烈教授

访中大地球与环境科技应用研究中心主任陈烈教授

《亚太经济时报》记者　吴曙光　1997年12月2日

　　北部湾经济圈包括广东省的雷州半岛、广西壮族自治区南部、海南省西部及越南北部沿海地区，总面积约30万平方公里。其中北部湾海面东西宽390多公里，东北至西南长550公里。海域面积约13万平方公里，人口约5000万。由于这个地区资源丰富、区位条件优越，在改革开放的大潮中，经济迅速发展；而且随着世界经济重心东移，它将面临更激烈的竞争和挑战。记者最近就北部湾经济圈的发展采访了中山大学地环科技应用研究中心主任、中山大学城镇与环境规划设计研究所所长陈烈教授。

　　陈烈教授对北部湾经济圈已作了深入系统的研究，1995年他先后两次应邀赴越南进行考察和工作，加深对北部湾经济圈的认识。陈烈教授说，"北部湾经济圈的崛起将成必然之势，北部湾经济圈的形成和发展事关大局"，北部湾地区的资源非常丰富，如地处北部湾西边的越南，海洋资源、石油天然气、煤、铁、木材、橡胶、热带和亚热带作物、旅游资源等都很丰富，优良港口也很多。80年代以来，中国和越南都实行了改革开放政策，经济迅速发展，开始显露勃勃生机。近几年来，越南坚持"技术学美国，经验学中国"，实行革新开放，取得很大的成绩。越南发展以后使北部湾出现新的态势，我国环北部湾经济带面临着新的机遇和挑战。陈烈教授指出，"越南的发展加上美、日等东、西方发达国家的插手直接影响北部湾的形势发展。日本以经济援助开路，加紧在越南和印支地区开拓市场。有的日本学者已声言，此举有着极强的政治考量"。

　　因此，陈烈教授严肃地指出："北部湾经济圈经济发展的龙头在哪里，将直接影响和制约着整个北部湾经济圈的发展；北部湾经济圈的龙头摆在谁的手里，这是摆在广东及全国人民面前的一个极为严峻的问题。"

　　面对北部湾的新态势，当记者问及如何抓住机遇求发展，使我国在北部湾经济圈的建设中处于主动地位，陈教授回答说，首先，要加强领导，抓紧成立我国环北部湾经济建设协调小组；另外，要着手开展区域规划，加强规划指导。陈教授分析说，我国环北部湾地区虽然改革开放以来国民经济持续增长，经济实力不断增强，"但地缘经济优势尚未发挥，工业发展缓慢，港口经济体系还未配套"，对比广东省中南部和越南一些发展快的地方，经济基础还比较薄弱。粤、桂、琼要通力协作，搞基础设施建设，形成协调配套的交通体系、港口体系、旅游线路，减少内部摩擦，防止盲目建设；还要合理进行产业分工，调整产业布局，实现产业结构的优化和升级。"

为了加强我国环北部湾对外开放带的建设，推动北部湾经济圈的迅速崛起，陈烈教授提出，要积极发展和越南的睦邻关系，增进与越南人民的友谊，加强与越南的经济合作。陈烈语重心长地说："越南国家虽小，但事关重大；一些发达国家千方百计插手越南的经济建设，确实有其战略考量。"他联系自己先后两次在越南考察和工作的体会，建议我国和北部湾周边省市的领导，顺应越南"经验学中国"的心愿，提供机会，加强联系，增进友谊，交流信息和经验；进而利用中越之间资源、产品的互补性，发展两国的经贸合作；在以上的基础上，增加两国关于金融方面的合作，共同开发越南的煤矿资源，北部湾的石油、天然气资源和其他海洋资源，以及北部湾地区的旅游资源，加速建设北部湾旅游圈，作为亚太国际旅游圈的组成部分。陈教授特别提出："红河三角洲和湄公河三角洲是两个世界级的商品粮基地，我国如能积极与越南合作，共同建设这两个商品粮生产基地，这对于中越两国都有很大的好处。"

第六章　北部湾经济圈发展战略研究

第一节　北部湾经济圈发展态势与
雷州半岛的战略任务和对策[①]

一、北部湾地区发展机遇及其对雷州半岛的竞争与挑战

北部湾地区于 20 世纪 80 年代前还十分落后。海南建省前的 1987 年，全省国民生产总值仅 55.88 亿元，占当年全国国民生产总值的 0.51%，抵不上广东或江苏一个较发达县的经济发展水平，人均国民生产总值仅 915 元。广西沿海地区，包括北海、钦州、防城港等地，是广西经济发展条件最好的地区之一，但直到 80 年代末，这一地区的经济发展水平不仅远远落后于全国的经济发展水平，也落后于广西平均经济发展水平。越南的经济发展水平更落后，其人均国民收入不足 200 美元。

图 6-3　陈烈在湛江市发展战略研讨会作题为《北部湾经济圈发展态势与雷州半岛的战略任务和对策》的报告

[①] 本文是 1996 年 4 月在"湛江市发展战略研讨会"上的发展基本内容，全文参见《经济地理》，1997 年第三期，第 82~88 页，彭永岸为第二作者。参加本项目研究的有陈烈、刘复友、乔森、廖重凤、甘雨鸣、彭永岸等。

进入80年代以来，中国和越南都实行了改革开放政策，经济发展水平发生了深刻的变化，开始显露勃勃生机。虽然目前该地区经济基础仍较落后，仍处于太平洋西岸、亚洲大陆东岸的经济低谷，但随着世界经济重心东移和日益向亚太地区倾斜，该地区将以丰富的资源优势、海洋区位优势、廉价劳动力和土地优势，成为未来接受世界各地经济辐射和产业倾斜的重点区域。未来北部湾经济圈的崛起将成必然之势，未来还可能成为世界争夺的焦点之一。

北部湾地区各方经济发展既存在很强的互补性，又存在激烈的竞争。北部湾经济圈的形成和发展将对中国和越南带来巨大的影响，将给雷州半岛的经济发展带来良好机遇，会产生激烈的竞争和挑战。在国内，主要有广西和海南；国外主要是越南，越南是未来北部湾地区的主要竞争对手。

（一）广西沿海地区的开发和发展对雷州半岛的促进和竞争

位于北部湾顶端的广西沿海地区是广西的重点开放开发地区，经济发展将推动雷州半岛西北部沿岸地区的开发和发展。随着湛江市至北海高速公路和环北部湾铁路的修建，将把整个雷州半岛纳入环北部湾经济圈的大系统中，湛江市、海口市和北海市有条件形成新的成长三角，这为雷州半岛参与北部湾经济圈的角逐，无疑将提供良好的契机和优越的条件。

随着北部湾广西沿岸的开发，尤其是钦州、防城和北海等港口和南昆铁路等通港铁路的修建，将为大西南诸省区提供比湛江更近的出海口，计划经济时期作为湛江港腹地的大西南，在市场经济条件下将面临新的变化，广西沿岸港口将以其有利的区位同湛江争夺大西南腹地、市场和分流南下的货物。湛江如何及时而充分地利用现有基础和经济技术优势，创造更好的硬件和软件，吸引大西南这个潜力巨大的腹地和市场，发展港口经济，是摆在议事日程上的重大问题。

（二）海南经济特区的发展对雷州半岛的促进与竞争

海南是我国目前最大的经济特区，发展必须借助雷州半岛的陆路通道。海南经济的发展，它与大陆的经济联系将大大加强，迫切需要扩展和完善海口和通岛公路与铁路的建设。大陆与海南往来的大量人流、物流和信息流，都会经过雷州半岛，这无疑对区内经济社会的发展起到巨大的促进作用。

海南的发展有比湛江更有优惠的特殊政策，海南更靠近东南亚，在开辟东南亚市场和吸引新、马、泰的经济辐射和产业倾斜方面，海南具有更突出的地缘经济区位优势。随着海南洋浦港和三亚港的开发，从东南、东北至东南亚、中东和欧洲的海上交通航线的中转与停留基地都有可能被海南所具有的区位、更优惠的政策和更良好的软硬条件而被洋浦和三亚港吸引或取代，会给湛江经济的发展带来竞争和压力。

（三）越南经济发展对雷州半岛的促进、竞争与挑战

位于北部湾西岸的越南，拥有3000多公里的海岸线，优良港口多，是一个面向海洋的国家。因其丰富多样的粮食、木材、石油、煤矿、热带经济作物和海洋资源等，使经济发展蕴藏着巨大的能量。越南已从几十年的战争环境中摆脱出来，实行全方位的对外开放政策，采取了各项有效措施，加足马力吸引外资发展经济，得到了世界银行的资金倾斜和人才、技术、设备援助，日本、韩国、美国、法国、新加坡、中国香港、中国台湾等国家和地区在越南的投资规模不断增大，增长势头迅猛。越南倡导"技术学美国，经济学中国"，他们认真学习和总结中国改革开放的经验和教训，避免走弯路，步子将迈得更快、更稳、起点更高。虽然目前越南的经济还较薄弱，但发展形势不可低估。在美、日等西方国家的干预下，未来将直接影响北部湾的形势，使我国广东西部、广西南部和海南面临激烈的竞争和挑战。

中越关系的正常化，越南丰富的资源与湛江港口工业之间存在很强的互补性。越南的发展无疑对湛江有良好的促进作用，在接受国际经济辐射和产业倾斜方面，尤其在争夺北部湾经济圈的"龙头"地位方面，会给湛江带来激烈的竞争和挑战，成为争夺北部湾经济圈盟主的最强大竞争对手。为此，湛江市必须清醒地估计这种态势，不失时机地采取有效措施，加强与周边地区的合作，迎接挑战，参与竞争。

二、在发展经济、参与北部湾经济圈竞争上的成就与问题

（一）成绩显著

（1）国民经济持续增长，经济实力不断增强。雷州半岛工业进入新的发展时期，通过利用外资和引进生产技术，使70%的企业得到不同程度的技术改造，产品质量逐步得到提高。目前，工业已拥有37个行业，初步形成了以制糖、家电、汽车、纺织、化工、建材、卷烟、食品为支柱的工业格局，一批名优新产品畅销国内外，部分产品进入了国际市场。"八五"期间，加强了重化工业建设，大力发展了汽车工业和石化工业等，改造了一批老企业，使工业在原有的基础上有了较大的发展。

（2）开发性商品农业已有较好的基础，正朝三高农业方向发展。雷州半岛各市、县认真抓了"两水一牧"，有效地促进了农业经济的发展。大力发展以糖蔗为主的农作物种植；以对虾为主的海水养殖，以柑橙为主的水果种植和造林绿化，建起了5大类21个具有相当规模的专业性商品农产品基地，使农村经济形成规模经营，取得了明显的经济效益和社会效益。目前有全省最大的菠萝、红橙、芒果和水产基地，反季节北运菜已发展到逐步向高产、高效、优

（3）城镇建设有较好的基础。除湛江市区外，岛内有县城5座，建制镇94座，按非农业人口计算，1992年城镇化水平19.6%，低于广东省平均水平，和粤西周边地区相比，仍处于较高的比例。

改革开放以来，各县城和县辖镇在经济发展、市政及社会服务设施建设方面都取得了较大的成就，在社会经济发展中发挥了"龙头"作用。湛江市是雷州半岛地区的首位城市，也是粤西地区的中心城市，还是北部湾地区的龙头城市。与我国沿海14个开放城市相比，湛江市区的主要经济指标、城市规模和设施水平综合排序分别在第九位和第八位，和广东省20个省辖市比较，湛江市的吞吐量居全省第三位，城市规模居第四位，主要经济指标和城市设施水平的综合排序分别为第八位和第九位，居中上水平；在全国地级市城市投资硬环境评估中，湛江市被列为"全国投资硬环境40优城市"之一。

（4）基础设施建设逐步完善。目前，境内运输较便捷，至广东和广西各地的公路交通都较为方便。黎湛铁路和三茂铁路也沟通了半岛和全国铁路网的联系。广湛高速公路东段、民航机场扩建、湛江火车站南部扩建等三大交通设施项目正在动工兴建。

（二）存在的问题

（1）地缘经济优势尚未发挥，工业发展缓慢，港口经济体系未配套。雷州半岛拥有多种多样的海洋资源优势，其中最突出、最具战略意义的应是"地缘经济战略"的海洋区位优势，它集中表现在两方面：其一，它是中国沿海通向非洲、中东、东南亚及大洋洲的海洋运输距离最短的枢纽港，也是与新马泰经济圈和珠港澳经济圈航程最短的港口之一；其二，湛江通过黎湛铁路的对内联系，有着广阔的经济腹地和市场。这两个条件在湛江这个海洋条件最佳位置上的结合，就必然构成中国西南大陆桥和环太平洋海洋桥的又一转换枢纽，成为最理想的经济生长点。然而，在过去相当长的时期里，并没有发挥这个至关重要的优势，作为结合点的湛江港，也仅作为"港口"而存在，并没有把它提升到要形成海港经济体系的一方面来考虑，致使工业发展缓慢，迄今仍停留在"轻工业化"工业发展阶段，工业结构以传统型工业为主，新兴产业规模小。港口工业未形成规模，无法靠自身的工业产品来实现大进大出的自由环境，这不仅使港口货物进出受制于他人，缺乏自身的主动权，而且，由于工业经济薄弱，港口经济不配套，制约了区内国民经济及其他部门和产业的发展。

（2）交通受制约，黎湛铁路卡脖子。作为湛江港货物进出运输大动脉的黎湛铁路，目前仍然是单轨运行，运力受到很大的限制。况且随着广西钦州、防城等港口的开发和建设，一部分物资还被分流入港。这种市场经济条件下区域经济竞争意识是对湛江长期以来的指令性计划经济观念的挑战，只有加快黎湛铁路复线工程的建设，才能保证湛江港设计能力的充分发挥，才能有效地促进湛江深水大港的开发和建设。

（3）湛江市在区域中的中心地位不断削弱。20世纪70年代以前，湛江在粤西、琼、桂地区具有"领头雁"的地位，经济的吸引腹地和辐射区域宽广，其在粤西的凝聚力强，影响面广。进入80年代以来，由于海南建省、海口市上升为省会的地位，茂名、阳江立市独立发展，发展速度快，在区域中的地位不断上升。进入90年代，北海和钦州作为广西的重点开发区域迅速崛起，改革开放以来，湛江的经济发展缓慢，尽管其国民生产总值在上述城市中仍处于领先地位，但其在整个粤西、琼、桂沿海中地位相对减弱。未来该区域将是一个竞争激烈的地区，为此，湛江市要增强竞争意识，强化其中心地位，强化港口和工业立市的意识，增强综合经济实力，在竞争中取胜。

（4）经济基础比较薄弱。与经济发达地区相比，尤其是广东省中南部地区相比，雷州半岛地区的经济基础仍相当薄弱。企业经济效益多数不佳，亏损户多，配套加工能力差，除缺乏建设资金外，能源供应缺口也相当大；此外，公路、铁路、航空等交通运输网络的建设需要有大量的资金，资金缺口大。

三、经济、社会发展战略对策

（一）调整产业发展政策，实现产业结构的优化和升级

（1）稳定和优化第一产业，发展高产、高效、高值、优质农产品，建设现代化农业。改革开放以来，雷州半岛各市县利用各地的农业资源条件，抓"两水一牧"，发展开发性农业，取得了很大的成绩。今后农业发展的方向是：以市场为导向，效益为目标，在稳定粮、糖、油生产的基础上，合理调整生产布局和区域布局，促进农业内部结构的优化，逐步从以传统农业为主向商品农业、市场农业为主的方向发展；科学开发利用农业资源，继续办好糖蔗、水产养殖、水果、北运菜、畜牧业、林业商品生产基地；加快海洋开发，扩宽农业发展空间；增加农业投入，加强农业基础设施建设，改善农业生产条件；依靠科技兴农，大力发展"三高""四化"农业，提高农业生产率，优化农产品结构，发展名、优、特新产品；抓好"菜篮子"工程建设，增加农产品的有效供给；大力发展乡镇企业，搞好农副产品的综合利用和加工，创造一批以农副产品为原料、独具特色的系列产品和拳头产品，提高农副产品附加值；完善农村社会化服务体系，形成生产、加工、销售系列化生产，逐步推进农业现代化；在经营方式上要逐步由家庭分散经营向企业化、农场化、基地化的适度规模经营转变。

（2）加速第二产业发展，建立以重化工业、钢铁和海洋产业为重点的港

口型工业体系。目前，工业结构以轻型、传统的资源型工业为主，制糖工业成为市域工业的支柱行业；工业发展以中小型为主，缺乏大型的骨干企业和富有市场竞争工业拳头产品；工业发展地区差异明显，以工业为主导的第二产业在国民经济上比重过低，1995年仅占36.5%；工业企业的经济属性单一，体制欠完善，管理水平低，经济效益较差。

经济发展和社会繁荣的基点在于推进国民经济工业化，根据国际上发达国家港口城市经济发展的经验和港口工业发展与结构演变的规律性，湛江市必须充分利用深水大港的优越条件发展大型重化工业，通过大型重化工业促进深水大港的开发，形成深水大港与重化工业相互依存共生的产业发展格局。

根据这一要求以及区内工业发展的现状和问题，今后工业的发展方向为：充分依托大港口和有利的自然和社会条件，重点发展海洋、石油化工、钢铁、电子等工业，培育和发展电力技术、新型材料、生物技术等技术密集型新型工业；依靠科技进步调整工业内部结构，抓好重点企业的技术改造，提高汽车、电子、电器等工业企业的产品档次，逐步形成富有市场竞争能力的支柱工业行业；积极发展外向型经济，创造条件促进外资企业的发展；以市场为导向，充分利用区内外丰富多样的资源，多渠道、多形式、多层次发展制糖、水果、水产等为主的农副产品加工工业和以高档耐火材料、高级陶瓷、优质水泥等为主的建材工业；加强科学管理，转换企业经营机制。提高效益；因地制宜，合理布局生产力。

（3）大力发展第三产业，形成以区域性专业市场为龙头的市场体系。区内的第三产业已有较好的基础，改革开放以来有了更好的发展。今后应由消费型产业为主逐步转向生产型、功能型为主，重点发展与大港口经济相配套的区域性大型市场、大型商场和金融、转口贸易、信息咨询、房地产业等，加快交通、邮电通讯设施的开发和建设，积极发展具有热带海洋风光特色的滨海旅游业。

同时，雷州半岛地处粤、桂、琼三省的交界处，尤其处于粤琼的陆路通道上，又有铁路可通达国内各地，随着港口的进一步开发和建设，海上运输和贸易往来更可通达世界各地。这些都为发展商业贸易提供了良好的基础。而且，当地人们的商品意识和市场观念都有较好的历史基础。

因此，应充分利用陆岛之间、省际之间、国内外之间的互补性商品和价格差异，在市中心，各县城和交通中心发展大型现代化零售和批发商业，建设面向粤西、海南和桂南、越南及大西南地区的区域性市场体系。第三产业是推动海港经济发育、全面繁荣区域经济的主导产业，湛江应十分重视发展第三产业，使其成为沿海西部地区以及北部湾经济圈中具有较强辐射能力的金融中心、信息中心、购物中心和交通中心。

（二）开发和建设深水大港中小型港口，形成雷州半岛港口群

建设国际深水大港，是发挥湛江市的地缘经济优势，实施海港工业化战略，走向世界，确立湛江在我国，特别是大西南、在广东西翼和北部湾经济圈经济社会发展中的战略地位的关键，是未来雷州半岛经济起飞的突破口，应将其作为重点项目加以开发和建设。

湛江港具有得天独厚的资源条件，经过几十年的开发建设，目前已有较好的基础，今后的目标应以远洋运输和水陆联运为重点，向大型化、现代化方向发展。在雷州半岛环雷州湾、北部湾沿岸宜新建和扩建一批中小型港口，形成环雷州半岛港口群，使今后在雷州半岛形成以湛江深水大港为中心，海安和营仔港为次中心，大、中、小港口相配套，功能各异，年吞吐能力1亿吨以上的现代化港口群。把湛江市建设成为沟通粤、琼、桂和大西南的省际枢纽，成为北部湾经济圈的龙头，大西南走向世界的出海大通道，成为亚洲东南大陆桥和海陆枢纽的主桥头堡。

（三）开发海洋资源，发展海洋产业

雷州半岛海洋资源丰富多样，加快海洋产业开发，是实现经济新的增长的现实需要，是实施港口经济发展战略的一个重要组成部分；也是壮大农村集体经济、帮助农民脱贫致富奔小康的一条重要门路。因此，应该重视海洋产业的开发，以发展海洋经济为突破口，带动工业、农业和乡镇企业的快速发展，促进整个国民经济的良性循环发展。

开发海洋产业应以滨海岸带为依托，以近海、浅海为重点，由近及远，逐步推进。在巩固发展海洋捕捞、海水养殖、海水制盐的基础上，重点发展海洋运输（含港口）、海洋油气和海洋旅游等。积极发展海洋生物技术和海洋工程技术。

根据区内的实际，近期的重点是发展海洋渔业，坚持以科技为先导，市场为导向，经济、社会、生态效益为中心，努力加快海洋产业的发展，使其成为支柱产业。

（四）实行以湛江市区为核心，325、207国道和黎湛铁路（湛江段）为重点，立足港口，面向海洋，中路突破，两翼并进的空间开发战略

根据雷州半岛经济社会发展的总目标，在空间开发上，宜采取以下空间开发战略：

（1）以湛江市区为核心，湛江市区是雷州半岛的中心城市，目前已具有良好的基础，今后要强化湛江市的地位和功能，增强其在区域中、在北部湾经济圈中的吸引力和辐射力，努力将其建设成为北部湾经济圈的"领头雁"。

（2）以 325、207 国道和黎湛铁路为重点。305、207 国道和黎湛铁路（湛江段）是区内的交通主骨架，联系水路与航空，沟通县道和镇道，构成以湛江市区为中心，通达海内外、省内外、区内外，辐射区内广大城乡的交通运输网络。为此，雷州半岛宜以这几条主轴为重点，开发大港、布局大工业、发展大市场，培育新的增长极。

（3）立足港口，面向海洋。港口是雷州半岛经济发展的生命线，是发展大城市、大工业，大市场的基础条件。因此，要充分利用深水大港的优越条件，重点发展港口大工业，带动区域经济发展。面向海洋就是要充分认识海洋的重要性，重视发展海洋产业，开发海洋经济优势，把海洋作为雷州半岛冲向亚洲走向世界的大通道，把开发海洋产业作为参与国际竞争的重要场所。

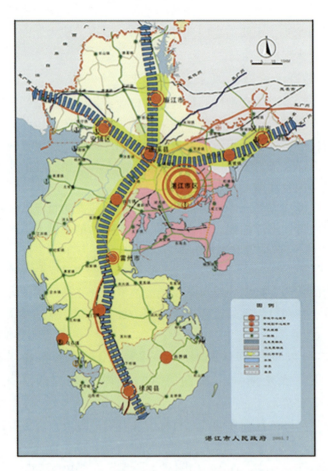

图 6-4 雷州半岛区域空间结构示意图

雷州半岛宜以湛江市区为核心，廉江、雷州、徐闻为副中心，325、207 国道和黎湛铁路（湛江段）为重点，立足港口，面向海洋，中路突破，两翼并进的空间发展战略。

（4）中路突破，两翼并进。这是指陆域空间开发战略。从河唇—龙门—徐城—海安沿国道207线和黎湛铁路一部分的中部轴线，贯穿半岛南北，北段可上广西及大西南和中南腹地，南段是大陆通往海南的唯一的陆路通道，这是对雷州半岛经济发展影响最大的两个方向：沿着这条轴线，集结了大多数的城镇和重要的经济中心。因此，要加强南北出口的建设，形成雷州半岛的经济走廊。

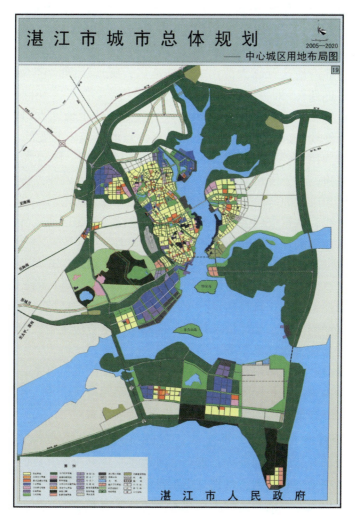

图6-5 湛江市城市总体规划（2005—2020）中心城区用地布局图

城市东拓、西扩、南延、北推，构建一湾、三片、七组团的海湾型组团结构。建设成粤西区域中心城市、环北部湾中心城市之一、我国南方大港、中国大陆最南端的滨海城市。以临海型港口工业、海洋港口运输、区域性物流、商贸服务业和南亚热带特色农业为重点。

沿雷州半岛两翼是精华所在，海岸滩涂面积大，海湾港口众多，环境优美，水生生物资源和旅游资源得天独厚。海岸带的东翼有湛江、东海岛、吴川等；西翼濒临北部湾，目前开发比较薄弱，除流沙港、草潭港、安埔港和企水港外，主要作为渔港，是雷州半岛的珍珠、对虾和海盐集中区域，随着北部湾经济圈形成，西翼的地位将会越来越突出。要重视两翼的开发，重点建设环半岛交通线和港口工程，未来形成环半岛海洋产业带。

（五）加强与大西南等内陆地区的经济联系，加强规划指导，与桂、琼携手合作，建设我国环北部湾对外开放带，增强整体竞争力

我国环北部湾地区背靠大西南等内陆地区，腹地辽阔，它不仅包括大西南，还包括"四西"，即粤西、湘西、鄂西、豫西。"九五"期间拟建的洛湛铁路，将进一步加强"四西"与这个地区的联系。这个地区人口众多，市场广阔，自然条件较好，水力和物产资源丰富，是世界尚未开发的"三大处女地"之一，潜力巨大。为本区发展经济提供广阔的腹地。随着大西南开发与开放步伐的加快，将为雷州半岛港口群以及港口工业体系的建立提供充足的货源、工业原料和巨大的产品销售市场。因此，加强与大西南的经济联系，尤其是加快黎湛复线和从重庆到湛江的高等级公路建设，将为区内经济发展开辟广阔的前景，从而增强其在北部湾经济圈中的竞争力。

我国环北部湾地区和湛江、茂名、北海、钦州、防城等五大港口，彼此竞争激烈。当前急需解决的问题是加强规划指导，发挥各个港口的长处，形成协调配合的港口体系，防止盲目建设、重复建设，减少内部摩擦，制止不正当的地方保护主义倾向。在市场经济条件下，彼此间的竞争应集中表现在为大西南等内陆地区进出口提供优良服务上。

因此，应与广西、海南携手合作，建设布局合理的港口体系，建设环北部湾对外开放经济带。在我国大西南和东南亚之间架起一座金桥，开创我国经济发展的新格局，在更广阔的空间寻求发展和合作的机会。

（六）搞好和越南的睦邻关系，加强和越南的经济合作

越南的改革开放以我国为师，重点学习珠江三角洲改革开放的经验。越南很多干部群众都希望和我国，特别是广东省保持密切联系。越南和雷州半岛隔海相望，近在咫尺。越南与雷州半岛在发展经济虽有竞争的一面，但彼此的互补性也很强。越南丰富的粮食、木材、海产品、农副产品、煤和石油等为雷州半岛发展港口经济和建立海港工业体系所必需；而区内的许多工业产品在越南又有市场。因此，彼此的合作前景是广阔的。雷州半岛各市县要加强和越南多层次的联系和交流，充分利用与越南经济互补性强的特点，加强经济合作，促

进共同发展，保持该地区的长久稳定和经济繁荣。

第二节　北部湾经济圈崛起与广西区域空间发展①

1996 年夏天，应广西社科院的邀请，赴北海市参加学术论坛。会上，作"越南发展态势与广西当前的任务"的发言。1997 年 10 月，在"北部湾城市论坛"北海会议上作"北部湾经济圈崛起与广西区域开发重点"的发言，主要观点综述如下：

（1）广西在北部湾的顶部，濒临北部湾，与越南接壤，面对北部湾经济圈的崛起，面对越南经济发展形势，要有清醒的认识，要重视北部湾顶部城市的发展。

（2）要利用广西与越南之间的互补性，尤其是日常生活用品的互补性关系，利用边境口岸节点发展边境贸易。

（3）北海与越南北部之间，旅游产品存在很大的互补性，建议北海市开辟从北海到越南下龙湾和海防的水上游船旅游观光游览专线（1996 年提出此建议，很快就被采纳并付诸实施至今）。

（4）随着国家改革开放的深入发展和世界海洋时代的到来，我国沿海地区经济结构的调整和升级，以及中、西部地区发展地位的上升，大西南腹地迫切需要"借船出海"。位于北部湾顶部的广西南部地区，拥有 1595 公里海岸线，是我国大西南唯一的滨海岸线，面对国际、国内经济的激烈竞争，广西正迎来千载难逢的发展机遇，要不失时机地抓住机遇，高度重视南部区域和城市的发展问题。

（5）广西目前的经济基础仍相当薄弱。尽管"八五"期间取得 16.2% 的发展速度，但人均国民生产总值只相当于全国人均值的 70.8%，工业产值只相当于全国平均水平的 43.5%。制约广西发展的因素多种多样，其中城市化水平低和区域重点不突出是主要原因。

（6）北部湾地区目前是我国沿海城市化的"洼地"，广西的城市化率更排在全国各省区倒数第三位。从传统农业和农村区域向城镇化、工业化发展的阶段，要重视抓区域重点、抓经济增长极。通过政府行为，结合市场经济调节，实行政策倾斜，引导资金、产业、经济、人口向区域中心集聚，然后利用集聚效应，向周边辐射，带动区域全面发展，这是国内外大量实践的成功经验。

（7）因此，广西应该把南宁—防城—钦州—北海大三角区域作为经济发

---

① 本文为 1997 年环北部湾城市论坛北海会议上的发言提要，会后《北海日报》记者对作者进行专访。

展先行区,作为环北部湾经济开放带的重要组成部分,建设成为我国西部和广西壮族自治区经济发展的新经济增长极和经济重心区,作为广西参与环北部湾经济圈循环与竞争的前沿阵地。

(8) 城市是区域发展的载体,是推动区域经济社会前进的动力。广西南部区域的发展,首先要抓好南宁、北海、钦州、防城等城市的发展,要强化城市的规划和建设,配套基础设施,营造城市环境、吸引产业、人口集聚,加速城市化发展。当前的实际是,除南宁外,北海也有较好的基础,其余各城市都基本同处于一个发展层次上,发展环境、发展条件也基本相当。因此,在市场经济环境下,各城市间出现低水平的重复建设,缺乏明确的职能分工,城市缺乏特色,尤其产业结构雷同,这种无序的内部竞争,必将影响区域整体发展。

为此,要组织开展区域协调发展总体规划,从区域总体出发,站在北部湾区域高度上各城市进行分工与协作,建设北部湾顶部城市群,作为参与北部湾经济圈竞争的桥头堡。

图6-6 陈烈作为北部湾城市论坛顾问在北海市城市论坛会上作《北部湾经济圈崛起与广西区域空间发展战略》的报告,指出"北部湾经济圈"崛起势在必行,强调广西要把北部湾顶部地区和城市作为重点开发区域(1997)

附件：中山大学教授陈烈访谈录

中山大学教授陈烈访谈录

《北海日报》记者　许　可　1998年12月14日

在98'环北部湾城市论坛湛江会议上，中山大学地球与环境科学学院教授陈烈的发言格外受人关注。陈教授是中大城市与环境规划设计研究所所长，并兼任国家建设部技术顾问，是区域经济领域理论与实践两方面均有发言权的专家。陈教授曾数次到北海，对北海优越的自然环境十分好感，并非常关心北海的发展，会议期间，记者采访了他。

记者：北海的启动得益于区域经济的概念，作为这方面的专家，您认为北海怎样才能从当前的困境中走出，再造辉煌？

陈教授：我认为广西应重点抓南部，把北部湾顶部地区和城市作为重点开发区域。这些年北海已有较高的知名度，要努力营造发展环境，走出去参与北部湾经济圈和东盟的竞争。你们已开辟从北海到越南下龙湾、海防的旅游线，这很重要，这样加强了同越南的联系，两地旅游资源互补，对北海很有好处。

记者：目前国家投资包括引资明显向中西部地区倾斜，而北部湾地区仍较落后，且面临越南经济起飞的挑战，您觉得国家会对这种国际竞争态势有所考虑吗？

陈教授：我的看法，国家应对环北部湾地区中国段加强支持力度，因为它关系到北部湾的竞争、南中国海的竞争。事实上国家也早有了战略上的考虑，前些年把海南划出来另立一个省，后来又将它定为特区，还有把湛江、北海定为开放城市，都说明党中央、邓小平当年就有一个很明确的未来北部湾地区和南中国海地区竞争格局的通盘考虑。

我估计在金融危机过后，北海会有一个很好的机遇，招商引资的机遇。所以我觉得广西包括北海现在应做好充分准备，迎接这个机遇。北海完全可以与东南亚、越南展开投资环境的竞争。北海不亚于那边，两边我都考察过。

记者：您对湛江很熟悉，又到过北海，您认为这两个小城市之间互补的条件大概在哪些方面？

陈教授：两地资源共性很大，互补性不是那么突出。北海与湛江应联合起来，形成综合优势，不要你争你的"大哥大"，我争我的"大哥大"。北海是90年代发展起来的城市，在产业的发展与选择方面一定要注意，经济发展一定要注意保护环境。这个环境是它未来的、最终端的、最大的优势与潜力！所以北海在产业发展时要特别注意，不要人家上我也上。

记者：这次会议，政协委员和论文作者们对重复建设、"诸侯经济"很有感触，可是如何将这些理论成果变成各市市长的决策依据，似乎还缺了个环节，似乎环北部湾城市论坛该升升格了，升成市长联席会议？

陈教授：你这个意见提得好，起码这种会议，市长应该来听的。环北部湾发展问题，应引起各个城市的决策者注意，他们应该坐下来研究，这样才能解决问题。我这些年为什么到处呼吁要重视北部湾经济圈的问题？因为我对越南那边很了解，我从心底里感到这块地方太重要了。因为有了这个认识作前提，才晓得我们应该怎样来走。所以，我们这个地区的市长作为决策人，也应该了解这个地区未来的发展走势是什么，以此来决定现在该怎么去做。

第三节 加强区域合作，促进共同发展[①]

一、区域合作的意义

区域合作就是根据区域资源、产品、市场、经济等的差异性和互补性，在自愿互利的原则上，为了达到区域共同发展而进行合作、协调的有效机制。区域间的合作开始只限于经济领域，但随着合作的加深，合作的内容越来越丰富，形式越来越多样，逐步扩展到政治、文化、社会、资源、环境、商贸等各个方面。本文所指的合作主要是指区域经济合作，这种经济的合作也包括了资本、技术、资源、劳动力等生产要素方面的合作。

区域合作的历史极为悠久，我国的"古丝绸之路"正是架起这一合作的桥梁，但真正的合作却是随着资本主义发展开始的。从世界范围看，资本主义的发展，机器化大工业的产生，打破了封建社会的自给自足的自然经济状态，把全世界纳入世界贸易的范畴，区域之间的联系与合作步入了新阶段。现代社会，科学技术日新月异，区域之间的联系已密不可分，合作空前繁荣，例如一件产品，在一个国家或地区设计，另一个国家或地区生产，第三国家或地区检验，再销往其他国家或地区，或者各个零部件分别源于不同国家或地区，再在另一个国家或地区组装，其他国家或地区检验、销售等等。区域间一体化趋势越来越明显，而且越是发达的国家，越是区域一体化，如由欧洲发达的国家所组成的欧盟，统一市场，统一货币，经济已形成一体化。

我国区域合作的传统虽由来已久，但也只是到改革开放以来才改变以前那种以资源为基础的贸易交流形式，拉开了区域合作的新篇章。改革开放以来，我国一方面打开国门，向外开放；另一方面组建了100多个不同类型的地区经

[①] 本文为1998年环北部湾城市论坛湛江会议上发言提要，全文刊于《经济地理》，1999年第3期，第58～62页，沈静为第二作者。

济合作组织，并制定相应的政策，鼓励合作。面对当今世界，封闭自守只能是自取灭亡。如何进一步扩大区域合作，有待于进一步的探讨。

近年来，我国经济有了很大的发展，但区域间的经济水平差异却是不断扩大。许多地方政府为保护本地产品的竞争力，推行地方保护主义，禁止外地产品的"入境"，或本地紧俏资源的"出境"，或为某一紧缺资源而展开的区域贸易大战；区域间产业结构的趋同又是另一困扰区域共同发展的问题，各区域不仅产业部门结构趋同，而且就连制定的支柱产业也雷同；区域的基础设施、公共服务设施的重复布局，各地方不着眼于全局和以分工合作为指导，盲目建设，造成浪费；另一方面是这些设施未达到规模效益，故未能发挥最佳效果，如沿海地区竞相开展建设的深水港，相互竞争，使有的港口建成却经营不下去，如果扩大区域合作，通过制订相应政策和编制区域规划，就可以避免上述浪费，促进区域可持续发展。

开展合作的意义，最终落脚于促进区域可持续发展。实现"既满足当代人的发展需要，又不危害后代人满足其需求能力的发展"。可持续发展的核心就是发展和协调发展，即在发展的同时，注意区域之间的关系，协调区域内部人口、资源、环境、经济系统的关系，促进共同发展。区域合作，正是以区域间的优势来互补，使区域共同发展，并通过合作来协调各区域的利益关系，达到区域可持续发展的目的。

二、加强环北部湾地区的合作，促进共同发展

环北部湾经济圈是包括广东省的雷州半岛、海南省的西部、广西壮族自治区的南部沿海和越南北部沿海地区，即"二国四方"。本文所指的环北部湾地区仅指我国境内地区，这些地区都属经济欠发达地区，但区内资源，尤其是海洋资源丰富、区位条件优越、随着改革开放的深入和国际经济重心东移，该地区将成为经济发展极富潜力的地区。但区内目前的合作水平不高，相互之间竞争较突出，基础设施建设也不太协调，产业发展缺乏特色；区内城市体系结构也未有明确的概念；自然资源与产业、生产要素等的互补性不强，造成在资金、产业、技术、资源、产品等相互竞争的局面。这种状况对整个区域的发展是不利的，面对北部湾对岸越南的竞争和挑战，急需建立区域合作关系。

（一）协作的主要形式

结合环北部湾地区的特点，其区域协作宜采如下几种合作形式。

1. 省际协作区

由于环北部湾各方在各省中地位不同，投资重点各异，各方经济发展水平差异不大；资源上相似，产业结构雷同，易引起相互间的竞争。需要有一个跨省区的协作组织，通过成立协调机构，并定期召开会议，来协调各方关系，制

定统一规划，推动区内各方向，以及与区外（主要是越南与我国大西南）的竞争与合作。

2. 城市协作区

区内各城市，均是各方区域性的中心城市，经济基础较好，各项设施较完善，但各市均为港口城市，工业也是依托港口的港后工业，使得各市之间相互竞争较为突出，把各方城市联系起来，组成一个环北部湾城市协作区。为各城市的企业、商贸、技术、资金、人才等方面的交流与合作，联合发展对外贸易等发挥作用，减少相互竞争，促进共同发展。

3. 资源开发协作区

环北部湾地区各方的主要资源优势在于海洋资源，宜建立以海洋资源综合开发为目的的环北部湾海洋资源开发经济区，成立专门的领导机构。在油气资源的开发方面，协调各方利益，做到统一规划，统一开发；在海产品养殖方面，收集市场信息，并根据市场的需求，合理分配各方的养殖量，在资金和技术等方面推动互相合作；在海滨旅游资源开发方面，做好旅游资源的规划，重点开发互补性资源，形成各具特色的旅游产品，避免盲目开工，带来竞争和浪费。

（二）建立环北部湾经济区的内部管理机制

要建立一个协作区，首先要有协作区的内部管理机制，即要建立区域合作组织机构，定期举行由各成员参加的会议和制定一个科学合理的区域规划。

1. 建立区域合作协调机构

建立环北部湾经济合作区，首先要建立一个合作协调机构。建议由国务院指定国家计委牵头组织，由广东、广西、海南三省区的有关地区，负责人参加成立"环北部湾经济协作区领导小组"，建立相应的工作机构，其具体职能主要有：①参与区域规划的制定和实施。由该机构牵头，成立专门的"区域规划领导小组"，组织专家、学者对区域进行研究和规划，使该区域协调有序发展。②处理区域日常事务。处理有关区域日常的事务，包括处理日常工作、检查协作项目、组织经验交流和项目考察、收集和传递经济技术信息、提供经济技术服务以及筹备区域合作的定期会议，等等。③加强区域与其他地区的合作。环北部湾经济协作区，必须加强与其周围地区的联系与合作，特别是同越南和我国大西南地区，该机构有责任来促进本区与上述两个地区的交流与合作，以推动本区的发展。

越南同属环北部湾经济圈，目前也实行改革开放政策，并以我国为师，重点学习珠三角的经验，已取得一定的成就。越南同本区的资源、产品、市场等的互补性强，其粮食、木材、海产品、农副产品、煤和石油为我国所需；而我国的建筑材料、轻纺产品、家用电器、生活日用品和成套机械设备是越南所需。所以该机构有义务组织与越南的合作，如协调基础设施建设、开展边境贸易和双边贸易、资源合作开发、共同投资建设等各种形式的交流与合作。

我国的大西南地区，包括云南、贵州、四川、西藏、重庆等四省一市，人口众多、市场广阔、资源条件好，被称为"世界尚未开发的三大处女地"之一，发展潜力极大。但由于其地理位置偏内陆，基础设施建设滞后，长期处于一种闭塞和落后的状态，资源和产品未得到应有的开发利用。北部湾经济区紧靠大西南，长期以来都有较密切的联系，南昆铁路通车以后，更使本区与大西南连接起来，大西南作为本区的腹地，本区为大西南提供出海的通道，这种互补性的合作条件比以往任何时候都更加成熟，要发挥协调机构的作用，建立有效的协调机制，以推动协调关系的建立和发展。

现在，当务之急是加强基础设施的协调发展和建设，加快黎湛复线和重庆到湛江的高等级公路建设，以及在此基础上的企业之间的合作，资金、技术、人才的交流等多层次多方位的合作。

2. 定期举行由各成员参加的会议

由区域合作协调机构筹备，定期举行例会，区内各成员都参加。会议在各市之间轮流举行，各方轮流做主席。主要职能是，通过区域的各项政策和规章、协调区域内各成员间的关系、确定下一步工作重点和方向，等等。

三、制定科学合理的区域规划

环北部湾经济协作区，目前存在许多不协调和有待研究的问题，为了促进区内快速、协调、有序的发展，增强其在大区域中的竞争力，首先必须认真地制定合理的区域规划。建议由协作区的协调组织牵头，成立"区域规划领导小组"，在对现状条件进行调查和研究的基础上，开展区域发展战略、资源开发利用、各产业发展与布局、城镇发展与城镇体系规划、基础设施网络组织、环境治理和保护等的研究和规划布局。

（一）区域经济发展战略规划

根据本区所处的特殊国际、国内环境，在国际上，处于东亚和南亚这两个当今世界经济增长较快的经济板块间的经济低谷，随着世界经济重心东移和区内改革开发的深入，将面临一个经济崛起的大好机遇，但同时又面临越南发展所带来的挑战；在国内，是大西南与国际联系的出海通道，又是沟通我国东、西部的桥梁。所以，本区域发展战略的确定，要站在大区域的高度，面向21世纪，实现区域经济一体化；产业结构优质化，对内对外交通网络化、立体化，经济发达，人民生活富裕，环境优美，成为中国、亚洲乃至世界的经济增长点。

（二）产业发展与规划布局

目前，本区的经济以农业为主，工业也有一定的基础，包括汽车、家电、化工、轻纺、制糖、冶金、食品、建材等行业。但没有形成完备的体系，产业发展与布局要围绕其港口优势，重点发展临海工业和海洋产业，以北部湾丰富的油气资源，发展石油化工、电力、冶金、建材等重化工业和利用海洋资源开展海洋油气资源开发、海水养殖、海产品加工、滨海旅游等为内容的海洋产业，依托区内的重要城市，合理布局各类产业。

（三）城镇发展研究与城镇体系规划

区内的城市化程度低，目前尚缺乏龙头城市，必须开展城镇发展研究和城镇体系规划，以作者的观点，拟把湛江、海口、北海同作为本区的中心城市，并以这三个城市为中心形成一个规模等级结构和地域空间结构合理，性质和功能各异的相互联系和促进的城镇群。这三个城市分别属于不同的省份，都是各省在本区范围中最大城市，湛江、北海被列入我国首批十四个沿海开放城市，海口是全国最大经济特区的省会，各城市本身经济基础和市政基础都较配套，又是港口城市，具有一定的凝聚力和辐射能力，有条件带动其周围城乡发展。

（四）基础设施网络组织

本区的基础设施尚未完善，特别在陆路交通方面，要强化区内各城市、区外以及与大西南、粤港澳等的交通联系。要抓好环北部湾高速公路和铁路的建设，要协调港口体系，既分工又协作，发挥综合作用，避免竞争。

（五）环境治理和保护规划

环北部湾地区，目前海、陆自然环境都比较好。为迎接未来的发展，现在就必须认真注意环境保护，对一些污染性工业企业，尤其是污染性乡镇企业，要划出适当的工业区，对海、陆资源的开发，要划出环境保护区，规定明确的环境保护目标，把利用和保护有机结合。

（六）资源的综合开发利用研究与规划

环北部湾地区位于南亚热带和热带地区，海洋和陆域资源，如土地、气候、矿产、石油、渔业、水产等资源都很丰富，要进一步摸清家底，制订综合开发利用规划。区内各地旅游资源各具特色，如何开发互补性旅游产品，建立丰富的旅游产品结构，树立良好的旅游形象，成为东亚旅游区的组成部分，共同参与国际旅游大循环，具有重要的意义。

环北部湾地区面临广阔的海洋，资源丰富，是未来最具开发潜力的区域，世界上谁重视海洋、谁就富国强国，孙中山先生早就意味深长地指出："世界大势变迁，国力之盛衰，常在海而不在陆，其海上权力优胜者，其国力常占优胜。"环北部湾和南中国海地区，在海洋问题上面对激烈的竞争，我们要强化海洋国土意识，认真做好环北部湾地区海洋资源开发和海洋经济发展战略规划。

第四节　面向西部大开发，环北部湾各城市面临的形势与任务[①]

一、西部大开发给环北部湾各城市带来的机遇和挑战

西部资源的开发和市场的开拓，给环北部湾地区的发展带来了新的机遇，但随着西部投资环境的改善，对资金、技术、人才、信息等方面的吸引力的增强，必然会与环北部湾地区形成竞争。

(一) 西部大开发给环北部湾各城市带来新的发展机遇

1. 大西南的出海通道

由于环北部湾地区面向东南亚、背靠大西南和华南地区的特殊区位条件，以及区内湛江港、北海港、防城港、钦州港等一大批港口和与珠江三角地区的公路、铁路等便捷的交通联系，很早就作为我国大西南各省区物资的出海通道。1997年底，南昆铁路通车，使该区与大西南各省市的联系更为密切。随着西部大开发战略的实施，环北部湾地区作为西南各省区的出海通道的作用更为突出，今年2月中央2号文件明确把完善西南出海通道作为西部大开发基础设施建设的重点之一。重庆到湛江的高等级公路动工，计划明年将打通北海至遵义段，届时行车时间由原来的30个小时缩短为10个小时，预计2004年全线通车，将成为环北部湾地区连接大西南的又一条大动脉。

但我们也应当看到，环北部湾地区并不是大西南的唯一出海通道，大西南地区还可沿长江从东出海，或沿澜沧江从西南出海，从这两条通道的发展趋势来看，以后势必与环北部湾地区形成较强的竞争。沿长江东出海通道，会因三峡工程的完成，带来长江航运的繁荣；沿澜沧江通道，也会因沿江六国的合作逐渐加强，而突破交通阻隔。所以，环北部湾地区应有忧患意识，一方面大力推进与大西南的通道建设，另一方面加强与大西南各省区的联系与合作。

2. 给环北部湾各城市所带来巨大的商机

我国西部地区，幅员辽阔，土地面积占全国国土面积的56%，总人口占全国总人口的22.99%，具有丰富的自然资源，仅其水能蕴藏量就占全国的

---

① 本文为2000年环北部湾城市论坛钦州会议上发言提要，原文见论坛会议论文集第18～26页。**沈静为第二作者。**

82.5%，还有丰富的煤、石油、天然气等矿产资源以及自然、人文等旅游资源，新中国成立以来50年的发展，在工业体系、交通通信、科技教育等方面已有一定基础，形成如重庆、成都、西安等特大城市。实施西部大开发战略，发挥西部的资源优势、低廉的劳动力价格优势，加之国家政策的倾斜，基础设施的不断完善，在现有的基础上，西部的发展迎来了新的篇章。

西部大开发给环北部湾各城市带来了巨大的商机，如到西部投资、共同开发一些项目；充分利用其大西南出海通道的区位优势，发展海洋运输业、商贸业；利用西南山地丰富多样的自然旅游资源和人文旅游资源，开发互补性旅游产业；发展旅游业；西部逐渐扩大的市场，为其海产品提供巨大的市场，等等。

（二）西部大开发给环北部湾各城市带来的压力

西部大开发说明我国不再是像改革开放之初那样仅划出局部区域或某几个城市参与世界发展的行列，而是把整个国土都摆到世界的位置上，所以再靠要中央给予局部的开放政策和重点支持已没有多少意义。而环北部湾各城市发展，除受越南及国内其他先发展地区的挑战和压力，还受西部地区，尤其西南地区发展的竞争和挑战，增加了新的压力。

环北部湾各城市，作为我国"东部中的西部"，其经济发展水平总体上说是相对落后的，在资金、技术、人才、信息等方面很是缺乏，也不具备珠江三角洲地区和长江三角洲地区等发达地区的强大的造血功能和对外吸引能力，所以，急需外来的支持。而随着西部开发进程的推进，西部各省区将会在国家重点资金的支持和政策的扶持下，投资环境不断改善和优化，将与北部湾各城市在吸引东部发达地区的产业转移、引进先进的技术、吸纳人才、获取信息等方面形成竞争。

二、面向西部大开发，环北部湾各城市面临的任务与对策

（一）加强区域合作，促进共同发展

区域合作既包括区内各方之间，也包括与区外的其他地区合作。由于环北部湾地区本身是我国经济不发达地区，其不管与区内各方，还是与大西南地区，都是不发达地区的弱弱联合。这种弱弱联合虽然不像其与发达地区的弱强合作，能够直接带来资金和技术等方面的支持，但对环北部湾地区却是十分必要和紧迫的，只有弱弱联合，才能共同面对强大的竞争和挑战，把多种优势有机组合，形成合力，参与区域经济竞争。

环北部湾地区中国段，分属于不同的省区。由于行政界限的分割，加之区内各城市资源相似、产业结构雷同，相互之间的竞争较强。如在港口的建设

上，缺乏统一规划，重复建设，出现有的港口的建成却由于没有货源而使用效率低的现象；随着大西南出海通道的作用加强，湛江和广西沿海各城市又会争夺最佳出海口。所以，加强区域内的合作是很必要的。应该通过制定区域规划和定期举行会议来协调区域内的矛盾，实现共同发展，发挥环北部湾地区的整体优势，尽可能减少相互竞争而形成的内耗。

环北部湾地区作为大西南的出海通道，要与西南各省区建立密切的联系。一直以来，本区各城市也注重建立这种联系。如广西，早已作为西南六省区的一分子；湛江也积极进取。今后还要开展广泛而全面的合作，扩大合作的领域，形成多层次、全方位的合作体系。

环北部湾地区要作为大西南物资的中转站，其物资的流向主要是流向国内沿海发达地区和越南等东南亚各国和地区。要加强同这些地区的联系与合作，特别是同临近的珠江三角洲地区和越南的联系与合作，珠江三角洲地区是我国经济最发达的地区之一，可接受其资金、技术、信息等方面的辐射和产业倾斜。越南的经济发展水平相对要落后于本区，在资源、产品、市场等方面与本区的互补性强。

同时，还要加强同国内、国际其他地区的合作。

（二）加强城市建设，形成设施配套、环境优美的现代化滨海城市群

目前，环北部湾已形成以湛江、北海、海口、钦州、三亚等大中城市为中心的城市群，城市建设也取得了一定的成绩，城市道路系统、各项基础设施和公共服务设施配套较为完善，并注重城市环境的建设，扩大绿化面积，建设城市广场，等等。但面向未来，环北部湾各城市还要强化城市建设。抓城市建设就是抓生产力，抓城市化、现代化，要以高起点规划为指导，做到高标准建设和高效能管理，逐步完善城市要素。针对区内城市大多沿海分布，在城市形象的定位上要突出海滨城市，正确处理生产岸线和生活岸线的关系，对于不同的城市又要体现其特色。所以，城市建设应以提高城市品位、突出城市特色，加强城市的吸引力和辐射作用为原则。

同时要做好城镇体系规划和建设，明确各城市在区域中的职能分工，可形成以"湛江、北海、海口"三城市为中心的城镇体系，各城市之间通过便捷的快速干道系统联系，城市内部生活设施配套、环境优美的环北部湾城市群。

（三）重视软环境建设

良好城市硬环境的建设，需要好的软环境来保障。为改善投资环境，促进产业结构的优化，环北部湾各城市一定要改革政府部门机构臃肿，办事效率不高，办理程序复杂、环节多等问题，重视软环境的建设，提高政府部门的办事

效率和服务态度。软环境建设的重点在于：精简机构、简化办事程序、提高办事效率；改善服务态度，杜绝政府工作人员的官僚作风和腐败行为，禁止"乱收费、乱摊派、乱罚款"等。具体措施包括，统一办事，减少中间环节，严惩腐败行为，加强法制建设和管理，等等。可成立服务中心，把政府部门的职能机构集中办事。

（四）注重环境保护，促进可持续发展

环北部湾海区是我国目前较洁净的海区之一，这与环北部湾地区工业不发达，污染相对沿海发达地区要少有关，但我们也应当看到近些年来自然生态环境已开始恶化的趋势。所以，一定要注重环境保护，这是北部湾后发优势所在。环境保护的重点不仅在于控制和治理环境污染，加强环境设施的建设，更重要的是保持良好的生态环境，禁止破坏自然生态环境的行为。可持续发展是当今世界发展的共同目标，可持续发展不仅强调经济的增长，更重要的是社会的进步、生态环境的良性循环和资源的合理有效利用，以达到人与自然的和谐。环北部湾地区未来要走可持续发展的道路，必须在大力推动经济发展的同时，注重环境保护和社会各项事业的发展。

（五）加强区域分工，合理确定产业发展方向

面向西部大开发，环北部湾各城市在产业的选择和定位上，要发挥区域特色，与西部地区形成互补性较强的产业结构。环北部湾各城市，面临南海，有漫长的海岸线和广阔的海洋，海洋优势是其最大的区域优势，而地处我国内陆的西部九省市，离海洋较远，但对海洋资源有着很大的需求。所以，环北部湾各城市的产业发展方向应为发展海洋产业。三次产业的发展方向可确定为：第一产业以海洋捕捞业、海水养殖业和热带特色农业为主；第二产业以海洋油气业、石化工业、海产品加工业、海洋生物、海洋药物工业及环保业为主；第三产业以海洋运输业、商贸业和海滨旅游业等。各城市要根据自身的基础、条件和特点，发展相应的产业，建立具有自身特色的、以海洋产业为重点的产业体系，避免重复布局，相互竞争。

沿海各城市产业发展，都应以合理利用资源，保护海洋生态环境为前提。21世纪是北部湾经济圈崛起的世纪，环北部湾各城市要振兴文化教育、发展科技、改善环境、外引内联招商引资，保护环境和资源，实现可持续发展。

第五节　北部湾旅游圈协同发展的战略目标与对策[①]

环北部湾旅游圈为两国四方，包括四大旅游板块和八大旅游中心城市，即广东省的雷州半岛、广西沿海地区，海南岛和越南的东北部地区，以及湛江、北海、钦州、防城、海口、三亚、河内和海防8大中心城市。区内旅游资源丰富，连"边海山"为一体，融自然风光和民俗风情于一炉，有一批名扬海内外的旅游景点，如何共创北部湾滨海旅游品牌，开始环北部湾旅游圈协同发展的新时代。本文对此提出几点看法。

一、协同发展的环境条件

（一）基础条件：环北部湾经济圈的崛起

目前，环北部湾经济圈仍是亚洲太平洋沿岸的经济低谷，但随着中越两国改革开放的深入和全球经济发展重点向东亚和东南亚的倾斜，据有关专家预测，本区未来将成为接受世界各地经济辐射和产业倾斜的重点区域，也是未来新的经济热点区域，而且由于资源和地缘经济区位优势还可能成为世界争夺的焦点之一。在西部大开发战略带动下，本区中国方作为大西南的出海通道呈现出勃勃生机，越南也因其改革开放政策的实行，出现了好的发展势头，同时区内开展各种形式的经济联系和协作，一个崛起中的环北部湾经济圈推动了区内旅游协同发展。

（二）资源条件：旅游资源丰富，组合度高，特色明显

环北部湾旅游圈可开发利用的旅游资源集中、丰富、多样、品位高，既具有现代国际旅游所追求的"阳光、海水、沙滩、绿色、空气"五大要素，又兼有世界最热门的"河流、港口、岛屿、气候、森林、动物、温泉、岩洞（峰林）、田园、风情"十大风景资源。区内各方旅游资源也各具特色：

（1）海南岛集自然风光、人文景观、民族风情、珍稀动植物于一体，特别是品质优良的热带海滨沙滩和少数民族风情，著名的旅游景点有：三亚的天涯海角、亚龙湾、鹿回头、崖州古城，琼中县的五指山等。

（2）广西段内，北海以南亚热带海洋系列景观和滨海沙滩资源为代表，有享誉"天下第一滩"美名的北海银滩、涠洲岛、斜阳岛和合浦星岛湖，钦州有"南国蓬莱"之称的"七十二泾"、麻蓝岛，防城有十万大山、海岛沙

[①] 本文为2001年环北部湾城市论坛防城会议上发言提要，全文刊载《热带地理》，2002年第4期，第345～349页，沈静为第二作者。

滩、东兴与越南芒街的边贸互市，以及京、瑶、壮等少数民族文化，形成"上山下海又出国"的旅游思路。

（3）广东段的湛江市，有清澈的海水、洁白的沙滩，有中国大陆最完美的逾 2000 公顷的浅海珊瑚礁，有世界仅有的两个"玛珥湖"之一的湖光岩省级风景区，还有独特的雷州古文化和南亚热带现代农业景观。

（4）越南境内旅游资源丰富，河内作为其首都和主要旅游城市，有"万花春城"之称，名胜古迹更是居全国之冠，海防作为越南北方最大的港口，有著名的涂山旅游区，位于下龙市的下龙湾，被称为海上奇观，联合国教科文组织将其列为"世界自然保护遗产"，中国游客亲切地称之为"海上桂林"。

以上四大旅游板块，资源特色鲜明，地域组合相对集中，而且目前各地旅游开发已具备一定的基础，为下一步实施环北部湾旅游圈协同发展提供了良好的资源保证和一定的开发基础。

（三）基础设施条件：区域基础设施一体化建设趋势

环北部湾地区交通近年来发展较快，特别是海运已有较好基础，拥有湛江、防城、钦州、北海、海口、三亚、洋浦、八所及越南的海防、下龙等众多港口，是国际海港密度最大的区域之一。陆上交通正在逐步改善，现有铁路、公路，还有北海、海口、湛江、三亚、河内等航空港，及北海、钦州、湛江直通海口的轮船等，而且交通设施还在不断完善中，用火车、轮渡连接的海安和海口的广（东）海（南）铁路即将通车，广（州）湛（江）高速公路正在建设中，未来，环北部湾沿海高速公路也应列入规划之中。这些更便于统一组织环北部湾旅游线路，实施协同发展战略。

（四）制约条件：经济基础差

环北部湾旅游业所依托的城市规模小，区域经济欠发达，除湛江、河内外，其余各城市均为中等城市，所以在一定程度上制约了旅游业的发展。一方面，不能提供旅游发展所需要的大量资金，致使开发的水平停留在较低的层次；另一方面，各方均看到了旅游业的前景，想做好旅游业这块大蛋糕，致使现状旅游开发各自为政，竞争多于合作，如北海银滩和防城的万尾金滩的竞争等等，也增加了区域旅游协同发展的难度。

（五）人文环境：区域协作的意识强

目前区内两国四方都同处于发展中，在同一个层次上发展经济，因此往往出现多取少予、竞争多于协调的情况。好在越来越多的人开始认识到环北部湾区域协同发展的必要性，早在 20 世纪 80 年代中期，中国方就建立环北部湾经济合作组织，开展区域合作，近年来看到旅游发展的区域现状和前景又着手开展旅游协作。这种强烈的区域协作意识为环北部湾旅游圈的协同发展提供了一个人文环境。

二、协同发展的战略目标

(一) 总战略目标

环北部湾旅游圈协同发展战略的实施是优化本区旅游业配置，加快各地旅游业发展，更好参与旅游市场区域竞争和国际竞争的重要途径。其战略目标是：顺应 21 世纪现代旅游大趋势，实施旅游业"四大创新"——观念创新、制度创新、管理创新和技术创新，努力开创国际化发展新模式，建立环北部湾旅游圈协同发展机制，促进区域基础设施建设一体化，精心组织旅游战略，合理配置旅游产品，以"两个扇面、四大旅游板块、八大旅游中心城市"为空间格局，共树旅游形象，把本区建成亚太新兴、南接新马泰旅游圈、北接粤港澳旅游圈、内连大西南旅游圈的国际旅游区。

(二) 目标分解

1. 国际化旅游区

国际化旅游区不仅是本区旅游发展的战略目标，也是本旅游区的区域定位。本区位于太平洋沿岸，地跨两国，承接东南亚和东亚，而且在纬度上与号称世界"旅游天堂"的夏威夷岛相同，也同样拥有南亚热带、热带滨海旅游资源，还有丰富的人文旅游资源，即各民族风情和众多的历史遗迹，这些都为本区向国际化方向发展提供了基础和条件。国际化旅游区的目标和定位，也为本区旅游发展提出了挑战，如何提高旅游区的整体水平、档次、品位和内涵等，如何组织旅游线路、塑造区域旅游整体新形象、进行旅游营销等，都需要区内各方协作解决，也决定其必须走协同发展之路。

2. 旅游空间格局

两个扇面、四大旅游板块、八大旅游中心城市。两国四方和半环形的海陆格局，决定了本区的旅游开发空间格局应是建立在两个国家为基础的两大扇面和四方基础上的四大旅游板块，以及其中 8 个中心城市，即中国的海南的海口、三亚，广东的湛江，广西的北海、防城、钦州，以及越南的河内和海防。中国和越南两个不同国家，势必在国家体制的构建、国家政策等方面存在诸多不同，各自的旅游开发也是在各自政策环境下进行的，所以以两个扇面为基础，旅游协同发展的关键在于促进国与国之间的沟通，促进旅游活动的流动。四大旅游板块，即区内四方。前面分析可知这四方的旅游资源各具特色，为避免旅游开发上的空间竞争，要编制区域旅游规划，在区域整体旅游形象指导下进行旅游开发和建设，达到互惠互利。八大旅游中心城市，是本区旅游开发的依托。在城市旅游知名度方面，就中国方而言，北海和三亚被列入我国旅游热点城市，湛江是本区内少有的大城市，海口为海南省省会，钦州为古城，防城是新兴港口城市，越南方的河内为其首都，海防也是其北方最大港口城市，而且这些城市在城市建设方面也有一定基础，具有带动旅游业发展的实力。

3. 三大客源市场

新马泰旅游圈，由新加坡、马来西亚和泰国3个国家组成，它们在旅游资源上虽共有滨海旅游共性，但也互有特色，如新加坡的都市旅游、马来西亚的博彩业和民族文化、泰国的佛教文化，在旅游业发展上3个国家携手共建，已使新马泰旅游圈成为国际旅游热点区域之一。虽然这一地区与本区旅游资源有相似性，但该区的旅游的发展对本区也大有带动作用。首先，作为较为成熟的旅游协作区域，其有许多经验值得借鉴；其次，利用本区资源特色，与该区域合作，把到该区游客引入本区；最后，新马泰3国经济发展水平相对本区要高，也成为本区争取的客源市场之一。

粤港澳旅游圈，是以广州、香港、澳门为中心的珠江三角洲地区。该区域是我国经济发达地区之一，是我国最大旅游客源地之一，也是全国最大的出境旅游客源地。作为我国改革开放的前沿，该区每年吸引大量的内地游客和国际游客，香港已是世界性的旅游城市。该区的旅游资源主要以商务、商贸旅游为主，与本区的旅游资源具有很大的互补性。而且，该区与本区地理位置较近，交通联系方便，将成为本区最大的客源市场。

大西南旅游圈，包括云南、贵州、四川3省和重庆市。不论是自然还是人文旅游资源，其资源价值都很高，拥有众多国内甚至国际知名的旅游地，是我国近年来快速发展的旅游热点地区之一。随着西部大开发战略的实施，近年来经济发展较快。本区自古就是大西南出海通道，南（宁）昆（明）铁路的贯通更强化这一地位。该区旅游资源与本区互补性较强，既能与本区互送游客，同时本区的滨海旅游特色对身处内陆的西南人具有很强吸引力。

综上所述，本旅游圈以四大旅游板块为核心，形成两大扇面，共树一个区域旅游形象，面对三大客源市场，努力促进共同国际化进程，在参与东亚国际旅游循环中共同发展。

三、协同发展特点及对策

（一）政策环境特点及制度建设对策

1. 政策环境特点

本区"两国四方"的关系决定了环北部湾旅游圈复杂的政策环境。①中、越两国政策体系的差异是最高层次的政策，这一政策协作的关键是促进两国的沟通。②我国境内的3地由3省组成，由于各省（区）省情不同，发展策略和空间战略的差异，对环北部湾旅游圈发展的出发点和宗旨也不尽相同，广西把其沿海地区作为重点发展地区，而广东的重点发展地区仍在珠江三角洲，所以，需要各省际间对环北部湾旅游圈的发展政策的协调。③环北部湾的各城市直接参与环北部湾旅游圈的建设与开发，其政策体系将直接影响环北部湾旅游圈的建设效果。所以，各级政府政策是形成协作的微观政策基础。

2. 环北部湾旅游圈制度建设对策

环北部湾旅游圈建设的组织及推进者，必须解决以上各级政策的协调。制度建设对策也应具体落实到3个不同层次：

（1）国家政策层——争取两国边界沟通的不断改善。两国沟通途径的改善，可促进旅游者的跨国界流动，这需要在双方的出入境审核政策及程序、双方的过境旅游者的安全保障政策，双方对旅游商品、旅游有关政策等方面不断协调和改善。

（2）省区政策层——争取省际旅游协作的促进政策和投资引导政策。为把环北部湾旅游圈的协作推向更广泛的领域和更高层次，应使其协作得到环北部湾地区所在各省（区）的支持，并从政策和资金上来落实。

（3）城市发展政策层——制定利于旅游协作发展的策略。区内各城市是旅游协作区的具体建设者，目前的旅游协作组织也是各城市之间自愿形成的组织，但该组织尚需进一步完善，还要制定区域旅游协调发展规划，并在此规划的基础上，确定各城市旅游资源开发、建设政策，实现合理开发。

（二）地域特点及协同发展对策

1. 地域特色

环北部湾地区的地域特点主要在于其半环状的海陆格局。"环北部湾"从海南的三亚、海口，到广东的湛江，广西的北海、钦州、防城，越南的海防、河内、广宁等地，形成半环状的海陆格局。这种格局使旅游点之间的联系可以通过海上实现点对点直线联系，而陆路联系则形成半环状，呈串珠形。滨海的格局使本区形成许多重要的港口，成为本区对外联系的重要通道。但沿海所形成的半岛及岛屿又造成了陆路交通难以实现直线联系。

2. 协同发展对策

根据以上海陆格局特点，为实现旅游圈协同发展，必须不断争取跨区域的交通等旅游基础设施的建设，包括交通建设、城市环境建设等方面。充分利用北部湾水上交通的便捷性，加强海上交通线路的建设，实现跨省、海上快速交通联系。对陆域交通建设则应在区域经济协作与发展的基础上，利用已形成的交通线路组织，注重与旅游资源开发格局的协调。

（三）旅游资源开发特点及协同发展对策

1. 旅游资源开发特点

（1）资源特色相似，又各具特色。本区旅游特色在于以"阳光、海水、沙滩、绿色、空气"为特征的热带滨海旅游，但各区又各具特色，所以，需要区内各方在旅游资源的开发上，具有整体的、全局的观念，制定一个区域旅游规划，并在其指导下进行主次分明、轻重适宜的开发，以避免相互竞争，树立统一品牌。

（2）当前开发各自为政，缺乏旅游品牌。现阶段各方的旅游开发，还是停留在低水平的各自为政的无序阶段，竞争多于合作，尚未形成具有国际魅力的旅游品牌，更谈不上"环北部湾"整体旅游形象。

2. 协同发展对策

（1）争取国家、省支持下的重点开发建设项目，形成规模效应，在区域中起带动作用。环北部湾旅游圈的协同发展，应是各国与各省均有重点的发展，并且保持重点联系的密切性。所以，就国内而言，应争取国家及省区支持下的重点开发，以保证环北部湾旅游圈建设的有序进行，形成强势带动，消除城市间无序竞争，促进环北部湾旅游圈的快速发展。越南宜以河内、下龙、海防进行重点建设，中国境内各方也应各有重点，广西以北海为重点，海南仍以三亚为重点，广东省以湛江为重点。重点城市要培育国内甚至国际知名的旅游景点。

（2）争创统一品牌，保持各自特色。本区旅游特色相似，所以发挥旅游群组优势，以"环北部湾旅游"为品牌，统一建设。通过相互联系的重点旅游点的建设形成品牌，特别是具有国际意义的品牌，带动环北部湾旅游圈内各旅游点的开发建设，形成旅游景区"串"。同时要突出各自特色，如海南的黎族风情，广西段的京、瑶、壮等多个少数民族风情和边关文化，湛江的雷州古文化，越南的异国情调等。

（3）共塑形象，共同营销，共同发展。区内应共同塑造旅游形象，除了各景区和各景点的形象塑造外，也包括旅游行业的形象塑造和各城市的形象塑造，加强旅游行业的培训和管理，规范经营，而且做好城市和旅游设施的各项引导标志，以"环北部湾牌"作为旅游圈的整体营销形象，共同做好旅游宣传。

（四）旅游组织活动的特点及协同发展对策

1. 旅游组织活动的特色

（1）旅游协作未考虑旅游组织的建设。目前，区内各方发展旅游的意识主要停留在旅游资源的开发上，对于旅游活动的组织，特别是地区间协作型旅游活动的组织政策，重视不够。区内目前跨区域的旅游集团较少，有知名度的更少，各旅游组织的协作也较少，难以促进跨境旅游协作机构对跨境旅游的组织。

（2）民间旅游团体规模小，组织活动多为小地域范围。区内的民间旅组织虽呈现发展壮大的势头，但其所从事的组织活动多是国内的旅游活动，其财力与人员还满足不了大地域、高质量的旅游组织活动。

2．协同发展的对策

（1）建立跨区域的旅游大型集团企业。面向国际化旅游区，必须发展大型旅游集团企业来组织本区内旅游活动和旅游资源的开发，政府要从政策、资金、税收等方面给予优惠政策，引进具有组织国际旅游活动能力旅游团体。同时促进区域小型旅游组织的整合，向集团化方向发展。

（2）鼓励小型旅游组织的发展。鼓励现有小型的旅游组织的发展，从政策、资金、人员培训等方面采取优惠措施，也要逐步引导其向规范化发展，使其在旅游发展中发挥小而活的特点，填补大型旅游组织的一些真空地带，满足不同层次游客的需要。

第七章　区域与城市可持续发展战略研究（案例）[1]

第一节　区域协调与广东可持续发展[2]

一、广东省经济社会发展存在极大的不平衡性，要重视区域协调发展

广东省自1985年至今，经济总量连续23年居全国第一，号称经济大省。实际上，在这个"总量第一"和"经济大省"的背后，多年来，人均发展水平并没有随着经济总量的增长而提高，而是不断下降。尤其，许多事关国计民生的社会发展指标，都位于国内发达省市的最后一位，且差距在不断拉大。

目前，广东省区域和城乡发展存在极大的不平衡状况。2006年，粤东、粤西和粤北山区的人均GDP只有珠三角的1/4，珠三角的人均GDP是粤东地区的13.1倍，是粤西的3.9倍，是粤北的14倍；全省地方财政收入中，珠三角占67.0%，而粤东、粤西、粤北分别只占3.1%、3.1%和3.9%。

广东省地区发展差异系数为0.77，高于全国平均0.67的水平，比国内东、中、西部的区域差异还大，也高于江苏的0.71、山东的0.67、浙江的0.38。

从城乡发展看，全省城镇居民人均可支配收入与农村居民人均纯收入差距，由2000年的2.67倍扩大到2006年的3.15倍。

就县域而言，2004年，全省68个县（市）中，珠三角地区的10个县（市）总人口仅占全省县（市）域总人口的14.28%，而GDP却占全省县（市）域总量的30.48%。东西两翼22个县（市）总人口占近一半

---

[1] 多年来，组织国内多学科专家队伍在广东省内和国内开展了为数众多的区域和城市发展战略研究与规划。笔者应江西、广西、湖南、云南、安徽、湖北、河南、山东、四川、重庆、内蒙古、新疆等省区邀请，在全国内各地先后作了近60个场次的报告与讲座。限于篇幅，本书仅选择广东省内部分研究案例。

[2] 本文是2007年6月在广东可持续发展协会年度会员大会上的主题报告，刊于《广东可持续发展研究》，广东科技出版社2013年版，第3~10页。

（45.0%），而 GDP 仅占 43.60%。全省 68 个县（市），除珠三角地区外，其余 58 个县（市）均处于欠发达（22 个）和落后不发达（38 个）程度。

目前，省内珠三角地区与粤东、粤西和粤北地区，经济发展水平呈现典型的金字塔结构。这种状况与经济大省极不相称。

"小县域，大战略"。县域是"三农"问题的集聚地，存在自然环境，尤其是经济社会环境方面的诸多问题，事关 70% 以上人口的生存、生活和生产问题。这种区域和城乡差异性，不仅影响广东全面建设小康社会，而且还潜伏着极大的社会危机。

因此，广东省在新的形势下，要改变"只见省内，不见省外；只见珠江三角洲，不见粤东、粤西和粤北；只见总量，不见人均"的思想倾向。要强化区域协调发展意识，加强宏观调控力度，处理好经济发展与社会民生的关系，处理好先发展区域与后发展区域的关系。在保持珠三角经济社会持续、健康发展的同时，要重视抓落后区域的发展，尤其首先要抓好落后区域中落后县（市）的发展，尽快解决区域发展极不平衡的状况，以实现全省协调、持续、稳定发展。

二、树立大区域理念，用宏观战略大视野指导广东区域协调发展

广东要从与国内外、省内外区域大环境的分析比较中明确自身的优势与有利条件，劣势与制约性因素，正视目前存在的问题，更新发展理念和发展模式，与时俱进，制定相应的发展战略理念、方向、目标、模式、重点和策略对策。

改革开放之初，支持一部分人先富起来，这是正确的。但当经济发展到一定程度以后，就要及时解决广大弱势群体的生存、生活和就业、就医等问题，协调贫富之间的关系。

从传统农业和农村区域快速向工业化、城市化转折的时期，优先抓重点区域、重点城市集聚发展，这也是符合区域发展规律的。但发展到一定程度以后，就要及时发挥先发展区域和城市对后发展落后区域和城市的辐射和带动作用，通过政府引导和市场运作，协调区域发展。

广东省自 21 世纪初（2002 年），提出区域协调发展战略以后，做了些工作，取得了些成效。但力度是不够的，往往停留在一般理论号召，具体措施是不足的。

实施区域协调发展战略，要有一套从目标到实际操作的完善体系。包括协调的目标、内容、主体、手段、程序、机制和对策等。

协调包含着合作与竞争两层含义。合作是强调优势互补，取长补短，形成合力，竞争是激发动力、增强活力。通过竞争与合作，实现"双赢"或"多

赢"共荣。所以竞争与合作是一种相互作用、相互促进的关系，通过不断的竞争与合作，促进区域发展和持续、协调发展。

政府应该是区域协作的推动者与实施者。协调区域发展，不能全靠市场竞争，政府要发挥各种强有力的宏观调控手段、机制，甚至法律手段等进行有效的区域发展调控，这样才能使区域协调发展战略落到实处。

如有些项目，尤其那些利于做大经济总量，对区域和城市发展具有支撑和带动作用的项目，落户在广州或珠三角，可能只是"锦上添花"，甚至还可能增加环境压力，而若有意识地通过政府的引导或调控，在其他具备条件的欠发达区域或欠大企业支撑的城市，则将起到"雪中送炭"的作用，将可有效地带动一个城市的发展，带动区域一大片。如果全靠市场竞争，由于欠发达地区受资金、技术、基础等的限制，那永远都是竞争的弱者和失败者。

不同区域或同一区域的不同发展阶段，其调控的模式和重点是不一样的。如从传统农业和农村区域向工业化、城市化快速转折发展的区域，调控的重点是"集聚—发展型"战略；当区域产业结构发生了根本变化，进入了工业化后期，第三产业得到长足发展，经济社会也有了相应发展的区域，调控的重点是"创新—发展型"战略；对于人多，资源短缺，环境污染严重，社会问题多多，工业企业散、乱、小，城镇布局混乱，基础设施滞后，经济基础薄弱的"问题区域"，则要重点实施"整合—发展型"战略；对于土地资源较宽松，自然生态环境好，由于区位、交通、人文、观念、意识、信息、科技等因素制约，目前经济基础差，城镇基础薄弱，经济落后，人们的收入和生活水平都较低的欠发达或不发达山区，要实行"培育—发展型"战略；对于河流的上游或源头，或植被稀少，水土流失严重，交通不便，经济贫穷，生境较差的区域，则宜实施"减负—发展型"战略。

新时期，广东省在继续抓好珠三角经济重心改造提升、整合优化、创新发展的同时，更要重视扶持粤东、粤西和粤北地区的发展，要强化危机意识和竞争意识，要树立大区域理念。广州市和珠江三角洲发达地区要发挥集聚效应，主动辐射和带动省内欠发达和不发达地区的发展，这是责任和义务，它应成为决策者的一种自觉行动。

由于不同区域的条件和特点不同，协调与发展的思路和对策也应有所区别。要通过认真的区域发展规划，因区制宜，制定明确的发展理念、方向、目标、模式、重点、机制和策略对策。

对于粤西地区，要站在环北部湾经济圈的战略高度上，从参与"两国四方"竞争与合作的宏观战略视野来认识和谋划其发展问题，坚持开放、合作与竞争。

北部湾经济圈目前是亚洲太平洋西岸的经济低谷，随着世界产业转移和经济一体化，随着经济战略从大陆向海洋拓展，拥有丰富的气候、矿产、渔业、港口、旅游等海陆资源的北部湾区域，未来崛起，势在必行。

跨越两国（中国、越南）四方（越方、中国的广西、广东和海南）的环北部湾地区，其资源环境、社会人文环境和经济基础有其相似性，目前各方发展水平基本同处于一个发展层面上，在相当一个时期内，竞争将多于合作。

这些年，环北部湾地区各方都实行改革开放，目前发展各有特点，尤其越南，认真学习中国改革开放的经验，步步有序发展。他们引进外资规模大，投资结构新型化，重视环保，重视民生，重视信息和高科技，政治社会保持稳定，外国投资法律体系较完善。自20世纪90年代中期以来，在多国的支持下，GDP增长速度均保持7%以上，2006年达8.17%，2007年更达8.2%以上。越南已成为发达国家和地区的投资热点，发展速度仅次于中国，在亚洲已排行第二位，与印度相当。北部湾沿岸的下龙、海防、河内、南定等城市，更呈现历史上最快、最好的发展势头，越南将是未来东盟十国和环北部湾地区最富有活力和最具竞争力的国家之一[①]。

广西位于北部湾顶部，经过多年实践，已认识到依托北部湾，对接东盟和珠三角发展的重要性。近年，把南宁、防城、钦州、北海、大三角作为北部湾经济区重点发展，建设成为参与环北部湾地区和东盟竞争与合作的前沿阵地和桥头堡（这个观点，笔者于1996年夏天在北海市委党校的报告中就提出，以后，在任北海、钦州、防城、玉林等市顾问期间和多次作为高级顾问参加环北部湾中国段城市论坛会上反复提出和强调）。近年，高兴地看到广西领导已全力以赴，采取各种有效的措施，加快该区域的发展研究和规划论证，进行了一系列的实质性投入和运作。党中央、国务院也极为关心和支持，国家发改委已列入国家规划和计划，作为议事日程的工作在抓。可以预测，广西未来的发展将会明显加快，其在环北部湾中的地位和作用将与日俱增。还可以预测，该区域的发展，对于我国未来参与环北部湾地区，尤其东盟地区的竞争与合作将具有重要的战略意义，对于促进广西全区、带动国家西部地区的发展也将发挥重要的作用。

海南省认真总结特区发展20年的经验和教训，进一步明确了方向和目标，重振信心和积极性，以其优越的资源环境条件和重要的地缘经济区位优势，未来将得到国家支持和较快发展。

粤西地区的湛江、茂名、阳江，位于北部湾的东岸，是北部湾经济圈的重要组成部分。改革开放以前，湛江在粤西的中心地位相当突出，曾是环北部湾地区的龙头城市和"领头雁"。由于区域不断分割等原因，湛江的地位明显下

---

① 陈烈：《越南发展态势及我们的对策》，人民日报理论部《理论参考》，1996年第9期。

降。笔者自1995年以来，多次撰文和论坛报告，强调位于北部湾东岸的粤西地区，尤其是雷州半岛和湛江市，具有极其重要的战略地位和地缘经济意义，广东省要站在环北部湾经济圈的战略高度上谋划其发展，将其建设成为广东省参与环北部湾经济圈，乃至东盟地区竞争与合作的前沿阵地[1]。湛江不仅是粤西的区域中心城市，还应是北部湾经济圈的重要城市之一[2]。近年，广东省已给湛江市明确的定位，湛江城市环境有很大改善，滨海临港工业发展也有很大突破。

但是，时至今日，在国家发改委关于北部湾的文件、规划和计划中，从未见有湛江和雷州半岛的只字片语。多年来，广东省对此问题的认识似也欠深度。

对于粤北和韶关地区，要站在韶—郴—赣"红三角"区域高度上思考其发展问题。把粤北（这里指北江流域的韶关市和清远市北部）地区作为粤湘赣三省交界"红三角"地区的重要组成部分。对韶关市要有个明确的定位，笔者认为，韶关市应作为粤北的区域中心城市和韶郴赣（州）"红三角"地区的重要中心城市之一来进行规划和建设。（这个观点，笔者于2004年以来，在韶关市的多次发展论坛中都做过明确的表述，迄今仍未见给予明确的定位。）

粤北地区要从与"红三角"大区域的比较中发挥本地资源优势，对接珠港澳，融入珠三角，适应现代人和未来人的需求，发展生态型产业，尤其是生态型旅游度假业和富素、有机农业。随着交通条件的改善，利用有利的地理交通区位和省际边界的某些重要节点发展绿色加工、制造业[3][4]。霍英东先生生前重视"红三角"的发展问题，2003年4月，曾专程到南沙，听取笔者及其他专家关于加快"红三角"地区的发展意见。

粤北是广州市、珠三角和北江的上游区域，要立足于营造环境，积极引进"原生型"环保产业，培育"自生型"企业，不能"等、靠、要"珠三角地区工业企业的二次或三次转移，更不能急功近利，盲目引进污染性工业企业而污染区内"原生态"环境，否则，将毁了可持续发展之路，不仅危及区内，还危及河流中下游平原和城市。

对于粤东地区，要站在参与台海经济圈（见图7-1）两岸五省竞争的战略高度上研究和规划其发展问题[5]。要避免粤东边缘化，积极建设成为参与经

---

[1] 陈烈、沈静：《加强北部湾区域合作促进共同发展——以北部湾经济圈为例》，载《经济地理》，1999年，19（3），第58～63页。

[2] 陈烈、彭永岸：《北部湾经济圈发展态势与雷州半岛的战略任务和对策》，载《经济地理》，1997年，17（3），第82～88页。

[3] 陈烈：《用可持续发展战略理念指导"韶郴赣红三角"的开发与建设》，2003年第7期（未刊）。

[4] 陈烈、王华：《"韶郴赣红三角旅游圈"旅游发展的基本思路与对策》，2003年第10期（未刊）。

[5] 陈烈：《关于加快粤东地区发展的战略思考》，载《广东潮商》，2007年第12期，第52～61页。

济圈竞争的前缘阵地,这是作为经济大省的责任所在。要强化汕头市的区域中心地位,建设成为参与台海经济圈竞争的桥头堡。汕头市不仅是粤东地区的区域中心,还应是台海经济圈的重要中心城市之一。要强化汕头市中心区的建设,增强城市综合竞争力。要整合散、乱、小工业,大力抓商贸、商住和现代服务、物流业,大力发展具有支撑和带动能力的大型支柱产业,尤其是滨海临港大工业。要强化区域和城市营销意识,塑造形象,发挥"潜在优势",集聚人气和财气,变形象为生产力①。

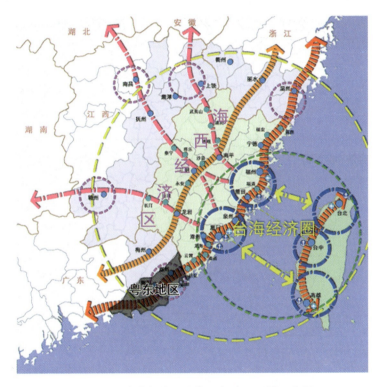

图 7-1　台海经济圈和海西经济区区域示意图

三、更新区域概念,优化广东区域空间结构

(一) 强化海洋意识,重视山海共生关系

世界上许多发达国家和地区,都是因海而生、依港而起,依托海洋发展经济,没有海洋的国家和地区,也千方百计寻找海洋出路。我国改革开放是从沿

---

① 陈烈:《汕头市可持续发展战略思路与对策》,2007 年 9 月(未刊)。

海14个城市开始的,目前从北到南沿海一线,已成为中国综合实力与竞争力最强的区域。

21世纪是海洋的世纪,未来世界的矛盾和战争主要在海洋。与世界一样,中国的经济发展战略将从大陆向海洋拓展。

广东是一个面向海洋,拥有3300公里海岸线的海洋大省,海域面积约42万平方公里,比陆域面积(17万多平方公里)大得多。要正确认识海洋,要强化海洋意识,重视依托海洋发展经济,重视海疆和海洋资源的开发、利用与保护,尤其对于陆域资源明显欠缺的广东,更要重视协调海陆发展关系。

但广东这些年,似海洋意识被渐渐淡薄了,山区意识被步步强化了,山区与海洋之间的关系被渐渐弱化,甚至人为地加以隔离。

从20世纪90年代中期提出的40多个"山区县",到后来定名为"山区片",到2007年进一步划为"山区板块"(见图7-2)。概念变了,实质含义更不同。

图7-2 广东省经济功能区划①

---

① 蔡人群、林幸青、许自策:《广东省区域空间结构调整优化设想》(未刊)。

许多人说，这是广东区域划分和区域协调发展的新思维，是创新和亮点。实际上，它给人们的印象是，广东的地形结构中，山区的概念被强化了，山区与海洋之间被人为地隔离了。这不是一种面向海洋、面向世界的开放型区域发展理念，而是一种固守山区，面向山区的自我封闭的保守型发展理念。这与世界和中国经济战略从大陆向海洋拓展的空间战略方向似相违背。

广东的地形特点是背山面海，北高南低，濒临海洋，山区与海洋的最远距离不外乎只有300～400公里，是一个开放型的地貌结构特点。历史以来，北部山区都与南部平原共同依托海洋发展，共享海洋之利。

山区与海洋之间是一个共生的关系。山区不是孤立的，山地不是包袱，一个区域拥有海洋、平原和山地，才是最完整、资源最丰富、发展条件最好，发展潜力最大，可持续发展前景最好的区域。

因此，笔者认为，在新形势下，广东要更新区域概念，重视和强化山区发展是正确的，但不能孤立地就山区论山区，在重视山区发展的同时要进一步增强海洋意识。依托海洋，发展海洋经济。实现海陆协调，山海共生，才是广东区域协调、可持续发展的方向。

按目前划分的"粤北山区板块"，横跨广东省东、中、西部，面积达9.06万平方公里，占全省面积50.4%，区内粤东北山区、粤北山区、粤西山区之间，不论自然环境、历史、文化、经济、社会等都有很大差异。如此复杂的区域，一个理念和模式难以针对不同区域的开发、保护和发展问题，一个战略难以涵盖整个"板块"的发展方向、目标和重点，一个政策和措施难以具体化和因地制宜。

从经济发展来说，"山区板块"同处一个发展层面上，竞争多于协作，雷同多于互补。省政府重视山区经济的发展，采取各种财政措施给予支持，这是完全正确的。但由于山区基础差，发展中存在许多局限性，涉及许许多多问题，仅靠省政府一个积极性是远远不够的。

如位于粤东北的梅州地区，本来与潮汕平原和南海海洋是一个完整的生态—经济系统，历史以来，靠韩江为纽带，沟通上、中、下游，陆地和海洋，海内与海外的物流关系，相互协调，共同发展。可现在把梅州划归粤北山区板块，其发展就受到很大限制，靠自身封闭发展不容易，靠依托粤北山区板块发展更难。舍近求远，依附广州、深圳长距离靠港口进出，不仅成本高，而且增加广、深两地的运输压力和港口吞吐压力，靠省政府宏观调控，组织广州、深圳地区产业转移，带动发展，是有效之策，但毕竟是有限的，靠省政府财政支撑发展，是必要的，但毕竟是权宜之计，无法从根本上摆脱山区的被动状态。其结果将有三，其一是长期落后，永远跟在发达地区的后面；其二是被边缘化；其三是受海西经济区吸引，依附发展。

（二）增强区域划分中的资源、环境意识，优化区域空间结构

广东省目前的这种划区，主要是以经济单要素为依据，它忽视了广东的地形结构特点，忽视了河流流域内部，以及海陆之间的依存、共生关系。

广东大多数河流均循地貌结构走向，由北向南自流入海，历史以来，各流域的上、中、下游构成一个完整的生态—经济系统。彼此相互依存、共同发展。按照目前划区，则出现流域分属不明，由于行政分割，造成上、中、下游在经济发展、自然资源开发、利用与保护、产业发展与布局等多方面不能协调发展，甚至相互制约，产生新的矛盾，制约流域和区域协调和可持续发展。

因此，根据广东的地貌结构特点和经济社会可持续发展战略要求，宜把生态与经济有机结合，按流域划分生态—经济功能区。即以大、中河流划分流域经济区，如韩江流域生态—经济区、东江流域生态—经济区、北江流域生态—经济区、西江流域生态—经济区。

图7-3　广东生态—经济功能区①

然后，再按河流的上、中、下游和主要支流流域划出二级功能区，如韩江流域生态—经济区内，可再划分粤东北（韩江中上游）生态—经济亚区和粤

---

① 蔡人群、林幸青、许自策：《广东省区域空间结构调整优化设想》。

东沿海（韩江下游）生态—经济亚区、北江流域生态—经济区内，再划分粤北生态—经济亚区和珠三角生态—经济亚区、东江流域生态—经济区，再划分东江上游生态—经济亚区和东江下游生态—经济亚区、西江流域生态—经济区，再细划为粤西北生态—经济亚区、粤西沿海生态—经济亚区等。

区域的名称可以进一步商定，但其含义应是河流流域经济的概念，其划区的依据是经济、社会、资源和环境综合指标。

按流域划分经济区的好处在于：

（1）淡化经济区概念，增强区域划分中的资源、环境意识。

（2）让广东省所有的山区都享有海洋之利，都有向海洋拓展经济战略的空间和资源。

（3）山区问题不再是政府的包袱，山地资源将成为每个区域中地貌结构的组成部分，拥有山地、平原、海洋的区域，利于产业和产品多样化发展。

（4）以流域划区，利于统筹流域内资源环境的开发、利用与保护，利于产业和经济合理布局、分工与协作。

（5）避免长期以来上、中、下游之间经济发展与环境保护的矛盾，利于自觉构建上、中、下游区域之间共生、共荣、多赢的协调发展机制和约束机制。区内先发展的平原地区，由自身根本利益所在，将会自觉负起责任，履行义务，实行产业和人口转移，自觉坚持以生态优先，帮助后发展的山区又好又快发展，这是取之不竭的区域协调发展内动力。

（6）这样一来，山区的发展将有两个（省政府和流域经济区政府）责任心，两个积极性，两种动力。两个责任心，两个积极性，两种动力紧密结合，就会形成巨大的生产力，不仅可以加快山区发展，而且从根本上协调流域上、中、下游之间，山区、平原与海洋之间，经济与环境之间的关系，实现区域可持续发展。

笔者认为，这是新时期广东区域协调发展的新理念和实现广东省经济社会可持续发展的新路子。

第二节　加快粤东地区发展的战略思考[①]

陈烈先生撰写的这篇文章观点鲜明，结合实际提出了问题和解决问题的方法。毫不讳言，他提出的问题切中时弊，某些人看后心中可能不悦，俗话说，良药苦口，正因为这种铮铮真言，才是解决问题的方法。我们是商会，在商言

[①] 本文系应广东潮商会和广东省老教授协会索文而作，刊于《广东潮商》，2007年12月，总第2期，第52～61页。

商，有解决问题的方法就有可能蕴藏着可用的商机，很值得我们去仔细品读。

地处广东省东部沿海的汕头、潮州、揭阳、汕尾4市，俗称潮汕地区。改革开放以来4市经济建设和社会发展取得了显著成效，经济实力明显增强，发展水平上了新的台阶。城市化水平有较大提高，城市群也初具规模。民营经济发展活跃，成为该地区经济发展的主力军。目前已形成了一批具有地方特色的产业和产品，培育了一批经济实力较强的产业集群和占全省五分之一的专业镇。社会事业不断发展，人民生活水平不断提高。

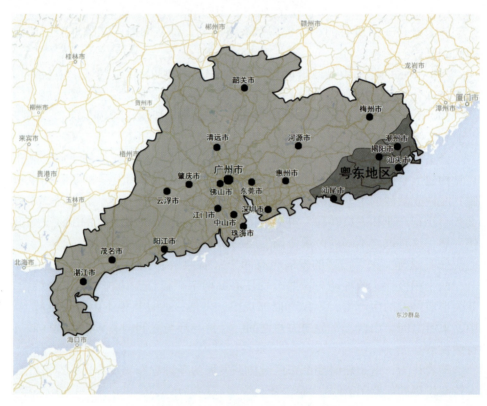

图7-4　粤东地区在广东省的区位

一、加快粤东地区发展的必要性和紧迫性

潮汕4市在发展的同时，存在明显的问题。由于种种原因，粤东地区近些年，在广东及周边地区的地位明显下降了，目前经济社会发展速度明显落后于广东省平均水平。"十五"期间，粤东地区平均增长速度不仅大大落后于"珠三角"地区和全省的平均水平，而且还低于粤西和粤北地区3～4个百分点。目前，广东省中部珠三角地区仍然保持持续、快速发展，粤西和粤北地区也出

现了良好的发展态势，尤其是粤西地区的湛江市更是出现了前所未有的势头，可是粤东地区仍然发展缓慢，生气和活力严重不足。

究其原因是多种多样的，其中最主要的有五条：

其一，由于前些年，少数不法分子制假造假，偷税漏税，区域形象被毁，生产力严重遭破坏。

其二，区内极为有限的资源被人为地层层分割，各自为政。区外的传统腹地则随着周边地区的发展，极化作用加强而被争夺，腹地不断丧失。

其三，企业散、乱、小，缺乏与滨海资源相适应的、对区域发展起支柱作用、带动和辐射作用的规模化、现代化工业企业，使区域和城市发展动力不足，竞争力弱。

其四，由于上述原因，造成目前区内有港无货的状况。历史上，粤东的兴衰在港口，可是目前港口经济不振，且严重萎缩。

其五，领导班子，尤其是决策者观念保守，竞争意识和创新意识薄弱。

若照此继续，则粤东地区在广东省，在周边区域中的地位将继续下降，资源和腹地将进一步被周边省、市争夺、分化、吸引，甚至被边缘化。粤东地区在历史上，在省内乃至国内，曾长期显有重要地位，并做出许多贡献。目前出现这种状况，是作为经济大省的广东所不愿意看到的，也不应该出现，而恰是必须正视的严峻问题。

因此，加快粤东地区崛起，有巨大的必要性和迫切性。他是广东参与区域竞争的需要，是广东省落实科学发展观，实施区域协调发展战略的要求，是提高经济大省综合经济实力的需要，也是建设广东和谐社会的需要，广东省要像福建省重视抓厦门市那样重视抓汕头市的发展，要用福建省抓海西经济区那样的力度抓粤东地区的发展。把粤东地区建设成为参与台海经济圈竞争的前沿阵地，把粤东以汕头市为中心的城市群建设成为参与台海经济圈竞争的桥头堡。2006年11月，广东省委、省政府颁发了"关于促进粤东地区加快经济社会发展的若干意见"，并特地召开"促进粤东地区加快经济社会发展工作会议"，对粤东地区的崛起和发展做出了重大决策和战略部署。这是顺应民心的大事，也是落实科学发展观，实施广东区域协调发展战略的重大举措。

二、关于加快粤东地区发展的战略思考

粤东地区发展面临良好机遇，其一是国家支持海峡西岸经济区的发展，已列入"十一五"规划的实施内容；其二是党的十七大进一步坚持改革开放的方针政策；其三是广东省委、省政府关于促进粤东地区经济社会发展的决定和省第十次党代会对汕头市的区域定位以及关于加快广东区域协调发展的精神。粤东各市要抓住机遇，坚持快速发展和高增长，强化优势和规模化、集约化，

坚持自主创新，坚持可持续发展和生态优先，实现粤东地区的整体崛起和多赢发展。

粤东地区的发展必须牢固树立可持续发展、大产业、大文化、大区域、大港口、大市场的战略理念和意识。应有明确的发展方向、目标、重点和模式。

粤东地区人多资源少，生态环境脆弱，基础设施滞后，经济基础薄弱，社会压力大，城市之间、城乡之间差异明显。应树立以人为本，快速、协调、可持续发展的战略理念。走生态优先的工业化、城市化道路，保护自然生态环境，节约、集约利用资源，建设和谐共荣的现代化区域。

粤东地区目前工业企业的特点是多而不是强。应树立大产业理念，通过市场运作和政府行为，逐步整合资源，变散、乱、小为规模化经营。应大力发展现代化、战略性、大型化的滨海临港工业，在利用、提升传统商贸服务业的同时，要积极发展现代化，生产性综合服务业和物流业。应走园区化集约发展的道路，各市之间，城乡之间在产业发展上要有明确的分区，实现资源、市场共享，优势、利益互补。

潮汕文化，具有深厚的历史底蕴，历史以来，尤其改革开放以来，潮汕文化孕育了大批人才。可是在长期闭关锁国政策影响下，大批人才被禁锢在狭小的，以传统农业为主的环境里，藉改革开放之春风，具有强烈商业意识、吃苦耐劳、富于进取、爱国爱乡的潮汕文化精神得到极大的焕发，在各个领域，尤其是商业界和企业界出现了大批事业有成的精英，但实践中也反映出潮汕文化的保守性、单元化和家族式管理的弱点，这是制约粤东地区本地企业做大做强的文化因素。因此，随着世界经济一体化、信息化和市场化的发展，粤东地区发展要重视文化的开放性、多元性、包容性。必须兼收并容来自各方面的文化和人才。

综观潮籍人士在国内外成功发展的经验，其中主要的一条，就是重视把潮汕文化和广府文化、客家文化、中原文化以及海外文化有机结合，变单元为多元，使之如虎添翼，这就是许多潮籍企业在外能够做大做强和持续发展的原因。因此，粤东地区要加快发展，必须树立大文化理念，积极吸纳外来文化和人才，并努力使外来人才本地化。

目前，在国内各个领域，已涌现出大批潮籍精英，尤其是企业界和商业界，加上国外的诸多侨籍大企业和商业巨子，这是一笔巨大的社会财富。粤东地区要加快发展，除了省、市各级政府的积极支持之外，还要努力调动这些精英的爱国、爱家乡的积极性，集聚人气和财气，集聚智慧，共同为振兴粤东而努力。

从区域概念来说，粤东地区应该包括潮汕平原4市和梅州市，5个市在区域中是一个有机整体，是上、中、下游，山区、平原与海洋的关系，是一个完整的生态经济系统。历史上，5市区域彼此之间相互联系，共同发展。但是这些年来，人为地将其分割，梅州市划为粤北地区，区区的潮汕平原被划成4块，完整的区域生态经济系统和极其有限的资源被人为地加以分割，各行其政，造成资源开发利用与保护、产业发展与布局、城市分工与协作等缺乏整体性、综合性和协调性。随着周边区域和城市的发展，梅州只能舍近求远，要么靠山区自寻发展，或长期靠财政支撑，被动发展，要么远附广州、深圳，甚至厦门等中心城市发展。事实上，因为粤东地区缺乏富有竞争力的中心城市，梅州、汕尾已成为广州、深圳共同争夺的对象。近年，福建省海西经济区发展很好很快，照此发展，未来梅州市和潮州市还将可能成为福建厦、漳、泉地区吸引和争夺的势力范围。这种态势形成，粤东地区发展就更受限制。

笔者认为，根据广东省地理区位、地形结构和资源环境特点，以及区域经济社会发展基础和要求，目前，按山区、平原、沿海划分经济区不利于区域，尤其是山区的经济发展。宜按流域划分经济区，协调河流下游、中游、上游发达、欠发达和不发达地区间相互联系、相互制约、相互支持、相互促进的关系。应根据区内开发、利用、保护的主体功能差异，因区制宜，合理布局生产力，只有这样，才能调动区内发展的内动力，才能保障区域协调、持续、共荣发展。

因此，粤东地区发展，要树立大区域理念，从韩江流域、潮汕平原与梅州山区的协调上，从粤东海洋、平原、山区大区域生态、经济联系上来思考其发展问题。

面对区域周边群雄并起，要强化竞争意识，时间就是力量，要强化加快发展意识，速度就是胜利，粤东地区的发展看十年，关键是前五年。

区域与城市发展，关键在于明确自身的战略定位。从与区域周边大环境的分析比较中，从资源、市场的特点与国内外发展态势分析、预测中明确自身的战略定位，包括城市、区域定位和产业定位，定位准确与否，决定发展方向、目标、速度和竞争力。

台海经济圈的崛起和发展势在必行，粤东地区将是台海经济圈的重要组成部分，把粤东地区建设成为参与台海经济圈竞争的前沿阵地，汕头市应成为台海经济圈的中心城市之一，要把以汕头市为中心的粤东城市群建设成为参与台海经济圈竞争的桥头堡。

应依托海洋，发挥港口优势，大力发展现代化、战略性、规模化的滨海临港大工业，发挥拓展传统产业优势，积极发展现代化、生产性综合服务业和物流业，增强区域和城市发展动力。必须强化城市意识，搞好城市规划、建设与管理，配套各类设施、改善服务功能、增强吸引力、辐射力和综合竞争力。

粤东地区的发展方向要坚持西接、东融、北延、南拓。即积极承接发展国家和地区产业转移和珠港澳经济圈的辐射，主动融入东北部海西经济区和台海经济圈，延伸北部，巩固和发展闽西南、粤东北、赣东南腹地，努力拓展、开发利用海洋资源，发展海洋经济和产业。

基础设施滞后是制约粤东地区发展的主要因素之一，应配套完善区域现代化综合性立体式交通运输网络体系，提高港口，尤其汕头港的地位和功能，进而加强各市间的快速路建设，强化与区际、省际之间的快捷交通联系，加快潮汕国际机场的建设。只有这样，才能加强区内各市间的整体性联系，才能巩固和发展属于自身的市场和腹地，融入和参与已被失去的腹地和市场竞争，振兴自己，吸引和辐射周边，和谐多赢。

三、加快粤东地区发展，必须重视抓好两项基础性工作

其一，要塑造良好的区域和城市形象。

前些年，粤东由于局部地区少数不法分子制假、造假、售假，以及偷税、漏税，导致在世人的心目中形成了"粤东人善于制假、造假"，"粤东地区的商品都是假的"等不良印象。结果，外商不敢来投资，原来的企业也纷纷转移，人们对粤东的产品不信任，外地人不敢与粤东人做生意，粤东地区的许多驰名商标不敢打本地牌，这种情况严重毁坏了粤东的区域形象。

形象就是生产力，区域或城市的形象被毁了，这就意味着生产力被破坏，这是制约粤东地区可持续发展的最主要因素。

"假"与"真"是一个辩证的关系，应辩证地看问题。一个地区出现了制假、造假，固然是坏事，但另一方面也反映出该地区有搞"真"的本底素质。就是说，一个地区的人既能搞"假"，就能搞"真"，就意味着它具有潜在的生产力。

制假造假是一种危害民生、危害社会，人民深恶痛绝的不法行为。作为上级政府，坚持狠狠打击造假的不法行为，深刻批判造假售假的不法性和社会危害性，是完全必要的，也是非常正确和应该的。但同时也要注意及时发现、引导、扶持和宣传真实的东西，即既要打假也要扶真，把"假"的东西消灭在萌芽状态，把"真"的幼苗扶持长大，把人们的基本素质及时引导到正路上来。只有这样，才能在狠扫歪风，惩治邪恶的同时树立正气，积极地把"假"转化为"真"，也只有这样，才不至于因局部地区、个别单位、少数人的造假行为而毁坏了整个区域和绝大多数人的声誉和形象，才不会出现打掉"假"的，"真"的也站不住的状况。

因此，粤东地区要发展，其中主要的一步就是通过各种方式积极恢复区域和城市形象，把潜在的基本素质引导到发展生产力的轨道上来，解除笼罩在人们心灵中的精神枷锁，振作精神，恢复活力，凝聚人心，集聚财气。

其二，要抓好区域协调发展规划。

面对粤东地区人口众多、资源短缺、环境问题突出、经济基础薄弱、社会

问题多多，而又行政分割、各自为政、各行其道的状况。要实现又快又好又省的发展，并在激烈的区域竞争中振兴、取胜，实现区域协调、可持续发展，当务之急是调动省、市各部门和广大干部、群众的积极性，组织多学科专家搞好区域协调发展规划。即把4市（实际上应包括梅州市）作为一个有机的区域整体来考虑，应用可持续发展战略理念，从综合的角度、宏观战略的角度，把区域内经济、社会、资源、环境、城镇、乡村等要素放在同一个层面上，对其发展和协调发展问题进行研究和规划。为区域发展理出一个科学的发展思路。制定一套可行的实施方案，为区域宏观调控与管理提供科学决策依据，并指导区内各类规划的编制，作为统一区内各市领导、干部、群众认识和行动的有效手段，为促进区域快速、有序、协调、健康、持续发展奠定基础。

国外许多发达的国家和地区，都重视区域发展规划，我国经过五十年的实践，从"十一五"开始改"计划"为"规划"，虽一字之差，其意义深长。

根据笔者多年来在国内外大量实践证明，区域发展规划是一个区域发展的必要基础性工作。2007年3月，省委书记张德江在笔者给他的信中明确批示："建议省政府委托中山大学规划设计研究院搞一个粤东地区区域发展规划。"这说明张书记对粤东地区发展和规划的重视。

"规划就是生产力"。粤东地区要振兴、要崛起、要实现可持续发展，就必须重视抓好区域协调发展规划这项利在当前、功在千秋的基础性工作。

第三节 "韶郴赣红三角经济圈"总体发展思路与旅游发展战略[①]

一、"韶郴赣红三角经济圈"发展总体思路与建议

（一）"红三角"经济圈的发展现状与特点

（1）资源丰富，类型多样，但开发程度低，有的尚处于未开发状态。

（2）地缘经济区位优越——一区连四省（广东、湖南、江西、福建），面向五大特区（厦门、深圳、珠海、香港和澳门），与珠三角、长株潭和赣中城市群的距离都在4小时交通车程之内，与珠港澳大三角的区域互补性很强。

（3）红土地、红色革命老区，资源有特色，老百姓的禀赋好。

（4）目前处于粤湘赣大区域中的"经济低谷"，属我国欠发达地区。

（5）三地基本上同处于一个发展层面上，缺乏一个发达的龙头城市带动

[①] 本文根据2003年10月在韶关首届"韶郴赣红三角经济圈"发展战略研讨会上发言整理，王华为第二作者（未刊）。

和辐射区域发展。

（6）区内交通落后，位于偏僻而贫困的粤湘赣山区，成为经济社会发展的区位弱势。

（7）分属三省行省管辖，各自为政的诸侯经济起主导作用。是制约"红三角"发展的另一个重要问题。

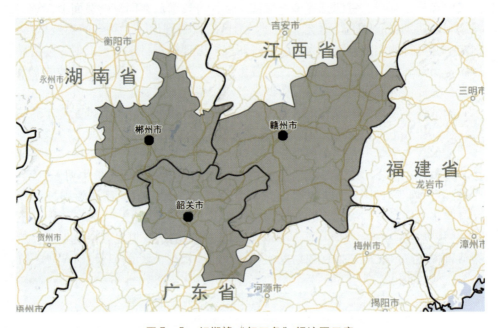

图7-5 韶郴赣"红三角"经济圈示意

（二）"红三角"经济圈发展态势与机遇

（1）改革开放二十几年来，区域，尤其是韶关、郴州和赣州三市经济、社会发展已有一定的基础。

（2）三地的广大干部和群众有一个强烈的发展要求和愿望。

（3）中央深化改革开放的政策和党的"十六大"及"两会"的扶贫奔康精神为当地发展提供了一个宽松的大环境。

（4）三地领导对加强区域协作和实现共同发展的重要性有较好的认识。

（5）经济全球化与区域一体化大势，利于资金和产业的倾斜。

（6）中国加入WTO和市场经济的发展。

（7）建设珠港澳大三角后花园、后菜园的必要性和迫切性。

（8）霍英东先生第二步发展战略指引。①

图7-6　陈烈（后排右二）于2003年4月应全国政协副主席、香港爱国巨商霍英东先生（前排左三）、铭源基金会主席何铭思先生（前排左一）邀请，在南沙参加"韶郴赣红三角经济发展研讨会"，与会还有时任中山大学党委书记李延保同志（后排右四）、中山大学老校长黄焕秋同志（前排右二）以及广东老教授协会会长赵元浩教授（前排右一）、名誉会长夏书章教授（前排左二）和常务理事王将克教授（后排右三）等。

图7-7　陈烈应霍英东先生邀请，自1991至1994年经常参与南沙发展与规划论证，本世纪初，霍先生拟实施第二步发展战略，设想投资开发"韶郴赣红三角地区"作为南沙发展旅游的依托和珠江三角洲的后花园。2003年春，邀请笔者赴南沙参加该问题论证，陈烈在会上作"韶郴赣红三角经济圈发展现状与未来发展基本思路"的发言，上图左一为夏书章教授，左二为李延保书记，右二为王将克教授。

---

①　香港著名企业家、全国政协原副主席霍英东先生生前曾设想投资开发韶郴赣红三角地区，作为南沙发展旅游的依托、珠江三角洲的后花园。2003年春，邀请我赴南沙参加该问题的讨论，同行的还有时任中山大学党委书记李延保同志、中大老校长黄焕秋同志和王将克教授等。

从以上分析可得出如下基本结论，即开发"红三角"的意义重大，机遇难得，开发潜力巨大，前景看好；但基础薄弱，竞争有余，协作不足。

（三）"红三角"经济圈发展基本思路

开发"红三角"要抓住发展和协调发展这个可持续发展的核心。

1. 发展是解决区内所有发展问题的关键

（1）"红三角"地区目前属国内欠发达和不发达地区，一切问题要围绕发展这个要务。但发展要有新思路，要讲速度、要讲效益和质量。

（2）要利用区内外两个市场、两种资源，走"自成长型内源"与外源相结合的道路。

（3）近期要通过抓交通环境和行政管理体制创新，促进区域起步和发展。

（4）要以培育地区的竞争优势为突破口，把区域融入世界市场经济的开放大环境中，着力培育生态旅游和有机富素绿色生态农业的竞争优势。

2. 协调是实现区内可持续发展的基础

可持续发展观与传统发展概念不同，其发展要立足于协调发展、持续发展、公平发展和以人为本的发展。为此，"红三角"地区的发展要：

（1）建立区内各市分工协作、协同发展的机制，强化区域协同发展意识，强调互补性发展。

（2）产业发展要严格控制污染性工业企业的发展，积极发展清洁能源和无污染的加工业，重点发展以生态旅游业为支柱的第三产业，发展绿色生态农业。

（3）加快乡村城镇化，促进城乡协调发展，重点是强化中心城镇发展和解决"三农"问题。

3. 实施"中心城市联网辐射"发展战略

实现重要节点、重点区域和重点轴线优先集聚发展，并逐步以此带动和辐射周边地区发展，分期分批缩小区内差异，实现平衡发展。

4. 发展要坚持公平性原则

要特别重视处理好资源环境开发利用与保护的关系，开发是为了更好的保护，自然生态环境和生态绿色食品是"红三角"最具竞争优势的要素之一，也是"红三角"开发能否形成区域竞争优势和事关最后成败的关键。

（四）近期工作建议

根据"红三角"的实际，起步阶段要做的事情很多，当前的首要任务应搞好区域发展研究与规划，制订区域发展和协调发展的科学方案，主要工作建议：

1. 组织多学科专家开展区域可持续发展研究，重点抓好如下几项工作

（1）开展区情调查，摸清区内资源环境现状和经济社会发展基础，弄清优势和制约性因素，分清比较优势和竞争优势。

（2）分析和研究周边区域发展态势及其对区内未来发展的影响。

（3）根据区内实际和区际大环境的要求，从区域互补和营造区域竞争力的角度，确定区内未来资源、环境开发的重点和经济社会发展的战略方向、战略目标、战略重点、突破口、战略措施与对策等。

2. 制定区域发展与协调发展规划方案，主要包括以下方面

（1）产业发展与布局规划。建议近期重点抓好。

1）旅游产品整合、旅游资源开发和旅游产业发展规划，根据现代人的旅游需求，开发"人无我有""人有我优"的区域互补性旅游产品。

2）从实现人类自身健康、可持续发展的高度，积极发展绿色生态农业，开发有机富素健康食品。

3）开发以小水电为主的清洁能源和发展以农副产品加工业为主的工业企业，绝不能发展污染性的工业企业。

（2）自然资源开发利用与保护规划，重点是土地资源、生物资源和水力资源。

（3）基础设施发展与建设规划，近期重点是抓区域交通和信息网络组织。

（4）服务设施统筹布局规划，近期重点是教育、医疗和旅游接待服务设施；抓教育资源整合、教育、科技、文化发展与人力资源培训。

（5）乡村城镇化与城镇体系规划。

3. 建议成立有多学科专家组成的"红三角可持续发展与规划研究中心"

目的是为了开展基础理论和应用研究，以"红三角"开发建设发挥科技咨询作用和提供科学决策依据。

二、"韶郴赣红三角经济圈"旅游发展的战略思路与对策

（一）"红三角"地区旅游资源特点

"红三角"地区拥有国家级的风景区、旅游区、地质公园、保护区、森林公园、重点寺庙共19处，省级的有70多处，市县级的若干处。其旅游资源主要有以下特点：

一是"红三角"地区以山水、古迹、红色、寺庙为特色的旅游资源丰富，其中尤以丹霞山、章贡古城和通天岩、东江湖和莽山、南华寺和云门寺、长征之路等旅游资源的地位级别为最高，共同构成目前区域旅游发展的重点。

二是"红三角"地区资源的类型结构与地域结构良好。在类型上，基本形成了以山水风光、文物古迹、森林公园、宗教圣地为主体，城市风貌、考察探险、民俗风情、专项旅游为补充的良好的资源类型结构。在地域结构上，形成了韶关以丹霞山、南华寺为龙头的"山、寺、城"格局，赣州以宋城、通

天岩和红色旅游为龙头的"古、红、城"格局,郴州以东江湖、莽山和飞天山为龙头的"山、水、城"格局,具备良好的区域旅游资源互补结构。

三是"红三角"地区有一批本底素质较高的旅游资源,具有开发成高品位旅游产品的潜力。如郴州的莽山、东江湖和汝城温泉等旅游资源品质较高,现在仅是粗放的开发或开发的力度不够;韶关与赣州交界处的梅关古道、珠玑巷为"红三角"地区独有的资源,开发成具强吸引力产品的潜力较大;赣州的红色旅游也有待深入组织开发。

(二)"红三角"旅游发展的有利条件

1. 旅游资源类型丰富多样,生态旅游产品开发潜力大

"红三角"地区既有丹霞山、东江湖、飞天山、莽山等秀丽的山水风光,又不乏赣州宋城、梅关古道、客家围屋等文物古迹,不仅有瑞金、兴国、湘南起义旧址等红色革命旧址,还有南华寺、云门寺等宗教圣地,具备了类型多样、组合结构良好的旅游资源特点。其中,尤以山水风光和森林公园为主体的生态旅游资源具有较高的地位级别和地区比较优势,可以开发成具强吸引力的生态旅游产品。

2. 区位条件优越,客源市场丰富

"红三角"地区位于湘粤赣三省交界处,一区连四省,面向五大特区,毗邻三大城市区域。南距经济发达、人口众多的珠三角港澳地区不足200公里,西北靠近湖南省长株潭城市群、东北靠近赣中城市群,可以同时面临三大城市区域巨大的客源市场;同时"红三角"地区的韶关、郴州和赣州市城市人口众多,本地旅游需求市场较大。优越的区位条件,为"红三角"地区提供了丰富的客源市场。

3. 便捷的区际交通,创造了良好的可进入性条件

"红三角"地区形成了铁路、公路和航空立体式的交通格局,与珠三角、长株潭、赣中城市群的距离都在4小时交通半径范围内,为以上三个地区的游客出游提供了便利的交通条件,同时也为旅游产品创造了良好的可进入性条件。

4. 政府高度重视旅游业,为旅游发展创造了良好的政策环境

"红三角"地区的地方政府开发旅游的热情很高,三市的决策者均高度重视旅游业的发展,并将旅游业作为国民经济新兴的支柱产业来培育,相应地制定了一系列有利于旅游业发展的优惠政策,鼓励旅游景区景点的开发,为旅游发展创造了良好的政策环境。

5. 旅游业发展的宏观环境带来的机遇

在世界旅游业蓬勃发展的背景下,我国正从世界旅游大国向旅游强国发展。广东、湖南和江西三省均将旅游业发展放在极其重要的位置来考虑。韶关已经获得中国优秀旅游城市称号,郴州和赣州正在积极创建优秀旅游城市。这种国内外、省内外良好的旅游形势不仅为"红三角"地区创造了宽松的旅游业发展环境,而且还为其提供了许多成功的旅游开发借鉴模式和相对健全的法规条例依据,使其可以充分利用后发优势,实施旅游业质的飞跃。

6. 外来资本注入,为旅游开发提供了契机

随着珠三角地区集聚发展带来的投资边际效益减少,许多资本将向周边地区外溢,由于"红三角"地区靠近珠三角经济发达地区,必将优先获得更多的投资。外来资本的注入,将为经济欠发达的"红三角"地区旅游业的发展带来巨大的发展机遇。

7. 观光度假旅游需求观念的深刻变革为生态旅游发展带来巨大的市场需求

时代的发展,环境、健康意识的提高,人们的游憩活动已由走马观光式的旅游转变为到大自然环境中休养生息、调节身心、增进教育、健体强身的观光度假休闲活动,"红三角"地区以绿色生态旅游产品为特色的旅游区将受到人们的欢迎,从而将面临巨大的市场需求。

8. 区域联合发展,实现市场与资源共享、优势互补带来发展机遇

湘粤赣"红三角"地区联合发展旅游,可以实现区域旅游与资源市场共享、优势互补,避免同类型旅游产品的恶性竞争,避免因行政区划产生的同一旅游景区的分庭抗争,避免雷同性项目的重复建设。

(三)"红三角"旅游发展的战略思考

1. 战略思想

围绕着建设环境优美的生态旅游目的地和中国最佳旅游城市和优秀旅游城市的战略目标,依托资源优势、市场优势和区位交通优势,充分利用已经形成的交通、设施、湘粤赣交界地区中心城市的条件,抓住国内外旅游业高速发展的良好机遇,遵循市场经济规律和国际规范,培育大旅游发展的整体动力和发展环境,实施政府主导型发展战略,精品战略,可持续发展战略,保障供给,引导消费,推进旅游经济产业结构和空间结构调整,实现规模化和集约化发展,提高旅游行业整体素质和市场竞争力,致力于创造旅游业持续发展的良性机制,将"红三角"一地区建设成国内外有较高知名度的直接旅游目的地,以旅游的发展牵动区域相关产业的发展,力争使旅游业真正成为区域国民经济发展的支柱产业。

2. 旅游发展模式

与珠江三角洲地区以经济驱动旅游发展的模式不同,"红三角"地区是属于典型的资源驱动型旅游地,以观光度假旅游为主体的生态和文化旅游是区域旅游发展的主动力;而三省交界地区活跃的经济对外联系使得以商务公务旅游为主体的城市旅游成为推动区域旅游发展的辅助动力。因此,提出"红三角"

地区采取以观光度假为主体的生态与文化旅游为重点的区域旅游发展模式，形成资源、经济、市场共享、产品互补的区域性旅游圈。

3. 战略目标

（1）总目标

依托区域特色旅游资源，科学规划、合理开发、规范管理、综合配套，努力将"红三角"地区建设成为以观光度假旅游为龙头，集观光、度假、商务、宗教、寻根、娱乐、购物旅游等于一体的，华南一流并在国内外有较大影响的综合性旅游区，韶关、郴州和赣州争取进入中国最佳旅游城市行列，使旅游业提升为区域国民经济的支柱产业，并在推动区域"全面实现小康社会"中发挥积极作用。

（2）旅游形象定位

红色南岭，绿色自然——南岭"红三角"生态旅游

"红色"和"绿色"是"红三角"地区的主要景观特色和旅游发展基础，"红色"既是南岭"红三角"地区以红壤为主的大地颜色，也指"色如渥丹，灿若明霞"的丹霞地貌景观颜色，更代指南岭地区众多的革命遗址。"绿色"指南岭"红三角"地区由青山秀水构筑的优越的生态景观环境，也是众多以自然山水风光为特色的旅游区、森林公园的代指。用"红色南岭，绿色自然"来概括南岭"红三角"地区综合形象是一种特色的提炼和升华，"红色"和"绿色"相对，给人以鲜明、清新的色彩感知印象，"南岭"与"自然"相对，既说明了地理区位，又特指了其优越的自然风光，对城市旅游者尤其是珠三角地区的游客产生强烈的新奇感和吸引力。

（3）旅游市场定位

根据背景分析、区位交通条件、市场分析，"红三角"地区旅游市场定位如表7-1：

表7-1 "红三角"地区旅游市场定位

市场级别	客源地
一级市场	"红三角"地区、珠三角地区、长株潭地区、赣中地区、港澳地区
二级市场	湘粤赣及周边省市、京广—京九—京珠沿线各大城市
三级市场	国内其他省市、台湾、东南亚地区

（4）旅游开发空间布局

1）产品结构

"红三角"地区旅游产品以观光度假型为主，以商务旅游、宗教旅游、红

色旅游、文化旅游等为重要补充的多元产品结构（见图7-8）。观光度假产品主要以丹霞山、通天岩、飞天山、东江湖、莽山等为重点；商务旅游产品以韶关、郴州和赣州为重点；宗教旅游产品以南华寺、云门寺等为重点；红色旅游产品以长征之路为主线包括瑞金、于都、兴国以及郴州宜章等景点为重点；文化旅游产品以赣州古宋城、梅关古道等为重点。

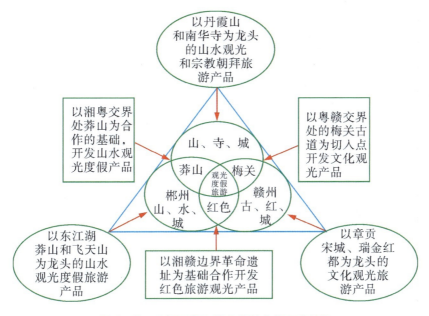

图7-8 "红三角"地区旅游产品开发结构

2）总体布局

根据产品的空间组合关系、区位与交通条件、旅游功能层次的地域结构，"红三角"旅游圈拟形成"三头、四线、六区、八重点"总体发展格局。

三头：韶关、郴州、赣州。

四线：沿京广—京珠—107国道观光度假旅游线，沿106国道丹霞山—热水温泉观光度假区旅游线，沿323国道文化旅游线，沿1803省道红色旅游线。

六区：以韶关为中心的观光度假、宗教、城市旅游区；以郴州为中心的观光度假、城市、专项旅游区；以赣州为中心的文化、观光、城市旅游区；以资兴东江湖为中心的观光度假旅游区；以宜章—坪石为中心的观光度假旅游区；以南雄—大余为中心的文化、寻根旅游区。

八重点：丹霞山、东江湖、莽山、飞天山、通天岩（包括古城）、瑞金、南华寺、梅关古道八个重点旅游区。

（5）近期旅游开发重点

1）优势的发挥——以现有优势为重点的系列

①重点产品：山水观光度假旅游产品，城市综合性旅游产品。

②重点市场：观光度假市场是未来相当长时期内开拓的重点。

③重要旅游区：韶关城市综合性旅游区、丹霞山观光度假旅游区、南华寺宗教文化旅游区、赣州（包括通天岩、古城等）综合性旅游区、飞天山月一霞地貌观光旅游区、郴州（包括苏仙岭、王仙岭、北湖公园）城市综合性旅游区、东江湖观光度假旅游区、莽山观光度假旅游区。

2）弱项的强化——以薄弱环节为重点的系列

①重点产品：温泉旅游产品、红色旅游产品、岭南文化旅游产品。

②重点市场：休闲度假、考察探险、科教寻根旅游市场潜力较大。

③重点项目：汝城热水温泉旅游区、瑞金红色旅游区、长征之路考察探险旅游区、南雄（梅关古道、珠玑巷、恐龙蛋）文化旅游区。

（四）"红三角"旅游圈旅游发展的对策和措施

1. 政府决策层面

（1）实施政府主导型发展战略

实施政府主导型战略是既遵循市场经济规律又有效发挥政府宏观调控作用的运行战略。"红三角"大部分地区尚处于旅游发展阶段，政府主导的作用主要在政策调控、大环境营造、规范市场、资金导向、规划控制、行业管理、人才管理、科技信息、整体促销等方面。其中实施政府资金导向，主要是：①增加宣传促销投入；②增加教育培训投入以形成旅游人才导向；③对资源开发和景点建设的引导性投入以形成投资导向。但随着市场经济的逐步建立，政府主要制定产业政策和营造大环境，逐步指导投资、经营、人才、信息、技术等转向市场主导，把依靠政府投入的公益行为转变为政策引导的市场资源配置模式，建立多元化的投资机制，促进社会资金和外来资金投入旅游。

（2）实施区域、城市建设与旅游开发一体化战略

"红三角"地区在积极推进工业化的基础上，应重视第三产业发展，使之形成未来的主导产业，将旅游业作为城市的重要职能，扶持大流通，发展大旅游；同时注意营造区域旅游大环境，强化区域的旅游功能，树立区域综合旅游形象，将"红三角"各大城市建成流通活跃的现代化工商业城市和环境优美的园林化旅游城市。

韶关、郴州、赣州作为地方性旅游接待服务中心，应按照国际惯例，在规划布局和城市建设上突出特色，营造旅游大环境，控制污染工业，加大环境保护力度，为旅游发展提供优良的硬件环境。同时，在城市功能、市政配套、建筑风格、城市风貌、城市管理、民风民俗等方面，实施形象工程，强化宣传，

树立大旅游意识,营造旅游城市氛围。

(3) 实施可持续发展战略

立足于创造旅游和区域经济共同可持续发展的良性机制,培育旅游发展的整体动力。旅游开发必须立足于资源保护,以不损害后人永续利用为原则。要致力于改变旅游区和度假区的城市化建设倾向,在资源开发上坚持宁缺毋滥的原则,坚决杜绝资源与环境的建设性破坏;始终把生态旅游作为"红三角"地区旅游产品发展的方向。

2. 行业发展层面

(1) 实施精品战略,塑造旅游名牌

旅游开发过程中对具有拳头产品性质的旅游项目、具有拳头产品潜力的旅游景区,应高品位策划与规划,避免日后修修补补。旅游资源开发坚持"优先深度开发重点、适度开发中等、控制和保护一般"的原则,避免一哄而上、全面开花。对现有景点,要深入挖掘内涵,扶持重点景区的深度开发;对于开发失误或已造成严重破坏的景点,应予以改造或关闭,使之得以提高品位或生态恢复。

(2) 建设旅游龙头企业

建设几个具有先导作用的旅游龙头企业是"红三角"地区旅游发展初期的一个重点。应扶持重点,培育企业竞争能力。抓好旅游龙头企业的建设,走集团化经营的路子。按市场经济规律,理顺企业内、外部关系;明确产权和责、权、利关系,建立正当竞争机制。龙头企业应在正规经营、正当竞争、树行业形象等方面发挥带头作用,促进全市旅游企业的整体发展。搞活小型旅游企业,对小型旅游企业放宽政策,同时加强引导、监督和管理,既要鼓励小企业的个性化发展,又要规范其经营,促进大旅游局面的形成。

(3) 实施人才、科技兴旅战略

在人才培养、人才竞争与激励机制方面进行改革,适应旅游业现代化、信息化的需要。将人才队伍建设作为重要任务列入年度计划和长远规划。近期,重点是引进和培训中、高层次的旅游管理人才,对现有在职管理人员,要结合工作实际,以培训班、研修班、研讨会等形式,以旅游资源开发、管理、保护、旅游规划、旅游发展态势、国内外旅游开发、管理先进经验等为主要内容,进行定期专题培训、研究。中远期,与有关高校和科研机构合作,建立产学研基地,成立"红三角"旅游研究会,作为中、高层管理人才培训、研修、交流、提高的载体;也可组建专家顾问团,共享专家资源,达到借才的目的。逐步实现人才专业化、招牌规范化、使用科学化,力求形成一个充满活力、富有激励机制的管理人才、激励成才的企业人才管理机制。

科技兴旅战略的核心是产品科技化、办公自动化和信息网络化。加强现代科学技术在旅游业中的应用和普及，推动旅游科技化、数字化和网络化。应用先进技术工艺，设计和生产适应现代旅游者需求的旅游产品。加强与国内外旅游研究机构的联系和协作，逐步提高旅游决策水平。

（4）加快信息化建设步伐

将信息化作为"红三角"地区旅游管理系统近、中期建设的重点，完善旅游管理信息、旅游咨询、旅游电子商务系统。推动旅游企业走上信息高速公路，在近期内完善区域旅游网站建设，建立"红三角"旅游网站，推介区域旅游形象和各旅游企业；80%的旅游企业和旅游景区能够建立网页，实现网上宣传；旅游酒店利用互联网技术初步普及管理信息系统，推动主要旅游酒店实现宣传—查询—预订—支付系统网络化；所有旅行社实现网上交易。

中期所有的景区和企业能够在省市乃至国内主要旅游网建立网页，所有旅行社实现网上交易，在网上银行实现电子结算。通过互联网，实现旅游信息实时报送和更新，后台线路订单查询、订单跟踪、支付结算监控等业务管理操作。旅游主管部门能采用交互式问讯电脑、订阅信息传真服务和数据光盘等。

3. 区域协作层面

旅游区域协作是指与周边地区实行资源与市场共享，优势互补，将多方的旅游产品进行组合式销售。旅游国际化是当代旅游业的突出特点，"大区域协作"是适应当代旅游发展趋势的一种决策理念。就是要设法扩大自己的发展空间，增加发展机会。要求旅游决策突破地方主义观念的束缚，实现大区域的"资源共享"与"市场共享"以达到空间拓展的目的。

（1）基本旅游协作区——"红三角"旅游协作体系建设

1）建立常规的政府合作机构。在各市旅游局，设立对口的旅游协作办公室，建立合作档案，负责常规联络，处理日常事务，提供对策方案等，为区域协作提供务实性服务。

2）制定区域合作战略目标和发展规划。由三市联合研究编制跨区域跨地区旅游发展战略和规划，制定合作的方向、内容、目标和实施计划，区域旅游开发和区域旅游线路的合理组织。

3）开展多层次、全方位的实质性合作。在继续深化现已开展的联合推广工作的基础上，将合作的领域逐步扩大到联合开发旅游资源和建设旅游项目；联合创办旅游高等院校或培养机构，加强人才的培训与交流；组建由几个科研机构力量构成的旅游发展机构，加强与国内外旅游组织的联系，开展多种层次的学术研讨，实现旅游调研与信息共享等。

4）加强对旅游产品的整合和统一策划与包装，强化整体形象。将"红三角"地区作为一个完整的旅游区，突出各地互补的特色和产品，进行统一策划与包装，注意国内销售与国际销售的差别，面对国内和国际两个市场，以组合优势强化整体形象,提高"红三角"旅游区在国际国内大市场中的竞争力。

5）优化旅游大环境。通过对社会环境、经济环境和文化环境方面进行旅游营造,联合实施大区域的旅游形象工程,以推动旅游大环境的优化。

（2）与珠江三角洲的合作

珠江三角洲地区是"红三角"最重要的也是最直接的旅游客源地,"红三角"地区通过发达的铁路和公路交通以及航空与之建立了紧密的经济文化联系,这是与它们合作的基本前提。同时,珠江三角洲也是全国著名的旅游目的地,旅游业已经进入成熟发展阶段,旅游业结构的调整和层次的提高,都需要从外围吸收合作伙伴来推动自身的发展。此外,该区的现代城市和文化旅游吸引物与"红三角"地区以生态观光度假型为主的旅游吸引物具备很强的互补性。另外,该区也是港澳台游客的主要入境口岸。因此,应该利用这些优势和珠三角地区建立旅游合作关系。

第四节　汕头市可持续发展战略思路与对策[①]

图7-9　陈烈在汕头市做题为《汕头市可持续发展战略思路与对策》的报告

---

① 本文是2007年9月18日汕头市发展战略研讨会上的发言提要,会后,以"明确战略思路,实现可持续发展"为题,被收录登于《中国报道》,并加编者按语如下：以胡锦涛同志为总书记的党的新一代领导集体,继承、丰富和发展马克思主义理论,提出了构建社会主义和谐社会的伟大战略。全党全国人民迅速把思想和行动统一到中央的决策和部署上来,党的7000多万优秀儿女,尤其是党的领导干部,不仅在实践中充分发挥先锋模范作用,倡导和谐理念,培育和谐精神,最大限度地激发社会活力,增进社会和谐,而且本着对党和人民事业高度负责的态度,凭借深厚的理论修养、丰富的领导经验、突出的管理成就,结合本地区、本系统、本单位实际,从构建社会主义和谐社会的理论层面、制度层面、实践层面,撰写了许多很有分量的文章。广东省中山大学规划设计研究院陈烈同志的这篇文章就颇具代表性和指导性。

一、制约汕头市发展的突出问题

（一）区域和城市形象被毁，生产力遭破坏

由于少数不法分子制假造假、偷税漏税，损坏了粤东和汕头市的整体形象，外地人不敢购其物，合其作，投其资，驰名商标不敢打当地牌，在打假的同时，缺乏及时扶真，民心涣散，活力下降，在区域中的地位明显减弱。

（二）腹地被层层分割，区域竞争力严重下降

改革开放以来，在市场经济条件下，随着区域交通条件的改善，珠江三角洲和闽南三角洲地区极化加强，使梅州、汕尾、赣州等地区成为周边各中心城市共同争夺的势力范围，原来属汕头市区域腹地的闽、粤、赣地区被吸引和分割。粤东区内、潮汕平原和韩江流域生态经济系统被人为破坏，有限的资源被分割，资源劣势更加凸显。本来就处于长江三角洲和珠江三角洲间低谷地带的粤东和汕头市，随着独立的发展空间和区域腹地减少，使地缘经济区位更加弱化。

（三）有港无货，与"深水大港"极不相称

汕头在历史上因港而生，靠港口发展，现在港口的发展不尽如人意。港口腹地缩小，港口设施欠及时配套，服务功能下降。自身缺乏支撑港口经济的滨海临港大工业，港口吸引力和辐射力与"东南沿海深水大港"不相称，港口货物吞吐量大幅下降。

（四）有业不大，城市发展动力和竞争力严重不足

以传统商贸业和散、乱、小工业为主，现代化、战略性、规模化的滨海临港工业缺乏，现状产业结构（第二产业产值比重还达不到全国和广东省的平均水平）缺乏自身发展动力和区域竞争力。

（五）观念保守，竞争意识和创新意识淡薄

缺乏大幅地、大港口、大产业、大经济的发展和竞争意识。150多年"重商轻工"的商贸型海港城市意识浓厚，缺乏与滨海深水大港相匹配的大型工业企业。长达1000多年历史的潮汕文化资源开发和创新不足，单一、保守的制度文化未能在市场经济条件下变为经济。

如上五个问题是当前制约汕头市发展的突出问题。

二、汕头市发展态势分析

粤东是位于长江三角洲与珠江三角洲之间一块相对独立的区域，也是汕头市历史上发展的独立空间和区域腹地。汕头利用这样的一块独立的空间和腹

地,连接闽粤赣边界地区,内部是潮汕平原,也就是粤东地区,利用腹地,面向海洋,利用港口发展起来的。

改革开放以后,珠江三角洲发展了,闽南三角洲也冒出来了,这两个地区发展,极化作用加强,造成了跟汕头争腹地。首先,闽粤赣边界地区被分别吸引。闽南三角洲地区的发展,把赣州吸引过去了。现在江西的公路、铁路都向福建修,给它很多优惠政策。如果广东省不注意这个问题,潮州、梅州很快也会被吸引过去,从发展的势头也可看出了这种态势。

另外,原来潮汕地区都属于汕头,在改革开放以后,汕头地区被人为地划分为几块。现在说的粤东四市（实际上是五块包括梅州地区）,这本来是汕头完整的腹地,可现在被分割了。这样一来,汕头的腹地越来越小,至今天成为一个有港无货的"空港"城市。

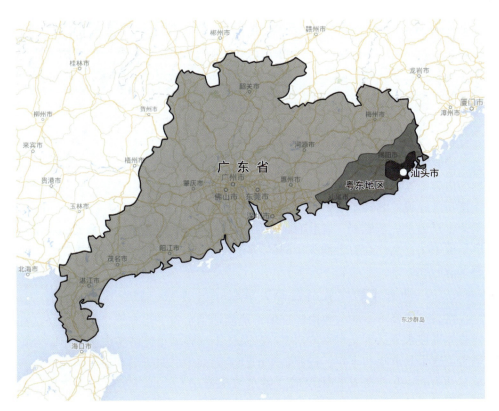

图7-10　汕头在广东省及粤东的区位

那么,未来的态势是怎么样呢?福建这几年狠抓海峡西岸经济区,目前发展势头很好,已被国家列入"十一五"规划,纳入了国家发展战略。海西经济区的发展将成为未来台海经济圈的重要组成部分。该经济圈的北边是浙江省南部，西边是包括福建、广东省的东部，与东边的台湾省形成"四省两岸"经济圈。粤东和汕头地区将成为台海经济圈的组成部分。

因此，加快粤东地区的发展，加快汕头的发展，不仅仅每个汕头人有责任，省委、省政府更应该重视这个问题，应该从区域协调和区域竞争高度认识这个问题。"十五"期间，粤东的经济平均GDP比粤西粤北还差，这样继续发展下去肯定被边缘化、甚至被淘汰，这是摆在广东经济大省面前的一个需要正视的严峻问题。广东省必须像福建省重视抓厦门那样重视抓汕头市的发展，要用福建省抓海西经济区那样的力度抓粤东地区的发展。只有这样，才能够主动参与台海经济圈的激烈竞争。

汕头市应该建设成为参与未来台海经济圈竞争的桥头堡。这方面有点像湛江市在环北部湾经济圈中参与激烈的"两国四方"竞争一样，湛江不仅是粤西的区域中心城市，还应成为环北部湾区域中心城市之一。我们这里是"四省两岸"的概念，汕头不仅是粤东区域中心城市，还应是台海经济圈的中心城市之一。广东省该不该下力气抓？这是摆在眼前的重要问题。

三、汕头市可持续发展战略思路与对策

（一）汕头市发展面临两个机遇

国家支持海峡西岸经济区的发展（汕头应属其中），已列入"十一五"规划的内容，这应该是汕头发展的机遇之一；同时，国家进一步坚持对外开放和支持特区建设的政策不变，汕头只有充分利用这个优势，坚持开放才有出路。第二个机遇是广东省委、省政府关于促进粤东地区加快经济社会发展的决定和广东省第十次党代会对于汕头市的区域定位，说明广东省已经开始重视抓汕头的发展问题。

（二）汕头市的发展肩负两大重任——振兴、服务

振兴市域经济——五年内经济增长速度达到全省平均水平，十年内经济社会整体发展水平达到全省平均水平，从总体上增强城市经济实力和城市综合竞争力。这里是五年和十年，按照多年的经验，如果思路正确，还可以完成得更早。汕头的中心任务是：建设成为粤东城镇群中心，服务和带动周边城市发展。振兴自己，服务和辐射周边。

（三）汕头市的第一要务是加快发展

最近，汕头的领导讲话、下发文件、新闻中出现最多的词就是"加快发展"。不仅是发展，而且还要加快。面对目前的态势，汕头只能是加快发展，否则将越来越被动。可以明显看出现在领导班子，尤其是决策者的决心和加快

发展的紧迫感和责任感。汕头市的发展看十年,关键是前五年。根据这一态势分析,这五年发展不上去我看汕头就更被动了。

所以我认为,汕头市的发展首先要抓好两项基础性工作。一是要有个科学的可持续发展的战略思路,二是要塑造良好的城市形象。

思路决定出路,科学思路就是生产力。一个地区的发展,必须要有一个科学的发展思路,用这个思路来统一干部的认识和行动,围绕共同的方向和目标去奋斗,快则两三年,慢则三五年,就必然会有较大发展。最近,市领导花了大量的精力,制定出了《汕头市十年发展战略纲要》,这就是一个很好的思路,这是一项重要的基础性工作。

面对区域周边群雄并起,汕头市要在城市群落中崛起,要明确以下几个问题:

(1)树立明确的发展战略理念——以人为本、全面、协调、可持续发展的战略理念。树立大区域、大港口、大产业、大服务、大文化的全局发展理念和竞争意识。

(2)坚持明确的发展战略方向——西接、东融、北延、南拓。西接,积极承接发达国家和地区产业转移和珠、港、澳经济圈的辐射;东融,主动融入东北部海西经济区和台海经济圈;北延,延伸北部,巩固和发展闽(西南)粤(梅州市)赣(南)腹地;南拓,努力拓展南海海洋产业和经济、开发海洋资源,汕头要充分利用两个经济腹地,一个是陆地,一个是海洋。

(3)在战略任务上,配套完善区域现代化综合交通运输体系,提升汕头港的地位和功能;巩固和发展都属于自身的市场和腹地,融入和参与已被失去的腹地和市场竞争,振兴自身,辐射周边,和谐多赢。

(4)在空间发展战略模式上,集聚发展、点轴带动、带状辐射。重点抓好一个主中心(汕头市区)、四个次中心(澄海、潮阳、潮南、南澳)、一轴(324国道)、三带(东部城市经济带、南部滨海工业经济带、西部生态经济带)。围绕一轴,韩江、练江、榕江经济带形成圈层发展,最后形成一个以汕头为中心的网络状城市空间格局。

(5)在战略目标上,坚持海陆两个扇面,国内、国际两种资源,两个市场互动,多个(国内、外,省、市、县)积极性结合。凝聚人心,不仅凝聚国内、市内的人心,还要凝聚侨胞的心。集聚财气,汕头在海内外有钱的人多得很,如果市政府有个明确的发展思路,建立起信心来,财源肯定滚滚而来。实现三年打基础、五年大变化、十年大发展的发展目标是可能的。要把汕头建设成为海西经济区的中心城市之一,成为广东省参与台海经济圈竞争的桥头堡。

(6)战略重点,围绕这个战略目标,近期的战略重点是什么?汕头要抓的事情很多，我认为，第一个重点是强化汕头市的中心城区建设，增强城市综合竞争力。湛江近几年有较好发展，他们从2002年开始抓几条。第一条抓城市，狠狠抓城市规划和建设。面对广西钦州、北海、防城和湛江抢腹地、抢港口、抢货源的激烈竞争，湛江紧紧抓港口建设，抓城市规划和城市建设，全力营造城市形象。湛江现在形势相当好，我认为目前已是广东省第二个形势最好的地方。汕头市也要从抓好中心城区规划建设，塑造城市形象做起，现在已经动手在搞了，这样做我认为路子是对的。

第二个重点，大力抓工业和商贸、服务、物流业。工业方面要抓两手，一个是整合散、乱、小工业企业，把它规模化，集聚起来，用产业链关系集聚。同时，大力发展现代化的、战略性的、规模化的滨海临港大工业。在商贸、服务、物流业方面也要抓两手。一个是利用提升传统商贸业，传承百年商埠不衰，在此同时，要积极发展现代化生产性综合服务业和物流业。

第三个重点，要抓陆、港重大基础设施建设，配套建设深水大港，完善服务功能，重振港口兴市雄风。也是抓两条，一是港口基础设施建设；二是抓通达市内与区外的陆域现代化综合交通运输体系，打造潮汕一小时经济圈。

第四个重点，抓好城市经济带和工业经济带，成为汕头市的经济增长极。汕头市领导提出抓三条经济带，这是一种观念的更新。原来给人家印象是汕头没有地、缺乏发展空间。三条经济带的提出，为我们开拓了用地空间，这体现了一个向海洋发展的方向，展现了一个全新的生产力空间布局格局。特别是城市经济带和工业经济带，这是近期要狠狠抓的一个重点。

这三条经济带中，经济带向北，可以把南澳带起来，把南澳的空间纳进来；再向北，跟饶平、潮州连起来；向西发展，跟揭阳沟通起来；向南发展，把汕尾联系起来。这样一来，汕头市的区域中心城市地位就突显出来了，这是非常有战略意义的思路。所以三条经济带的问题，大家要达成共识，要反复强调，要落实在市委、市政府一班人和广大干部的实际行动上。

第五个重点，重视观念更新和文化建设。潮汕文化底蕴深厚，是发展的无形资产，但在新的形势下，要树立大文化理念。要重视兼容客家、广府和海洋等文化，多元文化有机结合，变文化资源为经济。

抓好汕头市发展的第二项基础性工作是塑造良好城市形象，振兴生产力，提升汕头市的吸引力和竞争力。

形象就是生产力，城市和区域要发展，形象是基础。汕头市不仅具有现实生产力（现有的发展基础和条件），还具有潜在的生产力（能搞假说明就有搞真的素质和潜力）。汕头市要通过各种有效的措施塑造城市形象，化消极因素为积极因素，变形象为生产力。

我认为，汕头和粤东地区发展，具有很好的综合本底素质，虽现在落后了，在前进路上出现一些问题，但只要大家明确发展思路，树立信心，上下配合，内外结合，团结奋斗，实现五年大变化不再困难，十年大发展也将指日可待，但愿汕头市一天比一天好。

第五节　边境口岸城市基本特点与二连浩特市发展战略思考[①]

一、边境口岸城市的基本特点与发展路径

在我国长达 2.2 万公里的沿边开放地区，分布着众多边境口岸城市，这些城市都位于边陲交通节点上，最突出的资源特点是"口岸"，既是我国内陆边境地区国土资源开发与经济建设的据点，也是对周边国家开放的窗口。

由于边境地区长期受国际关系、边防方针政策等条件因素的影响，且远离国家经济建设中心，其经济发展未能与全国经济融为一体，边远成为沿边地区发展的区位劣势，主要是行使成边前哨功能，在以往"打完再建"思想的影响下，国家投资少，边境口岸地区大部分属经济落后的贫困地区，城镇建设欠重视，基础差、规模小。

图 7-11　陈烈在内蒙古二连浩特市科级以上全体干部会议上作《边境口岸城市基本特点与二连浩特市发展战略》的报告（2007）

[①] 本文根据2007年8月在内蒙古二连浩特市科级以上全体干部大会上的报告整理（未刊），内蒙古师范大学海山教授组织调研，提供信息和参加讨论。

改革开放以来,各地充分利用"口岸"这一稀缺资源,在"边"字上做文章,在"开放"上下功夫,在"内联"上求发展。依据国内、外两种资源、两个市场,立足口岸,依托国内,面向国外,发展陆港经济,取得前所未有的发展。

产业是边境口岸城市发展的主要动力,以边贸和边关旅游为其主导经济和支柱产业。其发展路径多从贸易开始,逐步向实业发展。即从边贸业、边关旅游业逐步带动口岸加工、制造业发展。其发展模式多种多样,一般是通过利用国内产品直接对外销售,同时利用境外国家的资源就地加工复出或内销。

城镇是经济和产业发展的载体,城镇的功能由单一化向多元化、多层次发展。口岸城市成为国与国之间经贸、技术合作的据点,作为国际大通道、跨国旅游集散地给予重点扶持和建设。这些年来,尤其是进入21世纪以来,各地城市出现了超常规的发展。许多边陲落后小镇正逐步向现代化"国门型"城市发展。

边境口岸城市的发展,一般围绕经济和产业发展,重视城市竞争力的营造,调动多方积极性,积极构建城市的硬实力和软实力。首先抓好城市发展研究与规划,理清发展思路,制定发展方案,并认真抓好规划的实施和管理,真正变规划为生产力。重视抓好城市的基础和公共服务设施,尤其是及时抓好以道路交通为重点的现代化综合交通运输体系和重大基础设施建设,加强与国内经济中心的联系和与国外的对接,变边陲隘口为综合性、立体式、现代化的国际性大市场、大通道。同时,边境口岸城市还重视多国、多元文化氛围的营造,重视城市自然生态环境保护和现代化生态环境的建设,重视树立良好的政府形象和提高行政效率等。

边境口岸城市的发展得益于国家实行对外开放的政策,得益于和平共处的国际周边环境,得益于和谐共赢的发展理念。通过实施"南联北开"或东进西出的全方位开放战略方针,使边境口岸城市成为国家对外开放的门户,成为对外贸易、资源引进、经济交往、国际交流与合作的优越地域和口岸。随着区域性、国际性现代化交通运输体系的建设,使边远这一劣势转化为具有优越地缘经济优势,具有巨大开放、开发潜力和发展能力的区域和城市,成为国家分布于沿边各地的璀璨明珠和经济增长点。

二、二连浩特市发展背景与发展机遇分析

二连浩特市位于中国正北方,内蒙古自治区中北部,与蒙古国扎门乌德市隔界相望,是中蒙两国唯一的铁路口岸。1956年1月,北京—乌兰巴托—莫斯科国际联运列车正式开通以后,1966年1月,国务院批准建立二连浩特市。1986年3月,内蒙古自治区政府批准二连浩特为计划单列市。1992年,二连

浩特市被国务院批准为全国首批13个沿边开放城市之一。

十多年来，尤其是21世纪初以来，二连浩特市在中央和自治区政府的关心和支持之下，充分利用开放政策，依托口岸发展路港经济，获得长足的发展，作为中国向北部开放的前沿阵地，已成为中俄蒙贸易往来及向世界各地展示中国形象的重要窗口。2005年，中俄双边边境贸易额逾50亿美元，占中俄总贸易额的1/6；中蒙边境贸易额达4亿美元，占中蒙贸易总额的50%左右。

二连浩特市辖区面积4015平方公里，城市建成区面积18平方公里，2005年近10万人，二连浩特市依托锡林郭勒大草原，地势平坦，平均海拔为932.2米。境内无河流，地下有古河道穿境而过。受蒙古高气压影响，属中温带大陆性季风气候和干燥荒漠草原气候。春季干燥少雨，夏季短暂炎热，秋季天高气爽，冬季漫长寒冷。平均气温3.4℃左右，年均降水量142.2毫米，无霜期90～120天。

二连浩特市是世界闻名的"恐龙之乡"，是我国最早载入国际古生物史册的恐龙化石产地，曾有苏联、美国等十几个国家和地区的考古专家前来考察，开发恐龙旅游资源前景广阔。坐落在锡林郭勒大草原上，有国门、界碑、恐龙墓地等独特景观。

二连浩特市面临发展的良好机遇，有得天独厚的地缘经济区位和不可多得的口岸资源。它位于208国道起点和集（宁）二（连）线的终点，距俄罗斯首都莫斯科7623公里，距蒙古国首都乌兰巴托714公里，距北京720公里，距呼和浩特410公里，是中国距首都最近的陆路口岸。以北京为起点经二连浩特到莫斯科比走滨洲线近1140公里，是连接欧亚大陆最近的大陆桥。

二连浩特市位于呼（和浩特）包（头）鄂（尔多斯）经济重心区、环渤海经济圈和乌兰巴托城市经济圈的结合点，可以兼收并蓄来自三个扇面的辐射。近些年，俄、蒙两国经济发展步入快车道，随着中、蒙、俄三国关系的改善和友好往来，三国间和谐相处、共赢发展的意识正逐步加强，作为三国前沿阵地的二连将获进出口物资集散、边贸、旅游、服务、加工等之利。

改革开放二十多年来，二连浩特经济社会发展已有较好的基础。市内科教、文化、医疗卫生、电视、通讯、环保等公共设施基本齐全，有通达国内外的铁路、公路交通干线。支线机场正在建设，电力资源较充足，是全国唯一向国外输电创汇的城市。尤其是人们对外开放、对内改革、发展和协调发展的观念和意识不断加强。开放是口岸城市发展的生命线，中央继续坚持改革开放政策，将给二连浩特市继续带来大发展。

然而，二连浩特市的发展也面临着越来越激烈的竞争和挑战。位于三大经济圈的结合部，既可以接受来自各方的辐射，也可能有被边缘化的危险。二连浩特将面临沿边，尤其是北部沿边开放口岸城市的竞争和挑战。要树立竞争意识，与二连隔界相望，相距9公里的扎门乌德市，目前虽城市规模、建设档次、城市经济基础等不及二连浩特市，但它是蒙古国与中国唯一的铁路口岸，蒙方已将其定位为国家级商贸区、加工区、娱乐博彩区，规划建设国际机场，中国等外商进入将享受免征关税等优惠政策，中国等外国公民可凭护照免签证或持所在国家身份证即可自由进入，这就意味着蒙古国对扎门乌德的开放开发力度是很大的。

扎门乌德市的发展可以给二连浩特市带来相互促进、共同发展的机遇，但也要清醒地意识到扎门乌德国家级经济区的发展将给二连浩特带来竞争和挑战。因此，二连浩特市要利用先发展的基础，进一步解放思想、更新观念、抓住机遇，瞄准新的目标，更好更快的发展，在激烈的区域竞争中立于不败之地。

图7-12 二连浩特市域区位图

三、二连浩特市发展的战略思考

坚持用发展、协调发展和以人为本全面发展的可持续发展战略理念指导二连浩特市的发展和建设，充分利用国家改革开放政策，依托口岸，继续在"边"字上做文章，南联北拓，和谐共赢。

树立依托、利用、融入、对接、竞争的理念，充分依托国内的资源、市场、资金、产业和产品，积极利用和开发、利用境外蒙、俄的资源和市场，积极融入呼包鄂经济重心区和环渤海湾经济圈，主动对接乌兰巴托城市经济圈，牢固树立发展与竞争意识。

关键是要抓好城市和产业发展战略定位。它决定一个城市的发展方向、速度和竞争力。要从与周边大区域的分析比较中明确自身的地位和作用，确立自身的发展方向、目标、理念、模式、重点以及相应的措施和对策。二连浩特位于蒙北、中蒙边界，在区域中具有重要的战略意义。要从带动蒙北区域发展，站在参与中蒙边界区域竞争的战略高度上，把二连浩特市建设成为蒙北明珠、中蒙边界的区域中心城市，中、俄、蒙经济带和铁路交通的主要节点。

围绕这个战略定位，要重视强化中心，集聚发展，增强其在区域中的吸引和辐射、带动作用。从大区域、大经济、大文化的战略高度，切实抓好城市发展、规划、建设与管理。近期的重点是抓好中心城区（尤其是城市新区）和赛乌素科技园区的规划和建设，营造理想的发展平台，把优越口岸区位和理想的园区投资环境与高效的政府行政效率有机结合，成为创业发展的理想环境，实现外地企业本地化，外来人口本地化，经济社会又好又快又节约的发展。

产业是城市发展的动力，城市和区域发展，要重视产业发展定位，重视主导产业的筛选与布局。要根据市内资源环境条件和国内、外市场和资源情况发展特色产业和产品，要走以内源为主，内源与外源相结合的发展道路，要充分利用市内的资源优势，引进"原生型企业"和培育"自生型企业"，不能光等、靠先发展地区企业的二次或三次转移。二连浩特地区自然生态环境极端脆弱，且干旱缺水，要避免因短期行为而盲目引进污染、耗水型工业企业。产业发展要走环境友好型、资源节约型，集中、集聚、集群的规模化发展道路，要坚持"生态优先"的产业发展路子。

根据上述要求，二连浩特市的产业发展可定位为中蒙边界边贸、旅游、物流、服务和加工、制造业。产业发展模式宜用国内的产品销境外国际市场和利用国内、外资源，加工复出或内销。

根据二连浩特的实际，产业发展重点之一，以"优质产品＋诚信服务"为引力的边贸业，重点发展边境购物、商贸、旅游。这方面目前已有一定的基础，未来的重点是提升、整合和加强管理，充分利用边境口岸区位，把购物、旅游、休闲度假、文化娱乐有机结合。重视提升产品档次，整合资源和市场空间环境，完善市场管理、监督体系，重点对准蒙、俄两国，做大做强。

产业发展重点之二，利用能源（电）优势，发展口岸节水型加工、制造业。重点进口俄、蒙的木材、矿产、畜产品等资源，依托科技园区，就地加工、选炼复出或内销，把加工、销售有机结合；建立建材工业集散供应基地；

重点供应俄、蒙两国巨大的建筑市场需求；利用俄、蒙两国日用轻工产业的短腿与强大的市场需求发展轻型加工、制造业。

二连浩特及内蒙古地区能源（电）充足，未来利用风力资源发电的潜力巨大。内蒙古是我国风能资源最丰富的地区，其风力资源占全国1/3，有"空中三峡"之称。据市气象资料，月平均风速为4.5米/秒，3、4、5月最大风速平均在17米/秒以上。充分利用二连浩特市丰富的风能资源优势，建设风电园区，变风能优势为经济优势，变年周期长达6～8个月的强大西北风为财富，大力发展绿色能源，既可以成为经济的增长点，更是依托自身能源发展加工、制造业的有力保障。

二连地处温带大陆性气候区，降水量少，地下水源缺乏气候干旱，草原含沙量高，冬春季大风频繁，风蚀力极强，一旦地表植被遭破坏，沙质土地荒漠化迅速蔓延，因此，决定二连浩特市只能发展节水型、环保型、生态型企业。

产业发展重点之三，选择优越的地区发展集约型蔬菜、粮油等农副产品生产、加工、出口供应基地。

由于自然环境和人力资源的关系，蔬菜、粮油、水果等农副产品是俄罗斯，尤其是蒙古国长期必须依赖进口的事关民生的生活必需品，需要量大而稳定，成为我国永久性出口产品。二连浩特市多年来，在建立蔬菜生产基地，供应市场和出口做了大量的工作，取得了良好的效果，但随着市场的扩大和需求量的增加，宜在市内、自治区内，或国内适当地区建立常年的和反季节性的果蔬、粮油等绿色农副食品生产、加工、出口供应基地，注意集约型生产，重视产品质量，对准境外广阔市场，打造绿色出口通道。

四、二连浩特市经济社会发展要重视的几个问题

（一）要有个科学的发展思路和发展方案

思路决定出路。要坚持用发展、协调发展和以人为本发展的可持续发展战略理念作指导，通过多学科结合进行认真研究和科学规划，理出一个科学的宏观战略思路和有用可行可操作的实施方案，作为统一市内领导、干部、群众，尤其是决策者的认识和行动的有效手段和科学依据，认识统一了，行动一致了，大家围绕共同的目标，努力奋力就会形成巨大的生产力。当前，二连浩特市要通过认真的研究和科学的规划，理出一个明确的战略发展思路，包括发展方向、目标、理念、模式、重点和策略对策。要重视城市发展战略定位和主导产业的筛选、论证与布局。把二连浩特市建设成为蒙北明珠，中蒙边界的区域性中心城市，建设成为我国向北开放的经贸大通道，区域性国际物流中心和进出口加工基地。

（二）要继续构建区域理想发展平台——区域中心城市

改革开放以来，尤其 21 世纪初以来，二连浩特市的城市建设发展很快，目前已有一个设施较为配套的城市环境，并着手建设新城区，建设机场和恐龙化石公园。新时期二连浩特市要站在中蒙边界区域中心城市的高度上，认真抓好规划、建设和管理，进一步完善市政基础设施和公共服务设施建设，重视多国、多元文化环境建设，营造环境优美、生活舒适、人际和谐的生活居住空间和创业发展环境，实现外来企业本地化，外来人口本地化，增强城市竞争力。建设成为展示国家形象的窗口，成为国内外客商投资创业和中俄蒙睦邻合作的战略平台，建设成为中蒙边界地区经济实力最强，吸引、辐射和亲和力最大，在中蒙边界区域起龙头作用的区域性中心城市。为此，二连浩特市正在起动的新区建设具有极其重要的意义，要从新的理念，切实抓好规划、建设和管理。

（三）要走"生态优先"的产业化和城市化发展路子

经济是城市发展的基础和前提，城市化是历史发展的必然趋势，世界许多国家和地区，在总结以往传统发展观念和模式的基础上，深刻地认识到，走可持续发展工业化和城市化的必要性和重要性。我国是后发展国家，"十一五"规划强调经济社会发展要走资源节约型、环境友好型的道路。工业化、城市化和现代化是我国发展的目标，我们要坚持以可持续发展战略理念作指导，经济发展要走坚持生态优先的路子，要坚持走可持续的城市化和现代化道路。

二连浩特市地处温带大陆性气候区，年降水量仅 142.2 毫米，气候干旱，位于我国最典型的生态环境脆弱带，对人为活动的干扰非常敏感，草原土壤含沙量高，冬春季大风频繁，月均风速在 4.5 米/秒，最大的 3、4、5 月平均达 17 米/秒，风蚀力极强，一旦地表植被遭破坏，沙质土地沙化迅速蔓延。因此，产业和经济发展、城市建设与资源开发，都要坚持生态优先的原则，重视自然生态环境的保护和现代化生态环境的建设。必须清醒地认识到，生态环境好坏，是决定二连浩特市发展以及在激烈的区域竞争中最后成败的关键。

（四）要重视草原生态环境保护和草原牧区城镇化

保护草原，必须从改变牧民千百年来赖以生存的生产方式做起，坚持"以进为退"，实施人口、资源减负战略，让人迁出草原，减少草原载牧量，多长草，增加枯草层。要更新观念，改变以往人多—畜多—草少—草原退化、沙化的恶性循环运行模式。组织牧民逐步退出大草原，对部分留守的牧民实行联户经营、划区轮牧，减少人、畜对草场的破坏，经过若干年的经营，实现草原人少、畜少、草多，再现"风吹草低见牛羊"的美丽景象。

要积极发展集约型特色种、养业、优质畜产品加工业、轻工制造业、旅游和服务业。为迁出大草原的牧民解决生产和生活问题，增加经济收入，提高生活水平。

要加快草原牧区乡村城镇化的步伐,吸引和鼓励牧民进城,变牧民为城镇居民,从根本上改善牧民的生存环境和生活条件,让他们共享城市文明和民生福利,提高生活质量,实现进城牧民老有所养、弱有所护、病有所医、少有所教,青壮年有工做(放牧、种养或务工)。但愿草原牧民能尽早有个安定的家园。

这方面,内蒙古呼伦贝尔草原东部的新巴尔虎右旗和锡林郭勒盟南部的正蓝旗都已创出了路子,做出了榜样。

图7-13　陈烈与夫人赵明霞在内蒙古大草原留影(2008)

图7-14　陈烈在内蒙古考察牧区新型小城镇建设(2008)

第六节　南水北调中线工程实施以后汉江流域各方的战略任务与对策[①]

汉江是长江中游最长的支流，地处我国中部地区和西部地区的结合部，流经陕、豫、鄂三省，流域面积约 15.9 万平方公里，含 3 省 10 市 39 县（市、区）。

图 7-15　鞠耕鄂北未能忘，落叶时节回襄阳；古贤隆中论三国，今人聚会议汉江。

南水北调中线工程实施以后，流域，尤其是丹江水库下游流域由于水量减少，河流水位下降，水环境容量减少，流域的环境生态和经济社会发展将产生重大影响，面临诸多亟待解决的战略性任务，其中重点是：

一、流域环境生态营造，水源保护和水利设施建设，把汉江建设成绿色、环保、稳定、和谐的生态—经济带

水不仅是财还是命。保障一江清水永续向北是关系亿万百姓生命安全的问题。水是利也是害。继续维护流域，尤其丹江水库以下流域生态经济系统的稳定性，保障沿线农田灌溉、城乡居民生活用水、城乡建设用水和航道交通运输的稳定性，是关乎国计民生的大事。

因此，面临的战略任务是保护和营造流域陆地生态系统的稳定性、完整

[①]　本文是作者应邀在 2014 首届《汉江论坛》上的发言提要。会后，襄阳电视台对作者进行独家专访。

性、多样性，要加强生物多样性保护，强化全流域湿地保护和建设，推进污染严重的支流生态修复工程，加大沿线地区生态建设的投入力度，完善水资源保护体系，建立严格的水资源、水环境管理制度；同时，要充分合理开发利用水资源，加强中、下游水利、灌溉、港口、航运设施的配套建设，还要重视应对突发性灾害，尤其是水患灾害的防治，以保障农业、工业及城乡发展用水等，把汉江建设成绿色、环保、稳定、和谐的生态—经济带。

二、发展是流域各方另一共同的战略任务，包括协调发展、差异性发展和补偿性发展

1. 发展——发展是协调人地关系，稳定全流域生态—经济—社会系统的基础。"一切物质财富是一切人类生存的第一个前提。"发展是形势的要求，是百姓的愿望，是硬道理。

区域问题的核心是人地之间的矛盾，焦点是经济，人地系统调控的重点是经济子系统的调控，切入点是发展，首先是经济发展。

要总结以往有关资源，尤其是水资源开发利用、生态环境恢复、保护与当地经济社会发展关系问题的经验和教训。走科学发展、和谐发展和持续发展的路子。

根据汉江流域的实际，发展要坚持协调发展，差异性发展和补偿性发展的可持续发展战略理念。

2. 协调发展——要立足于全流域上中下游各方在价值取向、利益分配、责任担当等相互协调、互补共赢。

要立足于流域内各方资源、环境、经济、社会协调发展。要立足于全流域产业（农业、工业、第三产业）、城镇、乡村、基础设施等统筹协调发展。要改变以往各自为政、各取所需、各行其道所造成的彼此间相互制约、无序竞争为协调、互补、共荣发展。

要建立全流域在产业、交通、环保、金融、信息、能源资源、社会管理等重要领域的合作、协调机制，搭建多层次、多形式的交流合作平台。加强规划对接，优势互补；加强产业对接，实现互利共赢，共同发展；加强交通基础设施对接，推进航道标准化及港口码头、公路、机场建设，打通连接区内、区际的通道和出口；统筹协调城镇发展，形成主次分明、布局合理、结构和产业互补的区域城镇体系格局等。

3. 差异性发展——根据流域各方资源条件、发展基础和责任担当，因地制宜选择不同的发展模式和发展重点。

汉江流域的自然资源条件、地理区位、生态基础、开发方式、开发程度、现有经济社会发展水平、基础设施建设、污染程度等因地域、因河段、因支流

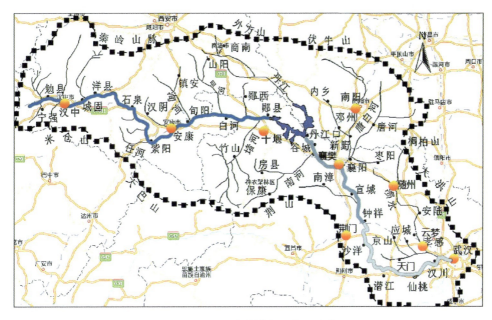

图7-16 汉江流域城市及水系分布图

而异。南水北调中线工程实施以后，流域各地生态环境和经济社会发展也产生不同程度的影响。

因此，要根据不同区域的条件、基础、特点、问题和责任担当，实施不同的发展战略模式。如：流域上游地区多属欠发达和不发达县市，宜实施"减负—发展型"或"培育—发展型"战略模式；流域中下游地区多属欠发达地区，宜实施"集聚—发展型"或"整合—发展型"战略模式；平原及城市周边区域宜实施"协调—发展型"或"创新—发展型"战略模式。

要根据不同的战略发展模式，建立相应的发展理念，制定相应的发展方案、发展重点、发展机制和策略对策。

4. 补偿性发展——要建立新型补偿机制，变输血型补偿为自身造血型补偿。

对于流域历史上形成的主导产业，尤其是粮食主产区域，对于加大对流域环境保护，特别是限制开发和禁止开发的区域，要建立健全粮食生产、耕地保护和生态环境保护补偿机制，实现农业稳定持续发展、环境友好、资源永续利用。

要总结国家以往在资源补偿、经济扶贫方面的经验、问题与教训，变单纯输血型补偿为自身造血型补偿的新型补偿方式。

将补偿资金重点投向流域现代水利、交通运输和生态环保领域的建设；投向推进流域现代农业、先进制造业和现代服务业的发展；投向城乡建设，改善民生公益事业的建设等。

旨在为流域各地形成具有自生稳定的经营收入，还具有自生扩大再生产的能力。立足于在处理保护与发展的关系问题上，实现流域稳定、持续发展。

三、开展流域总体规划，建立流域协调发展管理机构，制定流域协调发展调控机制和政策

1. 首要任务是组织开展流域（含上、中、下游，干、支流）可持续发展战略研究与总体规划。

把发展、协调发展、绿色发展、以人为本、公平和共享发展的可持续发展战略理念，贯穿于规划研究的全过程。把流域（包括干流和支流）内三省10市39县（市、区）资源、环境、经济、社会、城镇、乡村当成一个相互联系、相互制约、相互促进的有机整体，规划要从整体的角度，从宏观战略的高度进行综合研究与统筹规划、布局。

汉江流域历来就是一个完整的复合型开放式生态经济系统，是一条长盛不衰的生态—经济带。流域内各地历来就在同一人地生态—经济系统内形成相互依存、休戚与共的共生共存的关系。新时期要以此为基础，从历史的角度，从纵向分析来研究和规划其发展和协调发展问题。

规划要注意把传统技术路线、方法、与新技术手段有机结合，增强规划和研究成果的科学性和可操作性。

流域的问题事关三省各方人民生存与发展的大事，保障流域各方协调发展，促进流域资源合理开发、利用与保护是政府的职能。所以规划要从政治的角度，从加强政府宏观管理的角度提出建议和要求。

规划研究的目的是：寻求内河跨省区流域综合开发与水利建设，环境生态保护，社会经济协调发展的途径和对策。

制定流域内经济社会与资源环境协调、可持续发展的战略思路和对策（包括战略理念、战略方向、战略模式、战略目标、战略重点和近期的战略突破口等）。

构建流域内中长期城镇空间结构框架、产业重点与空间布局方案，重大基础设施一体化网络组织等。

确立流域生态环境保护体系，提出分类分级的政策指引和空间管治措施，流域协调发展调控机制和政策建议等。

通过实施科学规划，强化政府的宏观协调管理和体制创新，把汉江流域打造成为我国中西部合作示范区、生态文明建设试验区。

2. 建议流域各市联合申请，争取纳入国家战略，作为长江经济带的组成部分，从国家层面建立跨省区统筹协调管理机构。

四、把襄阳打造成汉江流域"龙头"城市

1. 襄阳是汉江流域重要节点城市，历史上，襄阳曾是国家重点城市和商贾汇聚之地。1996年就被国务院定位为鄂、豫、陕、渝毗邻地区中心城市。

新时期，要抓住机遇，把襄阳作为协调汉江流域发展的区域性中心城市，在汉江流域综合开发和协调发展中发挥"龙头"带动作用。强化"七省通衢"的战略地缘经济区位和交通地理区位优势，打造流域现代化、立体式综合交通运输网络枢纽，沟通七省，连接中西，吸引和辐射全流域。

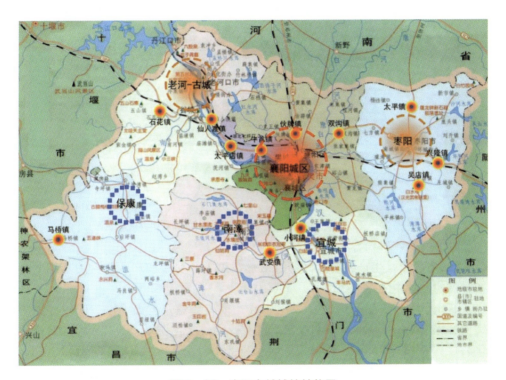

图7-17 襄阳市域城镇结构图

襄阳还是鄂西北经济重心，是人口（人才）、产业（农业、工业、第三产业）、技术、经济集聚地。2003年已被湖北省定位为省域副中心。

2. 作为"龙头"城市和省域副中心，首先应该有一个明确的区域定位、产业定位和城市形象定位。

区域空间定位，湖北省的空间发展战略在表述上应进一步明确和具体化。

拟提以武汉为中心，襄阳、宜昌为次中心，湖北长江城市经济带、汉江生态经济带和襄荆宜城镇经济带为重点，抓南部、促北部、带西部，实现全省有序、协调、持续发展（如图7-18）。

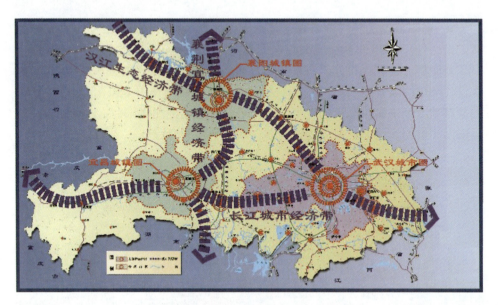

图7-18　湖北省空间发展战略示意图

产业定位事关城市经济发展方向、速度和竞争力。对于襄阳市的主导产业和产业结构要做深入研究和规划布局，要有个明确的产业重点、合理的产业结构和具体的产业布局方案。

3. 形象就是生产力。良好的城市形象是人才荟萃和产业集聚的基础，是在激烈的竞争中决定成败的另一重要因素。

襄阳市委、市政府提出"文化立市"很有新意，也很中肯，依托襄阳的历史文化基础，掌握未来城市发展的趋势，通过文化振兴、塑造和提升城市文化品位，使旧城变新颜，以此促进城市经济社会发展的思路是正确的。

市委、市政府为"文化立市"提出未来五年"十大工程"。包括有硬件和软件，很全面。尤其其中的第②项和第⑧项，关于"重塑襄阳的城市精神、人文精神和市民的文化涵养"方面的工程，是襄阳文化立市的精髓，是襄阳振兴和发展的关键。

多年来，我们在国内外大量的研究表明，制约欠发达、不发达或贫困地区发展的因素多种多样，其中最关键的有三个：其一是以道路交通（区内、区际）为重点的基础设施；其二是人才短缺，科技落后；其三是以当地历史文化为核心的观念和意识。基础设施的问题，通过政府的投入，可以在较短的时期得到改善和解决。人才科技问题是欠发达、不发达或贫困地区共同的问题，这类地区，尤其不发达贫困地区的特点是缺人才而不尊重人才。这类地区在起步阶段宜采用如下三种方式改善人才科技问题：其一是派出去，即把区内现有的专业科技人员，分期分批组织到外地接受培训，提高他们的科技涵养，然后再回本地工作；其二是通过改善投资环境，政府招商引资，随企业、项目、园区营造等，带进相应的科技和人才；其三是请进来，借用外地科技人员的"脑袋"为当地服务。这是国内发达地区和无数事业有成的企业家发展和成功之路。

区域人们的观念和意识问题，是在长期历史文化影响下形成的、根深蒂固的问题，这个问题是不容易在较短时期内得以改变的，而这正是制约一个区域或城市发展的根本因素。它不仅影响区域和城市发展速度，还影响企业和人才引进。要改变人们的传统保守观念，建立新的发展意识，提高协调、组织、管理能力，首先必须从干部，尤其是主要领导干部自身做起。

襄阳是一个历史古城，以古文化为自豪，但新时期必须特别重视古今结合，古为今用，本土文化与外来文化有机结合，以开放包容的胸怀面向全国吸纳人才、爱护人才、珍惜人才、留住人才。襄阳地区以往对待外来人才的态度和做法是值得总结的，这方面笔者有深刻体会。

4. 襄阳市作为生态—经济带的"龙头"城市和鄂西北生态—文化旅游圈的集散地，要强化生态意识，树立"生态旺市"的理念。

优美的生态环境能使城市充满生机和活力。环境好了，可以有效地吸引人才（人口）和产业集聚，带旺人气，带旺旅游业和第三产业发展。

襄阳有"一江碧水穿城过，十里青山半入城"的自然生态本底，具有建设生态城市的基础。新时期，要把营造现代化人工生态环境与保护自然生态环境结合，使襄江更美、青山更绿。要建设生态型城市，必须坚持"生态优先"的旧城改造和新城建设；坚持"生态优先"的企业改造、企业引进和布局；坚持"生态优先"的城市经济模式和经营模式；坚持"生态优先"的城市环境塑造；坚持"生态优先"的可持续消费理念和消费模式等。

通过文化立市、生态旺市，营造两个理想的环境——创业发展环境和生活居住环境；实现两个"本地化"——外来企业本地化与外来人口（人才）本地化；构建两个竞争力——流域竞争力和城市竞争力。

以此奠定汉江流域的龙头地位，成为名副其实的湖北省域副中心城市。

5. 建议襄阳市组织开展市域可持续发展规划。

对全市的经济、社会发展与资源、环境开发利用保护，进行统筹规划与布局，为全市各地干部，尤其是主要领导干部提供一个科学的发展思路和方案。

规划就是生产力。只要市内领导，尤其是主要领导干部有一个统一的思路和认识，沿着共同的目标，齐心协力奋斗，就会形成巨大的生产力。国内外大量实践表明，凡坚持这样做，三五年内必然有个大的发展。

第七节　县域可持续发展与科学规划[①]

一、小县域大战略，要重视县域发展问题

县域[②]是我国古老而稳定的地域单元，是基层政治、经济实体。它虽属地理微观区域，却同样具有中观、宏观区域所拥有的区域要素，以及与此相关的一系列问题，可谓麻雀虽小，五脏俱全。

图 7-19　规划就是生产力

我国的县及县级市总面积占国土面积的 93% 以上，人口占全国总人口的 70% 以上，其中大多数属于经济欠发达或不发达的广大农村区域，其自然和经济、社会问题多多，是"三农"问题的集聚地，面临 8 亿多人口的生存、生

[①]　本文是作者 2010 年 5 月代表广东省老教授协会参加中国老教授协会陕西会议论文。同年 6 月，作为代表广东省老教授协会从化专家库全体成员在广州从化市科级以上全体干部大会上的报告（部分内容）。2012 年 1 月发表于《经济地理》第 32 卷第 1 期。

[②]　本文中的县域包括县级市和城市管辖下的县级区。

活和生产、教育、医疗等问题，事关国家和民族稳定与否的大局。全面建设小康社会，实现工业化、城镇化和现代化的重点和难点在县域，建设社会主义新农村，关键在县域。真可谓"小县域大战略"。

县域具有明显的差异性，不同类型县域，具有不同的特点，存在不同的矛盾和问题，包括自然、经济和社会。就是在同一个县内也存在明显的区域差异性和发展的不平衡性。内地如此，先发展的广东也如此，不仅表现出城乡之间的明显差别，而区域不平衡性问题也相当突出。除中部珠江三角地区的县域经济有较好基础外，东西两翼和北部山区的县域，基本都处于欠发达和不发达的状况，呈现典型的金字塔结构。这其中潜伏着不安定的危机。

"郡县治，天下安"。近些年来，党中央和国务院重视抓县域发展问题，各省、市也采取了许多有效的措施和政策，抓县域经济发展，取得了较大成效。根据我国的国情，区域的基础在县，区域的重点也在县，社会长治久安的基础也在县，都在广大的农村区域。因此，新时期各级政府还应进一步强化县域意识，加大力度，把县域发展问题抓好。

二、实现县域可持续发展，必须重视抓好几项重要的基础性工作

胡锦涛总书记提出科学发展观，这是总结我国60年，尤其改革开放30年，甚至国外发达国家和地区数百年发展的经验和教训提出的全新发展观。党中央要求全国上下各地认真学习、贯彻落实。笔者认为，从区域发展的角度，贯彻落实科学发展观，实质上就是用可持续发展的战略理念指导和谋划县域发展问题。

用可持续发展战略理念指导和谋划县、市域发展，要认真抓好如下几项重要的基础性工作。

1．因地因时确定县域发展战略

指导和谋划县域发展，忌带片面性、盲目性和主观随意性，甚至不分区域的基础和条件，以及发展的可能性，把放之四海而皆准的理论、观点和模式简单地往里一套。这不仅对该区域的发展起不到应有的指导作用，而且往往产生误导。要坚持深入实地调查研究，弄清县情，根据不同县域，或同一县域的不同发展阶段的主要矛盾和矛盾的特殊性，因县制宜，建立相应的发展战略理念，制定相应的战略模式，实施不同的发展调控机制和策略对策。

如从传统农业和农村区域向工业化、城镇化快速转变的县域，特点是经济基础薄弱，产业结构以农业为主，基础设施滞后，城镇基础差。针对该类型县域的特点和问题，宜实施"集聚—发展型"战略。发展是主题，集聚发展是战略重点。通过政府强有力的调控，引导资金、产业、政策和基础设施建设向县域中心倾斜，促进产业、经济、人口集聚，形成强有力的区域中心。发挥两

种功能,其一是向周边后发展区域辐射,带动区域全面发展;其二是通过中心区域的产业发展,社会公共服务设施的配套,吸引周边区域农村的农民向中心转移,逐步实现乡村城镇化。20世纪80年代中至90年代初,我们在顺德①、南海②、增城、三水等县的规划调控就是实施该模式。为各县的立市和经济社会快速发展,发挥了重要的作用,成为越南"革新经验学中国"的重要内容之一。

对于经济已发展到相当水平、市场经济较发达、经济活动前后向联系紧密,工业产值在三产中的比重已达50%以上、区域基础设施和市政公共服务设施基础配套齐全、区域中心已形成规模的县、市域,宜实施"提升—发展型"战略。以市场为主导,管理、科技、机制、体制等创新,资源整合和第二、三产业升级、优化为重点,继续配套完善市政设施,优化、提升城镇绩效,履行区域中心的辐射带动功能,促进区域协调、持续发展。90年代末,顺德市域可持续发展研究③,就是实施该战略。

对于人多、资源短缺、环境污染严重、工业企业散、乱、小,城镇布局混乱、基础差、规模小、基础设施滞后、经济基础薄弱、社会问题多多的"问题区域",要实施"整合—集聚发展型"战略。政府行为和市场经济调节结合,对制约县域发展的突出问题先进行必要的整合和整治,在整合的基础谋求集聚发展。21世纪初,我们开展汕头市潮南区可持续发展规划④,就是实施该战略。

对于土地资源较宽松、自然生态环境好,由于区位、交通、人文、通讯、信息、科技等因素制约,目前经济基础薄弱,土地利用以农业形态为主,人们的收入和生活水平低下,城镇中心不明显,区域联系困难的不发达贫困山区,要实施"培育—发展型"战略⑤。

对于那些经济发展已处于工业化中前期或中期阶段,区域中心已初具规模,基础设施也有较好的基础,县域经济处于快速发展,城镇化正面临加速发展,但工业布局无序,土地利用粗放,城镇职能分工不明确,甚至与周边城市和区域之间,出现基础设施重复建设,产业雷同、环境相互污染等问题,针对这类区域,宜实施"协调—发展型"战略。如花都区"十一五"规划,就是

---

① 陈烈等:《顺德县县域规划研究》,中山大学学报编辑部1990年版。
② 陈烈等:《南海市社会经济发展研究与规划》,广东地图出版社1993年版,1995年被译为越文,作为他们"革新经验学中国"的必读文献。
③ 陈烈等:《中国发达地区顺德市域可持续发展研究》,广东科技出版社2002年版。
④ 陈烈等:《汕头市潮南区可持续发展研究与规划》,广东科技出版社2005年版。
⑤ 陈烈等:《广东始兴县经济社会可持续发展总体战略研究》,2005年(未刊)。

实施该战略[①]。

对于河流上游地区、水源保护区、生态敏感区，经济结构以农（牧）业为主，经济发展水平、人们的收入和生活水平低下，居民点分散且规模小，单位基础设施与配套设施的建设成本高，人与环境、经济与自然生态矛盾突出的县域，宜实施"减负发展型"战略，即实施人口和资源减负，减少人口总量，减少因经济发展对资源和生态环境的威胁。

如上述各类战略发展模式，是我们多年来，在国内、外，尤其是广东省开展对发达、欠发达和不发达县域发展研究与规划的体会和实践，它虽总结于广东省，但也适合于国内，以及发展中国家和地区。它虽总结于县域微观区域，但也适合于中观和宏观区域。如我们在指导和参与越南红河三角洲地区发展规划时，就是因地制宜，实施集聚、培育或协调发展型战略模式。我国西部各地在落实国家大开发战略时，也应该因地制宜实施减负、培育、集聚等发展战略模式。

像内蒙古干旱草原牧区，宜实施"减负—发展型"战略，从改变牧民千百年来的生存和生产方式做起，坚持"以进为退"，实施人口、资源减负战略，即把人迁出草原，减少草场载畜量，多长草，增加枯草层。改变以往人多→畜多→草少→草原退化、沙化的恶性循环运行模式。组织牧民逐步退出大草原，对部分留守的年富力强的牧民实行联户股份经营，划区轮牧，限制单位载畜量，减少人、畜对草原的破坏。经过若干年的经营，实现人少→畜少→草多的良性循环，再现"风吹草低见牛羊"的美丽景象。与此同时，要积极发展集约型特色种、养业、加工业（优质畜产品）、轻工制造业、旅游和服务业等。为迁出大草原的牧民解决生产、生存和生活问题，增加收入，提高生活水平。

要加快草原牧区乡村城镇化步伐，营造城镇环境、吸引和鼓励牧民进城，变牧民为市民。从根本上改善牧民的生存环境和生活条件，让他们共同享受城市文明和民生福利，提高生活质量，实现进城牧民老有所养、弱有所护、病有所医、少有所教、青壮年有工做，使牧民有个安定、舒适、幸福的家园。

在我国西部的其他地区，如黄土高原地区、大江大河上游水源区、聚落稀散、人烟稀少地区，以及生态敏感地区，都宜实施"减负发展型"战略。像在川西、贵州、宁夏等僻远地区，与其耗巨资为几户人家修一条几百公里，甚至近千公里的公路，或从千里迢迢的黄河给稀、散的村民引水，不如选择某些居住条件、交通地理区位、经济发展潜力较大的区域，营造生产和生活环境，把分散的人口迁移出来。既减少国家投资浪费，又从根本上改变人们的生存和

[①] 陈烈等：《广州市花都区国民经济和社会发展第十一个五年规划》，2006年（未刊）。

生活方式，提高生活质量，于国于民都好。

"减负发展型"战略，强调"以进为退"，实施人口、资源减负。以往只是强调退耕、退牧、还林、还草，这还不够，因为农民光得到退耕的粮食是不够的，他们还得求生存、求发展，最终还会重蹈破坏自然生态环境的老路。所以不仅要退耕、退牧、还林、还草，还要"退人"，只有退人居还自然，才能从根本上解决问题。

2. 抓好县域产业发展战略定位

产业是县域发展的动力，产业定位准确与否决定发展速度、方向和竞争力。广东西翼一些县、市，改革开放以后相当长的一个时期，都没得到应有的发展，东翼的一些县、市，迄今仍发展缓慢，区域竞争力不断弱化，甚至有被"边缘化"的趋势。究其原因，关键就在于产业发展战略定位带有片面性或欠准确。

要根据县内资源（包括自然资源和人文资源，县内拥有的资源和可利用的县外资源）、环境（自然生态环境和人文社会环境）特点，以及国内外同类市场的需求，从与周边区域的比较中，选择具有竞争优势的、互补性强的产业和产品，作为县内的主导型产业（产品）发展方向。实践证明，凡能坚持这样做的，往往能实现县域经济快速或跳跃发展。

县域产业发展的重点在于工业（包括以农副产品为原料的加工业），要走内源与外源结合、以内源为主的发展道路。要努力营造自身发展环境，充分利用县内优势资源招商引资，敢于引进"原生型"企业，如有的山区县，利用丰富而且便宜的小水电资源，引进耗能和污染较小的大型企业，并形成产业链，有效地带动了县域经济的发展（如广东乳源县）。有的县利用省、市、县、区边界条件和经济地理交通区位，就近引进相邻地区的能源（如煤炭）发电，然后利用便宜而充足的电源引进耗能企业，形成产业集聚区，又从县内和周边引进劳动力，发展效果很好（如广东连州市）。

后发展县域不能光寄托在先发展地区的产业转移上。据调查，由于种种原因，这些年来，先发展地区如珠江三角洲向外转移的企业比例是不多的，向远距离的山区转移比率就更小，已转移的企业中极少数是属高科技、知识和技术密集型的，而多数是低层次、高耗能、污染性企业。据调查，国内和省内一些原来的后发展区域目前呈生机勃勃，进入跨越发展期，它们主要的还是靠"原生型"企业的引入或"自生型"企业的培养和发展，而不是靠先发展地区企业的二次或三次转移发展的。后发展地区若只等靠先发展地区企业的二次转移来发展自己，那永远都处于后发展的被动状态，永远缺乏区域竞争力。若只考虑目前的发展而接受污染性企业进入，污染了县内的"原生态"环境，那才是毁了可持续发展之路。这方面，越南红河三角洲的发展就特别谨慎，我们也务必引起高度重视。

我国西部地区，产业发展有其特殊性。因为西部地区地理空间格局不经济，不仅远离东部人口和经济中心，而且区内城市间相距非常遥远，城市和农村聚落稀散。由于人口少、密度低，市场过于分散，生产的产品距离交易市场远，运到市场交易时，成本高，这就失去低成本竞争优势。因此，西部地区产业要在空间距离上做文章①，在特色上做文章，即依托东部地区所没有的特色、特殊的自然资源（包括沙漠、戈壁、草原等）和与东部地区有别的特色人文资源，来打造特色产业和产品。

笔者认为，西部地区农业的优势，在于利用西部地区的特殊气候条件，生产的特色农产品。这些农产品正是对准现代人和未来人的饮食愿望和健康需求，而这些产品在东部地区无法生产，或生产的质量不及西部地区，这样的农产品就具有广阔的市场竞争力。

旅游业是西部地区富有发展潜力的产业，要利用各地特色，特殊的自然和人文旅游资源，开展特色旅游，配套服务设施，提高服务质量，对接东部地区经济发展，人们收入水平和生活层次提高以后的旅游需求。这是一个具有巨大市场潜力的产业。

利用西部地区特殊的土地资源和气候条件生产的农、牧、药等产品，发展资源型加工业，生产人无我有，或人差我优的特色，优质农、畜产品和药品，也是具有市场竞争力的产业。

后发展欠发达的山区县，发展经济要避免急躁情绪和急功近利的行为，避免因盲目引进和转移污染性，尤其水污染性工业企业而污染区内"原生态"环境。否则，将毁坏了可持续发展之路，不仅影响县域可持续发展，还危及县外和河流中下游平原地区与城市。

西部地区矿产资源丰富多样，既要变资源为经济，又要避免污染和破坏原生态环境的现象。有些地方，为了眼前和局部的利益，随意挖山取矿，有的矿主为追求利润、获取高经济效益，置环境效益于不顾，往往出现挖一个矿，污染周围一大片，或开采一个露天煤矿，沙化一大片草原。这种利在当前，危及子孙，或利益私有化，问题社会化的不可持续的发展行为，是必须及时而坚决地制止的。

3. 科学选择县域空间发展重点和发展模式

区域空间发展，要注意抓重点。要选择交通、地理区位优越，基础较好，具有较大发展潜力，发展以后，对区域全局能起带动作用的区域，进行重点开发，率先发展，形成区域中心，以此带动和辐射区域全面发展。

---

① 杨开忠：《环北部湾战略：中国西部大开发的新空间》（未刊稿），2004年5月。

这些年，广东省的发展就是得益于与港澳毗邻，具有空间和人力优势的珠江三角洲核心区域的率先发展，形成带动全省、闻名世界的经济增长极。

在越南，我们提出北部红河三角洲地区以"河内—海防—南定"大三角为重点，其中又以"河内—海防—下龙"小三角率先发展，建设成为越南北部和红河三角洲的经济重心区，然后带动红河三角洲和北部地区的发展。对核心区的发展，我们提出明确的思路和方案（1995年），通过这些年实践，效果是明显的。

在广西，我们提出要抓住北部湾顶部，把"南宁—防城—钦州—北海"三角区作为自治区重点和率先发展区域（1996年）。值得高兴的是，近年，已被作为"广西北部湾经济区"纳入国家发展战略和国家发改委运作计划。可以肯定，它对北部湾经济圈的崛起和发展，以及参与北部湾区域的竞争和挑战具有重要的战略意义，对广西壮族自治区和我国西南地区的发展将起重要的带动作用。

在安徽，我们建议把"合（肥）—安（庆）—马芜（马鞍山市和芜湖市）"大三角（称皖中大三角），作为重点发展区域，把以合肥为中心的区域城市群与安庆至马鞍山和芜湖的沿江城市带组合成一个有机整体进行统筹规划和建设。发挥综合优势，向东，融入长三角，接受来自长三角发达地区的辐射；向西，主动参与中部地区的发展和竞争，在"承东启西""东进西联"中营造自身的区域地位。把皖中大三角建设成为长三角经济区的重要一极，并在中部崛起中发挥作用。通过"抓皖中，带皖北，促皖南"实现全省有序、协调发展（2005年）。

在内蒙古，我们建议重点抓好以"呼（和浩特）—包（头）—鄂（尔多斯）"为重点的蒙中"金三角"地区（2005年），该地区地理区位具有十分重要的战略意义，且资源丰富多样，匹配良好，是目前内蒙古人口最集中、产业和经济基础最好的区域，具有很大的发展潜力和很强的竞争优势，但该地区生态环境具有很大的脆弱性和风险性，经济、社会发展也存在许多制约性因素。若三市能形成一个区域整体，产业、经济、社会、城镇、资源、环境、基础设施、文化特色等，统筹规划、协调发展，将可有效地带动整个内蒙古和周边省市相邻地区经济社会的快速发展，可以有效地吸引广布于乡村牧区的农、牧民集聚，缓解生态环境压力，提高农、牧民生活水平和生活质量，加快全自治区的城镇化进程。该建议已得到自治区领导的认可，目前已投入运作之中。

如上建议都已被地方采纳，大多数已被列入国家计划，付诸规划和实施。

宏观大区域发展要有主次，同样，作为微观区域的县市，其区域范围虽小，但发展也不能没有主次。尤其起步发展阶段的县域，要认真抓好区域发展重点、抓好发展节点和发展轴线，通过政府行为和市场调节，引导生产力合理布局，引导城镇和区域有序发展。如广州增城市近年的快速、有序、协调发展，其中，正是得益于我们80年代中期以来多次提出和强调的点、轴、梯度空间发展战略模式，即先集中有限的资源，强化重点区域、重点城镇和重要轴线的发展，然后依托先发展的区域，带动落后区域的发展，形成各具特色、协调互补、共赢共荣的区域发展效果。

诸多实践证明，县域空间发展重点和发展模式的确定和增长极点的选择，是县域发展的导向，是促进和带动城镇和区域发展的重要途径和手段，做得好，将有效促进县域经济社会快速、有序、健康、持续发展。但模式和重点的选择要靠科学规划和科学定位，绝不能想当然。模式和节点选择准不准确，事关区域发展的大计，搞得不好，将会对区域发展产生误导。如前些年在"筑巢引凤"热潮中，许多县盲目搞了许多开发区，但由于选址缺乏科学性，要么是迟迟得不到发展，有的虽发展起来却出现了许多问题。也有的县，盲目推行"城乡一体化"模式，结果产业布局遍地开花，城镇无序发展，小城镇和乡村的规划、建设和土地利用，照搬大城市模式，市政和公共服务设施搞大而全，出现资源浪费、环境污染、城不城、乡不乡的状况。笔者认为，城乡发展要强调的是统筹，要实施的是协调发展。城乡之间的差别是客观存在的，城就是城，乡就是乡，"城乡一体化"的提法要谨慎，在内涵上应有所规定和区别。盲目推行"城乡一体化"，对区域，尤其广大的欠发达和不发达区域，可能产生误导，否则就是一句空口号。

4. 营造县域经济发展载体，构筑发展平台

区域发展要靠强有力的中心带动，县域中心城和重点镇，是县域经济社会发展的重要载体，是参与区域竞争的重要基础，是引进企业、发展经济、建设社会主义新农村、解决县内"三农"问题、实现乡村城镇化和区域现代化的重要基地，要高度重视县域中心城和重点镇的发展，要以超前的意识和可持续发展的战略理念，将其构筑成为县域经济、社会发展的平台。

规划和建设要立足于营造两个理想的环境，即为外来企业和内生型企业提供理想的创业发展环境，为外来人口（包括本县农村转移人口和劳动力）提供就业和生活居住环境。要通过营造环境，不仅吸引企业集聚，还要及时配套服务设施，不断提高服务水平，稳住企业发展，延长产业链，逐步实现两个本地化，即外来企业本地化、外来人口本地化；形成两个竞争力，即区域竞争力和城镇竞争力；达到两个目标，即产业、经济和人口集聚，促进县域经济发展，带动周边区域发展，解决"三农"问题，以及实现工业化、城镇化，逐步实现区域现代化的目标。

为配合城镇经济发展和人口集聚，要有适当超前的市政基础设施和相对配套，有一定档次的教育、文化、医疗卫生、娱乐、体育等公共服务设施。有些地方强调加速城镇化，甚至追求城镇化指标。如果城镇的各项设施没得到及时配套，城镇档次没得到应有的提升，城镇环境没及时得到改善，又缺乏必要的产业支撑，那么这种城镇将留不住人、留不住企业，将缺乏持续发展能力。因此，欠发达地区在发展初期，要把有限的资源和财力优先投放在重点城镇的建设上，着力于营造城镇发展的内、外部环境，提高吸引力和竞争力，加快产业集聚，形成经济中心，吸引人口集聚、带动和辐射周边发展。

广东顺德市被撤市设区（归属佛山市）以后之所以不被边缘化，反而被确立为大佛山市两个百万人口的中心城区之一，最近又被定位为广佛同城区南部副中心，正是得益于1989年的《县域规划》和1998年《市域可持续发展研究》所强调的抓区域重点，强化中心集聚，构筑发展平台，整合良（大良）—容（容奇）—桂（桂州）—伦（教）四镇，建设市域经济重心区域，在德胜河与顺峰山之间打造城市中心区，引导产业（尤其第三产业）、经济和人口集聚，带动乡村城镇化发展，成为广东省率先实现现代化的试点市[①]。

三、用可持续发展战略理念搞好县域发展规划

县域发展规划是对全县范围内经济社会发展的总体战略部署和资源环境综合开发、利用与保护。它把县域当成一个有机整体，将经济、社会、资源、环境、城镇、乡村诸要素放在同一层面上，用发展和协调发展、节约和控制发展，公平和以人为本发展的可持续发展战略理念，指导和谋划县域发展问题，包括县域总体发展和县内各系统要素的发展。

县域可持续发展规划是各类规划之首，它与其他类型规划的区别在于：①在研究如何又快又好发展的同时注意协调和控制发展；②在谋划经济子系统发展的同时注意节约，集约资源和社会公平与合理；③在规划近期发展的同时注意子孙后代发展的需要；④在协调各利益主体利益关系时，既注意局部利益也重视全局、整体的利益；⑤在研究和规划自身县域各系统要素发展的同时，注意与周边县、市域同类系统要素的互补和协调发展。总之，它用宏观战略的大视野，站在大区域的战略高度上系统分析，综合审视和全面谋划自身区域的发展问题，在明确自身在区域大环境中的地位和作用，优势和弱势，特点与问题的基础上，根据国家经济发展的大局和市场经济发展的需要，确立自身区域的发展理念、发展方向、发展目标、发展重点、发展模式、发展机制与策略对策。

思路决定出路，县域可持续发展规划的作用就在于为县域的发展理出一个科学的发展思路，制定一套符合当地实际、有用、可行、可操作的发展方案。

---

① 陈烈等：《中国发达地区顺德市域可持续发展研究》，广东科技出版社2002年版。

作为统一县内干部和群众，尤其是主要决策者的认识和行动，使大家沿着共同的方向和目标，齐心协力，努力奋斗的科学依据。国内外诸多实践表明，如能坚持这样做的，不仅能促使县域快速发展，而且可以实现有序、健康、协调、持续发展。

自20世纪80年代中期以来，我们在国内外开展了为数众多、类型多样的县、市域发展规划，只要当地能认真实施和管理的，都能收到明显的效果。有的已成国家和省、市可持续发展的示范基地和科学发展的典范，如顺德市，被作为广东省可持续发展示范基地，被作为广东省率先实现现代化的试点市。

位于广州市东部的增城市，被誉为我国"新时期县域经济科学发展新模式"，是"全国中小城市科学发展的典范"，被联合国副秘书长、人居署执行主任誉为"杰出的、可持续发展的典范城市"。

增城市近些年经济得到快速发展。在全国县域经济基本竞争力评比中，从1999年的第58位跃升到2009年的第9位，连续五年居广东省首位。2007年荣获联合国"世界和谐城市提名奖"，2008年初，荣获"中国和谐之城"称号等。增城市受到全国乃至世界所瞩目，成为名闻遐迩的县级市。

增城市实现快速、有序、协调发展，原因有多种多样，但从发展理念、发展思路、发展模式和发展梯次来说，基本上是以1986年的《增城县县域城镇体系规划》、1990年的《增城县社会经济发展研究与规划》[①]，以及2000年的《增城市域可持续发展研究》[②]的思路为基础。前后几轮连续性的区域发展研究与规划，都明确提出"以荔城（市域中心）为中心，新塘、派潭两镇为次中心，增江河为纽带，广（州）汕（头）线和广深（圳）线为重点，抓南部、促中部、带北部"的空间发展战略模式。强调发展南部，保护北部，带动中部，实现南、中、北部有序、协调发展。经过历届政府的认同、实施和建设，并在实践过程中不断丰富内涵。尤其在2000年的可持续发展研究中，强调增城的发展，要实施"南部带动、外向带动、生态经济和城镇化"等四大战略，努力实现国民经济快速、持续发展，合理、节约、集约利用资源，建设良性生产创业和生活居住环境，发挥区位、环境、资源等后发优势，建设成为"广州市东翼综合性工业基地、珠江三角洲现代农业基地、生态旅游度假区、区域性重要物流中心，广州都市圈主要卫星城市和国家级生态示范区"的战略方向、战略目标和战略定位，对增城市主要领导干部的思想有重要的开拓和引导作用。近年，在贯彻落实科学发展观中，加大投入，按规划要求建设成为南、中、北三大经济圈，形成各具特色、功能各异、优势互补、协调共荣的三大主

---

① 陈烈等：《增城县社会经济发展研究与规划》，中山大学学报编辑部，1992年。
② 陈烈等：《广州增城市域可持续发展研究》，广东科技出版社2003年版。

体功能区，成为增城名闻遐迩的核心和亮点。

规划就是生产力①，增城等诸多县、市的发展表明，要实现县（市）域可持续发展，必须首先重视抓好如上几项影响全局，奠定市域发展基础的工作，这些带决策性的观点和思路，必须通过运用可持续发展战略理念，认真研究和科学规划来获得。

第八节 新农村建设要以规划为依据，立足于可持续发展②

农村是包括村庄、集镇和建制镇在内的县域范围，新农村建设的着力点在于发展县域经济，切入点是工业，突破口在县城、中心镇或重点镇；新农村建设规划要以县域经济社会发展战略规划和县域村庄布点规划为依据，以乡村城镇化为目标，按引导发展、控制发展和限制发展三种类型，因地制宜、分类指导、分步实施。

图7-20 陈烈应邀在中国农业工程学会首届"中国新农村建设规划编制论坛"会上作《新农村建设规划要以规划为依据，立足于可持续发展》的报告（2006）

---

① 陈烈：《规划就是生产力》，载《老教授纵论改革开放三十周年》，中国人民大学出版社2008年版，第302～313页。

② 本文是2006年12月应邀在中国农业工程学会首届"中国新农村建设规划编制"论坛上的报告主要内容。

一、农村是一个区域概念

要建设新农村，必须首先把"农村"的概念弄清楚。农村是相对于城市而言的，因此要弄清农村的概念，首先要明确城市的定义。

依照1989年国家颁布的《中华人民共和国城市规划法》（以下简称《城市规划法》），城市是指按国家行政建制设立的直辖市、市、镇。也就是说城市包括设市城市和建制镇。然而我国的市、镇建制经历了多次变动，没有统一和明确的标准。对于设市的标准，1955年公布的标准基本上是聚居人口10万人以上的城镇可以设市；1983年、1986年和1993年又进行了调整；1993年的设市标准分为设立县级市的标准和设立地级市的标准，综合了人口规模、人口密度、城市功能和非农产业发达程度等多方面的因素，其中设立县级市的最低人口标准是非农人口8万人。而对于设镇的标准，1955年和1963年都公布过不同的标准，现行的设镇标准是1984年颁布的。现行标准规定2万人以下的乡，乡政府驻地非农业人口超过2000人的，或者总人口2万人以上的乡，乡政府驻地非农业人口占全乡人口10%以上的，可以撤乡建镇；县政府所在地均应设镇的建制。

按照上述规定，行政意义上的农村则应是人口尚不足以设镇的地域，包括集镇和村庄。集镇是乡村一定区域内经济、文化、科技、服务的中心，具有一定规模的文化、教育、福利、服务设施，是农工商综合发展的综合体，绝大多数是乡人民政府所在地。村庄分中心村和基层村两个层次，中心村一般是村民委员会所在地，除农民聚居和从事农副业生产的基地外，还设有农民日常生活必需的公共服务设施，为本村和所属基层村服务；而基层村除住宅和生产性设施外，一般没有其他公共服务设施。

行政意义上的一个农村地域十分狭小，一般地域相邻的几个村同属一个镇管辖。在新农村的建设中，如果我们仅把目光放在行政意义上的农村孤立地考虑其发展、规划和建设，必然会缺乏区域统筹，造成村与村之间的重复建设。因此应把镇也纳入新农村建设的范围里来。虽然《城市规划法》将建制镇作为城市范畴，但它与城市还是有着一定区别的，它介于城市和农村之间，是联系城乡的桥梁和纽带。将镇纳入新农村建设的范围之内，将有利于新农村建设的城乡协调和区域协调，一般的基础设施和公共服务设施在镇域范围内进行统一配套，较大型的基础设施和公共服务设施应在县域范围内统筹配套，防止就村论村、重复建设，造成资源的浪费。

因此，我们认为社会主义新农村建设中的农村概念应超越行政概念，将建制镇也纳入新农村建设的范畴，即农村是一个区域概念，是包括村庄、集镇和建制镇在内的县域（包括整县立市、整区立市）范围，称为农村区域。

在农村区域内存在经济、社会、资源、环境诸要素，是由人与自然环境和社会环境组成的开放型复合生态—经济系统。在这个系统内有经济基础，也有上层建筑；有物质性的，也有非物质性的。"三农"问题和经济社会发展中的很多问题都集中在其中，事关8亿多人口的生存、生活和生产问题，事关国家和民族的稳定和发展大局，真可谓"小县域，大战略"。

"建设社会主义新农村"的提法，早在20世纪50年代就家喻户晓；改革开放以来，在1984年中央1号文件、1987年中央5号文件和1991年中央21号文件也都出现过这一提法。这次第十六届五中全会的再次提出，其背景、含义、内容、任务、目标都与以往有很大的不同。新时期的"新农村建设"应把农民、农业、农村放在城乡区域、国民经济大局和社会大环境中统筹考虑，协调发展和规划建设。不能孤立地就"三农"论"三农"，就"三农"抓"三农"，甚至是就农村抓农村。建设新农村是一个复杂的系统工程，是一个长期的历史过程，决不能简单地、片面地理解为是某个方面或某个问题，"头痛医头，脚痛治脚"，而应作为一个区域整体，用科学发展观和可持续发展战略理念全面、综合考虑其发展和建设问题，立足于建立一个城乡协调、人地和谐的地域系统。

二、新农村建设的着力点在于发展县域经济

县域是农村地区基本行政单元和经济实体，建设新农村关键是抓好县域经济，即发展县域生产力，这是基础和前提。发展县域经济的切入点是工业，包括外来工业企业和当地农副产品加工业。工业发展的突破口在乡镇，尤其是县域中心镇和县内重点镇。工业发展了，就可以为当地农民提供就近务工的机会，这是最直接给农民带来实惠的有效做法。农民的收入增加了，生活水平提高了，改造村庄环境的愿望也增强了，对各类基础设施和公共服务设施建设的迫切性、积极性也提高了；为了适应务工就业的需要，学习相关文化科技知识的自觉性和目的性也提高了。据我们对不同类型县域，尤其是对我国中部地区县域农村情况的调查发现，目前绝大多数农村的农民收入水平都很低，基本经济来源主要是靠子女不远万里外出打工收入维持家庭生活，除少数靠近城镇的村民外，绝大多数农民目前首位考虑的重点是如何解决生活问题、子女上学问题，很少或根本无能为力考虑如何改善村容村貌、搞公益设施和基础设施。有些村前些年通过上级有关部门对口扶贫或干部挂职搞些形象工程，搞了些基础设施和公益设施，如修水泥村道或乡道、办文化站等，而农村集体经济基础太薄弱，拿不出资金来管理和维护，公益设施名存实亡，没过几年，水泥路就变成了沙土路，沙土路又变回"天晴一把刀，下雨一团糟"的泥巴路。这就说明，新农村的建设关键是农村和农民经济发展。通过抓工业，促进县域经济发

展，才有可能拿出资金配合国家搞农村基本建设，发展路、水、电、气和科、教、医等设施，农民收入提高了，才有能力消费和共享这些公益设施。农民素质的提高，农村基础设施的建设，回过头来又可促进县域经济发展。上下之间两种积极性、两种动力有机结合，党和国家的良好愿望和宏伟目标与农民的期望和农村的现实结合，促进城乡之间良性循环、和谐发展的可持续发展局面，只有这样才能从根本上解决"三农"问题。

县域经济发展的关键在县领导班子，尤其是主要决策者的观念、意识和思路。只有思路才有出路，一个县只要有个好的、科学的发展思路，并用这个思路来统一领导、干部和群众的认识和行动，就会形成巨大的生产力，快则两三年，慢则三五年，必然会有个较大的发展，这是我们20多年来在国内外开展了为数众多的不同类型县域发展研究，并跟踪其发展轨迹所得出的深刻体会。有些地区，在同样的资源、环境条件下为什么会出现发展速度和发展水平的巨大差异，其根本原因就在于有没有一个科学的发展思路。一个地区的发展条件再好，如果主要领导班子成员中思路不一致，又得不到及时的统一，甚至形成分歧和行动对立，各行其是，这样的地区是绝对发展不起来的。这方面我们有许多实证例子。由于思路不统一，贻误发展时机，受害者是广大的老百姓。

发展县域经济首先要有明确的区域定位和产业定位，要抓住主导产业和特色产业，抓准区域经济增长点和经济重心区域，这是国内外许多国家和地区的成功经验，也是我们多年来研究的重点和深刻体会。如何根据县内的资源和初级农产品的特点，瞄准国内外市场，选准发展节点，营造发展环境，全力招商，引进多种所有制形式的工业企业，发展具有市场竞争优势的产品，是县内领导班子执政为民的主要任务。

三、新农村建设要坚持规划先行

胡锦涛同志2006年1月25日在中央政治局第二十八次集体学习会上，和2006年2月14日在建设社会主义新农村专题研讨班的讲话中，两次都强调要因地制宜、搞好规划、立足当前、着眼长远，坚持从实际和现有条件出发，充分尊重自然规律、经济规律和社会发展规律，科学确定发展目标和实际步骤，指导社会主义新农村有计划、有步骤、有重点地逐步推进。

新农村建设是个复杂的系统工程，要有个全面的、长远的和可持续发展的观点；既要有个明确的宏观发展战略目标，又要立足当前的实际；不同地区或同一个地区的不同区位，农村的发展条件、发展基础和近期发展需求不一样，农村建设要特别强调因地制宜、分类指导、分步实施。决不能不分主次、不分轻重缓急，采取撒"胡椒面"的做法。建设新农村，要做的事情很多，笔者认为当前要做的重要工作是搞好农村区域发展研究与规划。

要运用发展、城乡协调发展和以广大农民群众的利益为出发点的可持续发展战略理念，制订县域经济社会发展战略。把县域作为一个整体，进行综合研究、统筹规划、合理布局。在摸清制约县域发展的主导因素基础上，根据县内外的资源、环境条件特点，制定相应的经济社会发展战略方向、目标、任务、模式、重点、突破口以及措施和对策，目的在于为县领导提供一个科学的发展思路和科学决策依据。大量的实践证明，这一步对于一个区域，尤其是启动发展阶段的区域，实现快速、健康、有序、协调、持续发展是极其重要的基础工作。

在总体战略的指导下，对全县范围内经济社会发展和资源环境开发利用与保护进行统筹规划和布局。近些时候，不断接到国内一些县（市）的邀请，要求帮忙指导和开展新农村规划。据了解，几乎都是着眼于县内乡村的规划。笔者认为当地领导和规划管理部门在建设新农村中首先想到要抓好规划，这是难能可贵的，抓乡村居民点规划是必要的，但仅把规划层面放在乡村一级是不够的。

规划首先要把县域作为一个整体，以解决"三农"问题为切入点，按照经济发展、城乡统筹、空间协调、资源节约、环境友好、社会和谐的战略目标要求，对县域内产业、经济、社会、城镇、村庄、土地、环保、基础设施、服务设施等进行专项发展规划和各项协调发展规划与布局，既注重精神文明和物质文明建设，又注重经济与资源环境双重效应的协调发展。该层面的规划为县领导和县各相关主管部门提供建设与管理的科学决策依据。

在如上规划指引下，按照城乡统筹和建设社会主义新农村的要求，开展镇域发展规划和镇区总体规划。中心镇是产业集聚的主要节点，也是吸纳农村剩余劳动力和转移农村人口的重要基地。建设新农村不要忘记乡村城镇化这个社会发展趋势，因此开展中心镇规划和建设，从一开始就要清醒地将其作为解决"三农"问题、统筹城乡发展的着力点，作为实现乡村城镇化、农业和农村区域现代化的载体，重视产业、经济和人口集聚。按照"今日中心（重点）镇，明日小城市"的目标，规划和配套各类市政基础设施和公共服务设施，立足于营造一个比较理想的生产、创业环境和舒适、和谐的生活居住环境，增强其在区域中的吸引力和凝聚力。中心镇的规划建设要注意合理、节约、集约利用资源，要加强环境保护和生态环境建设，要注意保护和弘扬城镇风貌和文化特色。

乡村居民点建设规划应在县域总体发展战略指导下，依据《县域村庄布点规划》的要求，按引导发展（通过规划引导其持续协调发展的村庄）、控制发展（近期控制发展规模、远期消亡的村庄）和限制发展（位于生态、水源等保护区内或城市规划建设区内近中期消亡的村庄）三种类型的要求，因村制宜，搞好乡村总体规划和近期建设规划。

这就是说，新农村建设规划要从区域发展规划入手，与县域发展战略规划、城镇总体规划相衔接，围绕乡村城镇化，以村庄布点规划为依据、实现城乡协调为目标，促进区域和城镇、乡村有序、协调、持续发展。

当前新农村规划的基本特点。近来，新农村建设规划普遍得到各地广大干部的高度重视，许多省、市、县积极筹备资金，邀请规划单位给做规划。但有些地方和单位对新农村规划如何做、依据是什么、规划的目标和立足点是什么、规划以后如何实施和管理等等，似乎若明若暗。如有的县市筹巨资，全面开花，对县、市内所有大大小小的村庄都要求一次性、一个模式、一刀切地进行规划；有的市、县为了节省规划费用和追赶时间，随意找些单位搞规划，这些单位和人员为了弄到项目和经费，也不问自身的业务素质、业务能力和经验如何，反正有钱就干，规划人员拿着一个个村庄的底图，像机器人一样划了一个又一个，反正按规划数量取酬；有些主管部门和单位为了赶任务、出政绩，只要把规划按时间做出来就行了，至于规划做得怎么样、规划以后怎么办就不一定管了。凡此种种，笔者似预感到这与20世纪50年代末的社会主义新农村规划有相似之处，都是当成一次政治运动，当成一项政绩工程，其结果恐怕都同以往那样，成为墙上挂挂的装饰品。不过与当时不同的是现在请的是规划人员，当时请的是搞美术、搞画画的人；现在是对着图纸划，原来是在白纸上画。

新农村规划和建设不能把眼光放在行政意义上的农村。农村是个区域概念，新农村建设是个复杂的系统工程，要有全面的观点、长远的观点、因地制宜和可持续发展的观点。新农村建设规划不能把眼光只放在行政意义上的农村，孤立地考虑每个村庄的发展规划和建设问题。要着眼于乡村城镇化这个大局，以县域发展规划为依据，尤其要以县域城镇体系和乡村布点规划、县域路、水、电、气等基础设施规划和文、教、医、卫等社会服务设施规划为依据。不同的村庄，其发展的目标和规划的重点不一样，如有的村庄，要通过规划引导其健康持续发展；有的村庄，生活环境太恶劣，为了农民百姓的利益，远期应逐步进行整合、兼并或搬迁，要通过规划进行控制发展；还有的村庄，位于生态、水源保护区或位于城镇规划建成区内或国家重点工程建设需搬迁的范围内，要通过规划限制其发展。不同的村庄要根据县域基础和公共服务设施规划的要求，在规划的时候注意与这些面上的设施和节点相衔接，以避免重复布局、重复建设。规划经过按程序审批和县、市人大通过就具有法律效应，若不分类型，不加区别，不与县域规划衔接，就村论村，千村一样，届时实行起来将会产生新的矛盾和问题。

新农村规划要有明确的理念和目标。新农村规划，首先要有明确的发展理念、目标和出发点。与国外发达国家和地区的农村相比，目前我国农村经济基础落后，农民收入水平和生活水平都较低，村容村貌普遍存在脏、乱、差的现象。但我国广大农村的许多村庄却具有悠久的历史文化底蕴，已立村数百年、甚至数千年的村庄还相当普遍，许多村庄长期以来已形成了富有特色的民俗风情和节庆庙会，也有不少经久不衰的古建筑。随着县域经济发展，农民收入水平提高、生活改善和文化素质提高，通过村容整治和环境绿化美化，届时的村庄将是镶嵌于广大绿色原野中的一颗颗耀眼明珠，这就是农村发展、规划的理念和建设的目标。现在的规划就是要着眼于这个长远目标，即今天是穷、脏、乱、差的农村，明朝是经济繁荣、生活富足、文明、安康、祥和、舒适的生活居住和创业发展的理想地。

开展新农村规划的目的在于寻找农村发展的经济增长点，包括村域内就地发展（如效益农业、外引无污染劳动密集型手工业）和村外（主要在城镇）发展（如农副产品加工业和外引加工制造业等），为了适应经济发展的需要，根据不同类型配套必要的基础设施，为提高农民群众的文化、科技素质，保证农民有病能就近及时就医，适当配套学校、医院和文化娱乐等设施，但这些设施都必须以县域规划为依据。

新农村规划也要实行参与式。新农村规划光靠政府找钱搞规划、规划人员凭图纸封闭式编制规划是不够的，要让当地农民群众和农村干部了解规划是什么、是为谁做规划、规划要搞哪些内容等等。要让农村干部和农民代表参与到规划工作中来，参与规划的讨论和方案的审定，了解规划的全过程，熟悉规划的内容，为下一步的实施和规划监督打下群众基础。要让广大农民群众感受到，新农村规划是党和政府对农村发展和农民生活的关心，要让他们认识到搞好农村发展规划是他们的利益所在，是他们应该关心和支持的事。配合规划工作，为改善村容村貌、构建文明、祥和、优美的农村环境，规划人员还可以与农村干部和农民代表一道，共同制定规划实施管理的策略对策和讲究文明、注意公共环境卫生等切实可行的村规民约。

第三编
区域可持续发展研究与规划成果在越南的应用

断崖攀登高情绪,小龙岂非无飞处!

引　言

　　越南自20世纪80年代中期（1986）实行革新开放以后，认真学习中国经验，在两国尚未恢复正常往来的情况下，他们通过各种关系（如曾经在中国留学的母校，在中国工作和学习过的单位等）和渠道，组织政府官员（从中央各部委开始）分期分批到珠江三角洲等地考察。他们通过参观、访问、座谈的方法，广泛深入了解情况，大量收集有关资料、信息，学习各地抓改革促发展的经验、做法与体会。

　　其中，他们了解了顺德、南海等地通过抓规划促发展的做法，并对此极感兴趣。他们说："顺德和南海两县通过抓区域规划，明确发展思路，促进县域经济，社会快速、有序、协调发展的做法很值得我们学习。"

　　因此，从1992年初开始，他们通过华南农业大学（越方有的官员曾在该校留学过，考察团以此为关系把华农作为基地）外事处，根据越方的要求，邀请我到该校给越南考察团作有关"珠江三角洲发展与规划"讲座，课后反应热烈；同年秋天又要求我作"珠江三角洲改革与经济社会发展"的讲座；次年春天，由阮加胜[①]先生，带队直接到中山大学要求我给他们做报告，在中大外事处的组织下，我又给他们作了关于"南海市社会经济发展研究与规划"的讲座。

　　多次讲座让我感到，越方人员求知欲望极强。不仅如饥似渴地听和记，而且接二连三地提问题，时间到了都不让离开。本次课后，阮加胜先生对我说："我们的领导要见你。"见面以后经介绍，方知道他是越南国家建设部部长。他说："你每次的报告都讲得很好，对我们很有帮助。"他接着说："我国也正实行革新开放，我们想请你去看看！"

　　课后，越方向我索要资料，我把刚出版的《南海市社会经济发展研究与规划》一书送给他们。他们觉得"这是个厚礼"，回国后遂组织翻译成越文。

---

　　① 在旅越讲学和考察的过程中，原越南国家科委办公室主任，时任科学、工艺和环境部红河三角洲发展与规划中心主任阮加胜先生起到了重要的沟通和桥梁作用。他代表越南国家，既是联络、组织者，也是导游、翻译者。他原是华南农业大学留学生，讲一口流利的中国话，文笔也很好，平时话语不多，但办事很踏实，对人也很实在。在越南革新开放、学习中国经验的过程中，他发挥了重要的作用。

随后，他们陆续又收集和翻译了我已公开发表的多篇文章，汇成《珠江三角洲城乡规划与经济发展》论文集，把书和论文集发给各省、各部委有关领导和专业人员，并指定为必读文献。许多省、市和单位，如河南省、宁平省、南定市，红河三角洲规划办公室等都专门组织学习。

他们觉得"《南海市社会经济发展研究与规划》一书，对规划研究人员和管理干部是一本十分宝贵的参考书。"他们还觉得，"该书对进行规划研究工作的人有很高的参考价值。它虽然是以科学报告的形式来谈总体规划问题，但又很有条理、使读者感兴趣，而不落入单纯的规划报告的俗套。"所以"我们把它翻译出来，以供越南，尤其红河三角洲社会经济总体规划工作与研究的专业人员和管理干部阅读"。

他们回国后没多久，即发来邀请函，请我赴越考察、讲学和指导规划工作。见信后，时任中山大学党委书记的黄水生同志说："此举关系中越两国，我不能做主，必须通过国家教委同意方可行动。"因此，赴越之行被搁下来。

次年 6 月，越方又以建设部，科学、工艺与环境部红河三角洲规划办公室和南河省等联合发来第二次邀请。再次表示希望我能过去，并强调一切费用由他们国家负责。

广东省有关部门获此消息后，特地派员到我家，问明情况以后当场说："这是个大好事，是中越关系破裂以来，属最高级别的邀请，应该去！"于是，在广东省和国家有关部门的直接支持和帮助下，很快就给办理好赴越手续。

出发前，上级领导给我的嘱咐是："你此次赴越很重要，要通过你的学术影响，广泛结交朋友，广泛建立关系……"

1995 年 6 月 30 日下午，踏上越南国土，迎接我的是阮加胜先生一行，他们见到我显得格外高兴。从机场到河内，沿路给我介绍情况。阮先生说，这条机场路是我国学习中国珠江三角洲"基础设施商品化"的经验以后修建的全国第一条公路，全长 20 多公里。

下午五时以后的越南红河三角洲，气温很宜人，空气格外清新，沿途可见农民在平坦而肥沃的田野里辛勤劳作，呈现一派祥和的景象。沿路不见工厂，只见到处布满啤酒，尤其是虎头牌啤酒广告牌。进入河内市区，正遇下班时间，见街道上挤满摩托车，车上载有 1 人、2 人甚至 3 人的，给人以生机勃勃而又脏、乱、拥挤不堪的感觉。

从 7 月 1 日起至 7 月 14 日，主要活动内容为：

一是在越方人员的陪同下，全面考察红河三角洲。所到之处，都得到四套班子领导极为热情的接待，他们都亲自陪同参观考察全过程，我广泛听取他们的情况介绍，包括当地发展条件、发展基础、发展中存在的主要问题以及今后的发展思路等。

二是参加他们关于"红河三角洲发展展望"国际学术研究研讨会。从中了解到越南和与会外国专家对红河三角洲发展的意见和关于中国改革开放和珠江三角洲发展与土地利用等方面的议论。

三是在考察调研的基础上给越方高级官员作关于"用可持续发展战略理念指导红河三角洲经济社会发展与规划"等报告（见本篇第八章第一节）。

自此以后至21世纪初十年的近二十年间，笔者往返多次，为越南，尤其红河三角洲的发展，做了以下三项主要的工作：

其一是组织专家在红河三角洲做了三种案例的规划研究。包括区域可持续发展规划、城市可持续发展概念规划和生态旅游区规划（详见本编第八章）。为越南培训和锻炼了一批批干部和专业技术人员。

其二，接待和安排了多批不同部委的官员、干部和专业技术人员赴珠江三角洲参观、考察与学习。为开拓他们的视野，更新观念、提高管理水平和业务能力发挥了作用。

其三，把国内，尤其珠江三角洲可持续发展规划研究的成果应用于红河三角洲的实践中。越南官员每个阶段考察和学习的内容重点与要求不同，如20世纪80年代末至90年代初，他们考察和学习的重点是关于中国改革开放的政策、形势、理论与经验；接着是关于发展乡镇企业、招商引资、开辟工业园区的经验和做法；以后是学习有关城市和区域规划、工业园区规划的有关理论和方法；90年代中后期，重点是学习土地利用与环境保护规划的理论和方法；进入21世纪以来，主要学习旅游规划、水库湿地生态旅游开发、新农村建设、小城镇发展、旧城改造与房地产开发等等。真可谓是紧贴珠江三角洲发展的脉搏，学习不断，取而不厌。

自20世纪90年代初以来，不论他们组团到中国还是我去越南，他们都根据各个时期考察的主题和学习的内容，要求我给他们介绍和进行有关学术讲座。据不完全统计，我先后给他们做了二十多次学术讲座，内容包括区域发展理论、区域规划、乡村城市化与域镇规划、土地利用、环境保护、旅游规划与房地产开发等（详见本编第九章）。

越方总希望笔者常去越南。他们说："希望你每年都能来一趟，看看你为我们制定的发展思路和发展方案实施情况，及时为我们提出修改意见和新的建议与要求。"

令我感受深刻的是，一直以来，越方人员到珠江三角洲考察，所到之处，我们的干部和群众始终给予极为热情的接待，毫无保留地给他们提供所需要的信息、资料（包括发展思路、做法、经验、教训和体会等）和实践。在生活和交通方面，也尽他们的所能，给予周到的安排和照顾。这种中国文化、中国人善良的心，越南的干部和人民，尤其是决策者希望不要忘记！

鉴于越南广大干部和民众对国家改革和发展经济、改善民生的迫切性，以及他们对我的信任，多年来，我依托先发展的珠江三角洲这个阵地，以及多年潜心研究的成果和体会，以我的智慧和一颗功德之心，用我的知识、理论和实践经验，为后发展的越南，尤其是红河三角洲地区的经济、社会发展与规划，为越南百姓的福祉，做了许多实实在在的工作，花去了我大量的时间和精力，为越南人民付出了很多的奉献。我相信，它在越南广大干部和民众的心中已留下深刻的印象，在红河三角洲的发展与规划中也将会印下我深深的足迹。

二十年的时光，在人类历史长河中仅是弹指一挥间，但在我的人生历程中却花去了相当长的时光，回首往事，历历在心，面对眼前已两鬓苍苍。目睹红河三角洲今天的发展，越南国家的干部和广大老百姓，尤其是决策者们，应该不要忘记中国人民、中国知识分子的善良而真诚之心！

附件1：中山大学小校报：地环学院科技应用研究中心组织越南城乡规划专家考察珠江三角洲

中山大学校报 1995.11.9 第二版

地环学院科技应用研究中心组织越南城乡规划专家考察珠江三角洲

由越南国家四个部委、两个省的规划专家和政府官员组成的广东省珠江三角洲城乡规划考察团共33人，在省政府有关部门、中山大学和地环学院领导的支持下，由地环学院科技应用研究中心常务副主任、国家建设部小城镇建设技术顾问陈烈副教授和学院办公室副主任曾令初副研究员、地质系王将克教授等组织和带领，于10月3日至10日到南海、顺德、深圳、珠海、广州等珠江三角洲地区的城镇和乡村进行了为期8天的实地参观考察。

本次参观和考察的地点多为陈烈副教授多年帮助规划和指导建设的市镇。在学院领导和中心成员的精心组织及各市、镇领导的密切配合下，整个考察活动进行得极为顺利。

1986年以来，越南党政有关部门注重学习中国改革的经验。他们认为，珠江三角洲与红河三角洲的情况很相似，但中国改革开放抓得早，目前珠江三角洲的经济和社会发展已远远走在他们的前面，很多东西值得他们学习和借鉴。近几年来，他们通过各种渠道和方式，先后组织了多个代表团（大多数是政府高级官员）到珠江三角洲参观和考察，学习珠江三角洲各市、县抓规划促进经济、社会有序发展的成功经验。他们经过多方调查和研究比较，认为陈烈副教授的规划思想、理论和方法最适合他们的国情，因此，不仅把陈烈副教授等编著的《南海市社会经济发展研究与规划》一书以及他近年来撰写的有关珠江三角洲的论文都翻译成越文，并指定为红河三角洲经济区（含十个省区）干部和领导的必读著作和文件。同时，还以政府名义特邀陈烈副教授去越南讲学，开展学术交流和指导他们开展规划工作。

越方对本次参观和考察的内容安排和线路组织极为满意。他们觉得这次考察的内容很丰富，抓住了他们迫切需要的东西，他们从中学到许多新鲜的经验，对他们今后抓规划、建设和管理都有启发。代表团纷纷要求陈烈副教授下次去越南时一定要抽时间，到他们省、他们的市、县，他们的部去做报告，指导规划工作。他们还一致要求，希望中山大学与越南之间今后能建立起经常性、永久性的多方技术交流和科技协作。

最近，陈烈副教授已经再次接受越南政府的邀请，带三名助手赴越南开展学术交流和继续指导他们的规划工作。

（地环学院）

附件2：中山大学地环学院通讯：地环学院科技应用研究中心继续发展同越南的科技协作和学术交流

地环学院科技应用研究中心
继续发展同越南的科技协作和学术交流

今年10月19日至11月1日，地环学院科技应用研究中心应越南官方的要求，在省、学校、地环学院和外事处领导的支持下，组织越南国家计划与投资部、战略与发展研究院、国家土地总局和宁平省地政厅、国家科学技术环境部和红河三角洲发展研究中心的官员和专家共27人来广东学习和考察。由地环学院科技应用研究中心主任、国家建设部技术顾问、广东省国际技术经济研究所客座研究员陈烈教授直接组织。整个工作进行顺利，圆满成功，在原来基础上又增添了中越人民一分友谊，增进了中山大学同越南的学术交流和科技协作。

越南实行改革开放以中国为师，从各方面学习中国的经验。几年来，他们一直对陈烈教授的区域发展与规划理论抱着极大的兴趣，除了把有关论著文章翻译成越文发给主要领导和专业人员，并组织学习之外，还经常请陈烈教授给他们讲课和指导规划工作，同时要求陈烈教授组织他们来华学习和考察。他们学习中国经验步步深入，在前几年着重学习珠江三角洲经济发展与规划有关理论和方法的基础上，逐步向专项学习深化。

此次来华分两批，第一批以国家计委系统的官员和专家为主，要求重点学习工业区规划和考察工业区布局，探讨珠江三角洲"筑巢引凤"的经验。第二批是国家土地总局和宁平省地政厅的官员和专家，重点要求学习土地利用规划和实地考察珠江三角洲土地利用问题。陈烈教授分别给他们讲授珠江三角洲工业发展的特点、工业区选址、规划与布局和经济发展与土地利用的关系、土地利用总体规划的理论和方法等专题，并同他的助手一道带领越方人员考察深圳科技园、广州经济技术开发区、南海工业区、中山市城镇发展与土地利用、斗门县三高农业基地及珠海西区基础设施建设等。他们对在中国学到的理论和方法极为满意，对中国教授的学术水平和大量的实践经验深感佩服，对中国改革开放的形势和珠江三角洲的建设成就感触良深，赞不绝口，并反复表示，要把中国的经验带回去把他们国家建设好，反复要求要继续同中山大学保持和发展合作关系，要求能同我校开展经常性的科技协作和学术交流。他们多次要求陈烈教授再抽空到越南讲学和指导规划工作，陈教授初步答应于明年春末夏初再次赴越。

中山大学地环学院
1996年11月8日

第八章　越南考察记[1]

1995年7月17日至7月13日，在越南国家科委原办公室主任，时任红河三角洲规划办公室主任阮加胜先生等的组织和陪同下，接触了为数众多的国家中上层官员，其中有国土、计划、规划、建设、科技、环保、农业等，同他们进行了多次座谈，在考察红河三角洲的城镇和乡村中，广泛接触各省、市、县的主要领导，所到之处，当地的四套班子成员都陪同参观和参加座谈。与此同时，还与河内国家综合大学、国家规划院和国家地理研究院的部分教授、专家接触和座谈。把所见、所听、所闻、所思，分三个部分整理如下。

图8-1　陈烈与越南国家科委办公室主任、红河三角洲发展与规划规划中心主任阮加胜先生在河内（1995）

第一节　红河三角洲资源环境与经济社会概况

红河三角洲位于越南北部，包括河内、海防、南河、海兴、太平、宁平、

---

[1] 从越南回国后，写了3000字左右的短文向国家和广东省有关部门汇报。过了一个多星期，给我回馈的意见是："陈烈同志的观点很重要，有的提得很关键，正是目前国家关心与研究的问题，请详细写。"本文是1995年7月20日的详细文稿。

本文为1995年的观点和思路，文中数字均为1995年及此前统计的数字。

河西、北宁、永福等省市，总面积14794.2平方公里，约占越南全国总面积4.0%，1995年总人口约1660万，占全国总人口20%左右，人口密度1124人/平方公里，居越南全国之首（全国平均值为219人/平方公里），约比珠江三角洲高一倍。

越南是个多山、多河流的国家，三分之二的国土属山地和高原，红河三角洲和湄公河三角洲是东南亚重要的平原粮食生产基地。

红河三角洲地形相对平坦，平原河网约占55.5%，低丘岗地约占27%，丘陵山地约占8%，西北高、东南低，由西北向东南倾斜。区内有红河、太平江、董江和录江。红河发源于我国云南省（称沅江），在老街进入越南，在越池与坨江及卢江汇合，干流长240公里，在巴呖流入北部湾。太平江有三大支流，即求江、商江和录南江。董江和录江与红河和太平江水脉相连，从而形成了红河三角洲冲积平原的水网体系。三角洲是被江河及堤坝所分割的平原河网区。

越南是个海洋国家，全国海岸线长达3200多公里，红河三角洲从海防到太平有海岸线175公里。

红河三角洲属热带季风气候，年均温度24℃左右，年均降水1500毫米以上。一年有两种明显的季风，即干冷的冬季季风和湿热的夏季季风，每年11月到次年3月为旱季，出现农业用水、工业区供水和沿海居民生活用水紧张问题。拟在中游地区和山区建大型水库，除以前建的大示、北湄、山萝等水库外，正研究在罗江、锦江和别的一些江河建水闸，同时改造安立湖和演望江水库。

越南处于太平洋自然灾害波及地带，台风、水患等自然灾害频繁。据记载，从1884年到1989年的100多年间，红河三角洲地区受到231次台风的影响，其中直接受影响110次。

红河是一条灾害频繁的河流，从1960年到1991年的30余年间，红河泛滥达35次，其中有6次特大洪水，河内水位高达12米，达到3级警报标准。红河到三角洲段，基本是一条悬河，自20世纪初以来，发生崩堤20次。

红河三角洲属生态环境敏感区域。由于地域狭小、人口众多，随着工业经济发展和城镇化加快，各类生产活动和日常生活对环境的影响将越来越大，污染程度日趋严重，环境蜕化日益加快。因此，经济发展的同时，注意保护环境的任务显得迫切。

红河三角洲是越南民族的摇篮，在这里，曾孕育了人类最古老的文明之一的红河文明。本区有着重要的地理优势，它与北方诸省相接，是东南亚和东北亚的交接点，是越南北部的交通中心，通往世界的门户。

红河三角洲是越南全国的政治、经济、文化、科技中心，是培养和输送高水平专家和干部的基地，区内科技干部占全国总数的57%，大学占全国大学总数的64%，集中了几乎全国一流的研究所和研究中心。

区内自然资源丰富，土地肥沃，气候条件有利于热带和亚热带各种动、植物的生长，尤其是冬季农产品生长。本区还蕴藏着全国最大的优质花岗石和石灰石，有丰富的天然气、海洋生物、海洋港口和旅游资源等。

红河三角洲人民文化程度较高，生产经验较丰富，农业经济较发达，是全国两大粮仓之一，且有着与之相称的工业基础，与其他地区相比，工业相对发达。全区工业总产值约占全国国民经济总产值16%，农业约占25%，第三产业比较发达，约占50%。

但三角洲人口密集，人均占有自然空间约890平方米，人均耕地不足500平方米。经济起点低，全区GDP仅占全国19.4%。长期以来受计划经济模式影响，农村居民小农经济、自给自足心理较重，市场经济意识和商品观念薄弱，生活水平低，城乡居民生活水平差距大。

尤其长期受战争的影响，路、桥、电等基础设施严重滞后，物资及技术基础差，第三产业服务条件和法治氛围尚未足以对外资的吸引力。如此等等，红河三角洲地区面临融入世界经济、参与国际和区域市场竞争的激烈挑战。

沿途考察，很受欢迎，得到各省、市领导极其热情的接待。深刻感觉到，他们对发展经济很迫切，都渴望能了解更多关于珠江三角洲地区发展的经验和做法。许多干部，一见面就说："陈教授，我在广州听过你的报告。"越南科学、工艺与环境副部长黎桂安先生，一见面就说："陈教授，你在广州的报告做得很好，我都认真做了笔记。"在南河、宁平、南定等省市，他们的主席一见面就说："我们前不久专门组织学习你的著作和文章，大家都受益匪浅。"

所到各省、市、县，几乎在家的领导班子成员都陪伴全过程，一来希望了解更多关于中国改革开放和珠江三角洲发展的情况，二来是向我介绍他们的现状，希望我对他们的发展能提出些意见。

图8-2，图8-3　陈烈对红河三角洲进行全面考察，在基层（县级）考察、调研和访谈（1995）

图8-4　陈烈给越南官员考察团讲座（1996）

图8-5　陈烈等中国规划专家考察红河三角洲滨海旅游资源（1995）

图8-6　陈烈在红河三角洲宁平省考察（1995）

图8-7 红河三角洲在越南区位图

第二节　国家大政方针与红河三角洲发展

一、国家大政方针及经济、社会发展概况

越南自 1986 年实行全面革新开放政策，提出恢复和发展经济，赶超新（加坡）、马（来西亚）、泰（国），2010 年实现现代化的宏观战略。

国家经济发展的战略目标是：抓住新的机遇，加强国内各地，尤其是南、北方的密切配合，采取各式各样的措施，尽自己的一切力量和潜力，高度发扬各种经济成分的综合力量，争取各种投资，推行与扩大互相合作的范围。加强与各国的连营关系，把越南建设成一个富裕的、社会文明的、公平和幸福的国家。

主要经济指标：从现在到 2000 年，全国人均 GDP 达 275 美元（1990 年为 100 美元），年均递增 10%，到 2010 年，全国人均 GDP 要达到 1050 美元，年均递增 11%，红河三角洲经济区拟达 1150 美元，国家要求人均 GDP 城市要比农村高一倍。

实行革新开放后的 1989 至 1991 年，许多国营企业受到冲击，效益普遍下降，产品市场缩小，大批工人失业，政府的处理办法是：年纪大的解决退休，未到退休年龄的也可提前退休，年轻、身体健康的可以转到其他工厂企业或从事私人企业。

自 1992 年开始，部分工业企业有所回升，如南河省（省会南定市是越南的重要工业城市，有纺织之都之称）1993 年工业产值比 1992 年增长 7.8%，1994 年比 1993 年递增 10.5%，今年上半年比去年同期增长 10.1%。工业企业的状况是：目前约有 30% 的企业稍有起色，这些企业能解决劳力出路问题，能维持工人的基本生活，能按时如数交纳国家税收。这类企业多数为集体或个体企业，以及电镀厂、印刷厂和饮料厂等；约有 40% 的工厂企业迄今仍未找到明确的发展方向，在相当困难的情况下过日子；还有 30% 左右的工厂企业目前极端困难，主要是纺织企业，机械老化、产品无销路、附属人口太多，如南定市纺织厂现有工人 1.7 万人，而附属人口却有数万人。越共中央领导人专程到南定市视察，据说有指示，仍未见条文。

越南政府对国营企业的发展规定了五条标准，能达到者就维持，否则就要转向，五个标准是：

（1）企业找到了新的发展方向，这个方向是符合市场需要的。

（2）企业的资本（包括固定和流动）和规模能达到国家的规定和要求。

（3）能保持原有的资本又能维持工人的生活。

（4）能如数按期交纳国家税收。

（5）环境卫生好。

实际上能达到如上标准的企业是很少的。

越南的工业品市场中，多数工业品，尤其是各类布匹和家用小电器，基本上都是中国货。越南人对中国布评价很好，觉得价格便宜、质量好、款式新。商店里，街边摊档中的许多成衣也来自中国。但织布厂、成衣厂的经理都无可奈何，他们说，我们的市场越来越小了，前些年曾把布匹和成衣拉到俄罗斯市场，但竞争不过中国的，现在连国内的市场都被中国占领了。

革新开放以来，越南的农业年年丰收，且单产越来越高，如南河省（是越南重要的粮食生产基地之一）每公顷耕地产量1980—1990年为35～38公担，1991—1994年达40～54.6公担，今年上半年又大丰收，1995年可望达到56.5公担。他们分析丰收的原因是：①这些年气候很稳定，基本没什么灾害，台风也极少；②新革开放以后，改变原来的全包制，把地分给农民自己经营，大大地调动了农民的生产积极性；③引进了新的高产品种，有来自菲律宾国际种苗研究中心的，也有来自中国的。

由于连年丰收，且单产不断提高，现在粮食都吃不完，出口欧共体、非洲等国家，也出口中国，但有的现在还找不到销路。

越南的城市受几十年战争的破坏，基本上没有多少新的建设和发展，建设档次很低，市政设施不配套，许多设施基本上是法国统治时期遗留下来的产物，老化，甚至残破不堪。

革新开放以后，城市流动人口大增，如胡志明市城市人口约420万，其中流动人口有30.4万，河内人口已达110万，流动人口更多。

城市违章建筑多，大排档沿街摆卖，机动车辆每年以10%以上的速度递增，尤其是双轮摩托车，如龙似水，加之缺乏交通管制，街上人流、车流，人力车、机动车混在一起，交通秩序相当混乱，塞车现象相当突出，尤以胡志明市和河内两大城市突出。据报道，南部胡志明市的交通事故，每年以17.29%的速度递增，1994年共发生各类交通事故1592宗，死亡人数达591人，伤1706人，损坏各种车辆1881辆。

越南的交通网级别很低，路面窄，质量差，许多道路遭战争破坏。三角洲河网地区交通极不方便，如从南定市到海防市不够200公里路程就有五个渡口，要走半天。

因此，越总理提出要"重新整治城市面貌和交通规划"，亲自批准开展南定市的总体规划，并强调把规划作为促进经济、社会发展的手段。要求全国3～5年内重点抓道路交通建设和城市整治。

他们学中国珠江三角洲的经验，实行路、桥等基础设施商品化。今年刚完成的从河内机场到河内市区的20多公里的高速公路就设了收费站,他们说:"这是学你们中国的经验做出的第一个样板。"

二、关于红河三角洲经济区的发展问题

越南政府在全国抓两大经济开发区,一是南部的九龙江经济开发区,以胡志明市、边和和头顿三角形区域为重点;二是北部的红河三角洲经济区。红河三角洲经济区包括10个省、市。

越南政府成立了红河三角洲经济区规划办公室,由原国家科委办公室主任阮加胜负责,原国家科委副主任等任顾问。世界银行资助设备和研究费用,联合国派多国专家集中越南研究经济区的资源开发、经济社会发展规划和投资方案等。

这两年来,办公室的工作主要是组织资源调查,研究开发方案,培训人员组织到国外参观学习,引进设备和技术等。办公室的主管领导每隔一段时间即向政府汇报工作情况和规划设想等。

7月11—12日,由世界银行出资,组织了关于"红河三角洲发展展望"国际学术研讨会,与会者有法国、新加坡、泰国和越南等共100多人,越南方面有国家各部门和各省市干部,各大专院校有关教师和科研人员。我总的感觉是:内容较广泛,但仍停留在一般性的研讨阶段。会上,就红河三角洲经济区的发展方向问题,有两种不同的观点:

一种观点认为,根据未来世界粮食形势和人们对农产品的消费需求,以及三角洲地区的资源特点,其发展的首要问题是要考虑如何永久性控制、稳定农业用地,增长粮食。工厂办在城市或其他地方仍然可以为农村服务,三角洲主要是保护环境,生产粮食。提这种观点的,以旅德越侨梅金鼎教授为代表。

另一种观点则认为,红河三角洲最大的问题是如何解决剩余劳动力的出路问题,必须通过办乡镇企业来解决,关键是要搞好规划。在干部中,持这种观点的较普遍。

红河三角洲经济区规划办公室的专业人员,通过认真学习南海和顺德两市规划的理论、方法、模式,以及根据我多次报告和讲座的基本思路,目前正组织多国、多部门、多学科专家开展红河三角洲经济区发展规划。

第三节 越南人议中国

一、越南人对我国改革开放的政策和区域规划理论非常感兴趣

越南从官员到普通老百姓,对我国的改革开放政策都异口同声叫好,他们

说："邓小平这个人真了不起，提出了改革开放。"这几年，凡来过中国，亲眼考察珠江三角洲的人，无不佩服中国改革开放政策和10多年来所取得的成就。在言谈中往往表现出惋惜自己国家抓得太迟了，与中国的差距拉得很远。

他们还说，"中国在六七十年代时候，每人每年才供应2尺布，可现在的布都用不完，销到我们越南来了，我们到中国，发现你们都穿得很好，冬天都是外穿西装、内垫白衬衣。"

越南各阶层的人士，从中、上层领导到普通干部，从科技人员、教师到企业家都很渴望到中国看看，这种心情，随处可感觉出来。

目前越南尚未恢复与中国的正常关系，国民自行往来不方便，但越南老百姓对中国人表现出很友好，国家工作人员，招待所的服务员，城市居民和农村农民，见到我都表现出很亲切，有的人学会两句中国话，远远见到就招手："你好，欢迎。"华侨及50—60年代曾到中国学习和工作过的人也格外亲切和富有感情。

越南的干部，尤其中、上层干部，普遍都认为按照苏联那一套发展经济不行。他们说，"美国的技术很先进，我们要学习美国技术。我们虽然有许多朋友，但远方的兄弟不如近邻，我们与中国有许多相同和相近的地方，中国的经验最适合我们，我们要学习中国的经验。"

基于这种心情，估计他们在实现与美国建交和加入东盟以后，将会进一步加强同中国的联系，掀起新的参观、考察、学习中国的热潮。这几年，他们学习中国经验主要通过如下途径：

（1）通过60年代曾在中国留学的这些干部穿针引线，以回母校观光为名，借以参观考察珠江三角洲和获取信息，这里头包括许多中、高层领导干部。

（2）组织办培训班，先在他们的母校办，由母校帮物色有关人员上课，接着要求找对口单位办班。多次要求我给他办有关区域发展研究、区域规划、城镇规划和环境规划等方面的培训班。

（3）组织学习珠江三角洲的规划理论。他们对我们所著的《南海市社会经济发展研究与规划》一书，如获至宝，组织了一批60年代在中国留学的干部，花了很大的工夫，把近25万字的书以及把我多篇公开发表的论文翻译成越文，发到主要干部手里，并组织红河三角洲经济区规划办和各省、市领导学习，如南河省和南定市的主席一见面就说，"前些时候，我们组织干部学习你的著作和文章，对我们的帮助很大。"阮加胜先生多次讲，"我们从你这本中得到很多启发，我们现在的规划都是按照你这本书的方法做的。"

（4）组团到中国来或请专家到他们国内讲学和指导规划工作，我是属被邀中国专家中最早的一个。

二、越人对珠江三角洲大量土地投入搞建设的议论

旅德越侨梅金鼎教授在"红河三角洲发展展望"国际学术研讨会上发言,强调越南必须永远稳定粮食生产,他说:"国际专家研究指出,到2040年,由于环境污染,耕地被破坏,世界粮食问题将面临困难。如果每个劳动力和每个百姓没有足够的粮食供应,那世界是决不会安宁的。"他又指出,"这些年来,许多国家的粮食生产一年不如一年。中国未来的问题是粮食问题,2000年以后,中国能有足够的粮食供应人民的需要吗?

"世界许多国家对解决粮食问题已有所警觉,中国已关心这个问题,划出农田保护区,确定有些地方永久性地种植粮食。

"越南总理也很重视这个问题,越共中央正是看到各国和中国的粮食问题才提出5号决议的。"

梅教授的发言有一定的代表性,且不说他分析得中肯与否,总之,粮食问题是一个很敏感的、世界性的问题,人们分析起粮食问题时总会自然地联想到拥有十多亿人口的中国的粮食问题,这是不足为奇的,这对我们来说应是作为一种启示和警觉。

越南人学习珠江三角洲,很明确,是学习其成功的经验,他们边学边组织研究,对于大片大片优质农田被填,以及由于乡镇工业的发展对环境造成的污染问题,他们是有看法的。在座谈会上,他们多次地提出问题,"你们珠江三角洲填掉那么多耕地,珠海西区、大亚湾填掉那么多耕地,以后农民的生活怎么办?"

可以发现,越南的官员、规划人员,在考虑红河三角洲经济开发时,对于土地利用问题是很慎重的。他们说,我们红河三角洲比珠江三角洲更低平,人口密度更大,搞得不好就更麻烦。故此,他们强调,工业要尽可能布局于三角洲平原边缘与山地的结合部地带,政府规定限制污染性工业的引进。

面对粮食问题,我们决不可掉以轻心,中央一直都很重视这个问题,采取了一系列的政策和措施,广东也重视这个问题,开展土地利用总体规划,划定基本农田保护区域,这些都是保护耕地的重要举措,关键是要真正落实好。

我们的许多年轻干部,很少或从未种过地,对土地的重要性认识不足,对土地,尤其是农田耕地的感情不深,对于"盘中餐粒粒皆辛苦"体会也不深,随便填掉良田、耕地,餐桌上铺张浪费,这是外国少有的,很多人看了都心痛。这是必须引起我们高度重视的。

第四节　越南发展态势与我们的战略思考和建议

一、越南发展态势

越南的文件、报刊和官方讲话都声称，过去三年取得了较大发展，全国出口总额增加了20%，外国来越投资也发展扩大，预计5～10年内有更大发展。他们认为，近几年在外交事务上取得了很大胜利，同中国、日本、韩国和欧共体都改善和建立了新的关系。今年又将实现同美国建交和加入东盟。

越南政府表示，今后有关边界问题，采取协商谈判的方式解决。声称：今后将继续奉行"不咎既往，面向美好未来的外交政策，要扩大对外关系，同所有国家交朋友"。

干部和老百姓都拥护政府的这种外交政策，也普遍认为，这几年国家在外交事务上取得很大胜利。

越南人普遍认为，在美国对越禁运的那段时间，美国给他们国家和人民造成极大的困难，如能同美国建交是一件大好事，不仅可以同美国改善关系，还可以同美国的大批盟国改善关系。他们还估计，同美国建交以后，可能很快会形成美国及其盟国入境投资的热潮。美国的技术很先进，我们要通过各种途径吸引美国来投资，引进他们的资金、技术和现代化设备。

近年，日本在越的投资势头很猛，投资总额从前几年的排行第四到目前跃为第一，居中国台湾、香港和韩国之前。重点是投资基础设施建设，如在海防修高速公路，搞三通一平，建集装箱码头，建电厂，在河内工业区搞自来水设施等。

越南人对日本有好印象，其中主要原因是日本政府拨巨资无偿帮助越南办学校，日本政府拟分期分批帮越南修建小学校舍，第一批已在南河省、宁平省和太平省展开，仅在南河省就拨款2000万美元，在沿海地区帮助建13间小学。日方还表示，如果需要，下一步还可以帮助解决教学设备。越南人对教育看得很重，日本政府这一着赢得了越南人的信任。

越南政府重视同东盟各国建立多边合作关系，对于加入东盟的热情很高，他们深有体会地说，"作为一个民族，是永远消灭不了的，但我们再不能孤立了。"我们加入东盟，可以享受保护主义的好处和东盟国家的优惠政策，我们也欢迎东盟各国来越投资。"中国是大国，越南是小国，我们只能与东盟各国有平等地位。"但市场就是战场，我们和东盟各国之间在资源、产品和市场等方面的互补性少，共同性多，未来照样存在着竞争，集中表现在市场竞争上。

东盟六国高级首脑都重申，随时愿向越南传授建设和发展国家经济的经验。他们认为，越南加入东盟，将对越南经济的发展，东南亚的和平与稳定，以及建立东南亚共荣圈有重要的作用。还说，1995年接纳越南加入东盟将是东盟历史性的一年，这个新发展步伐，为进一步加强越南和东盟之间的双方和多方友好合作关系创造了新机遇，这是符合正出现的地区化、国际化的发展趋势的。

二、我们的战略思考与建议

1. 越南的基础虽薄弱，但其发展形势切不可低估

综合考察分析越南的经济社会发展现状，其基础确实相当薄弱，尤其是北方，以笔者的基本估计，越南的城镇建设约相当于我国60年代的水平，农村的状况则相当于我国70年代末80年代初的水平。

目前，老百姓粮食足食有余，但经济并不宽松，部分城镇居民经济生活仍相当困难，相当部分干部，尤其是退役的老兵仍处于入不敷出的状况。

越南目前的政治环境相当宽松，但文化生活非常贫缺。从总体看，越南的基础是比较薄弱，但从发展的眼光看，越南未来的发展速度将会相当快，依据是：

（1）越南人亲眼看到中国十几年改革开放的成就和好处，目前是全国上下一个想法，即学习中国经验，走革新开放的道路，因此，实行了开放度相当高的政策，这是未来发展的政治和政策保障。

（2）经过几十年的战争生活，人们渴望有个和平安定、休养生息的环境。现在已化干戈为玉帛，不打仗，抓发展经济，符合民意，老百姓很拥护，很珍惜这来之不易的和平环境。在越南，可以充分感觉到，全国上下，干部、群众，对发展经济的迫切性很强烈，工作热情很高。正像珠江三角洲80年代干部和群众的情绪一样。

更为重要的是，经过长期打仗，锻炼和培养出了一大批精明能干、吃苦耐劳、开拓进取的人才，这为未来发展提供了一个良好的社会环境和必要的人才条件。

（3）这几年，越南奉行"不咎既往，面向美好未来"的外交政策，广泛扩大对外关系，同所有国家交朋友，这些年在外交事务上确实取得了很大成效。可以设想，越南同中国、日本、韩国、欧共体、美国和东盟各国改善和建立关系，将极大地促进了国内经济的发展。

（4）越南被作为扶贫国家，每年都得到国际社会许多国家的资金、技术、设备和人才等的支持。

（5）越南自身有丰富而优越的资源条件，如石油、煤炭等矿产资源，土地资源，海洋资源，旅游资源，气候资源和劳动力资源等，这些资源有许多与

别的国家和地区具有互补性,因此,它具有较强的吸引魅力。

(6) 越南把教育作为首位政策,抓得很紧,投入也多。教师很受社会的尊重,学生学习风气很浓,教师、学生和家长配合得相当好。这几年,在全国广泛开展优秀学生运动,牵动了全国学生、学校、教师、家长和干部之心,推动作用很大。许多重点学校暑假不放假,集中抓优秀学生补课,教与学的情绪很高。

政府要求每个中学生要学懂一门外国语,大学生毕业必须懂两门外国语。教师、国家干部都必须掌握一门外国语,以英语、法语、俄语为主,也鼓励选修汉语和日语,每个星期定时定点上课和辅导。

根据以上情况,可以肯定,越南在 5～10 年内将会有较大的发展。而且这个发展是在吸收了中国改革开放经验的基础上,坚持从规划入手,不仅速度会更快,发展也会更稳,起点也会更高。

2. 日美插手越南,必将造成与中国竞争,在这点上,务必引起我们的高度警觉

(1) 日本政府对越南投资基础设施建设和基础教育。它的这种投资指向在世界各国中是为数不多的。众所周知,这种投资是属宏观战略性的,其目的在哪呢?这似乎可以说明日本政府企图夺回第二次世界大战中夺不到的东西,是否改用经济手段为继续实施 50 年前企图用战争手段"建立东亚共荣圈"的战略呢?总之,日本等国家和地区对海防、河内等的投资将有力地促进红河三角洲北部"小三角"开发区的形成和发展。

"小三角"区域与中国的广西、广东近在咫尺,其发展显然是为广西的北海、钦州、防城,与广东的湛江等带来机遇和挑战。广西南部沿海地区、广东西部沿海,尤其雷州半岛地区,如何抓住时机,发挥优势,营造环境,迎接来自北部湾西岸越南的竞争,并在竞争中取胜。

(2) 中国台湾地区对越南的投资量也很大,发展也很快,目前居第二位,估计未来还会有更大发展。"台湾"企业家紧紧利用中国与越南和东南亚华侨的血缘、人缘关系,利用在越南和东南亚的华侨为他们服务。如他们在胡志明市就找了 200 多名华侨青年给他们当翻译,代他们管理工厂,到越南各地的台资工厂当技术员、管理员,抓产品质量等。

(3) 美国之所以改变态度,很快将宣布同越南建交,依笔者看,其目的有两个:

其一是为了取得他们在九年武力侵越中尚未得到的东西。原来用武力侵占越南,得到越军的奋力抵抗和全国共讨,可现在通过经济手段占领越南阵地却得到热烈欢迎。

其二,美国身在越南心在中国。美国的意图是想通过控制越南和东南亚,对中国造成威胁和控制之势。这种威胁和控制可能表现在如下三个方面：

1）出自于政治目的，美可能与日结盟，在越形成综合力量，控制整个越南和东南亚的经济形势，影响中国与越南和东南亚的关系。

2）美、日两国将可能会抓住中越两国的敏感问题——领土与海洋资源问题，与越南合作开发北部湾和南海的资源，尤其是石油和天然气资源，同中国竞争海洋资源，抢占和控制南中国海。

3. 北部湾经济圈发展态势与笔者的建议

翻开东亚的地图，从日本岛开始往南到新、马、泰，可发现北部湾地区目前正处于东亚太平洋沿岸的经济低谷，随着世界经济重心东移和日益向亚太地区倾斜，北部湾地区未来将是接受来自世界各地经济辐射和产业倾斜的重点区域，北部湾经济圈的崛起势在必行。北部湾两国（中、越）、四方（中国广东、广西、海南和越南）均为发展中地区，彼此间，经济发展既存在互补性，又存在着激烈的竞争，北部湾经济圈的形成和发展将给中国和越南带来巨大的影响。

位于北部湾西岸的越南，从几十年的战争环境中摆脱出来，实行全方位开放政策，由其丰富多样而未被开发利用的资源优势，使其经济发展潜伏着巨大的能量。越南有3000多公里的海岸线，是一个面向海洋的国家。况且东、西方各国出于政治斗争的需要，未来在资金、技术、产业等方面将会向越南倾斜，可以预料，越南在不久的将来将会成为东南亚的后起之秀。

在西方国家的支持下，在接受国外经济辐射和产业倾斜方面，在争夺世界市场方面，在开发海洋资源、发展海洋产业方面，都会给中国带来竞争和挑战。

因此，广西南部、广东雷州半岛、海南岛等地区都应该引起高度的警觉，要强化竞争意识，要站在北部湾区域高度上，用宏观战略大视野谋发展。在同样的环境条件下，谁抓住机遇，在竞争中取胜，谁就是成功者。

中国的策略应该是积极利用和主动参与竞争。

越南这个阵地，中国不去占领，别国就会去占领，越南与中国有许多互补性的东西，中国不去利用，别国就会去利用。我国要保持和扩大在东南亚中的战略地位和作用，在同西方国家的政治较量和经济竞争中永远保持主动地位，其中的一个方面，则必须积极主动地利用越南的资源和潜在优势为我所用。中国利用越南有许多有利条件：

（1）中国与越南之间有很深的历史文化渊源。这方面的体会和认识似乎越南人比中国人更深刻。他们认为，越南4000多年历史是与中国的历史紧密联系在一起的。在越南，可看到他们的许多民情风俗、生活习性、节日礼庆等，基本上与中国是一样的。越南的家庭妇女，受孔教思想的影响很深。许多名胜古迹、古建筑、古寺庙、古碑刻、门额、对联、墓碑等等，都与中国的建筑形式基本相同和用中国的文字表现。到目前为止，有的人死了，打个墓碑都要用汉字，由于主人不懂汉字，打字的人也不懂汉字，模仿着打，往往打错了，或把字打颠倒了都不懂，可是他们还是要用中国文字。他们说，我们喜欢看中国的《红楼梦》《西游记》《三国演义》和《水浒传》等电影。我们完全可以利用这些地缘、人缘、血缘和历史文化渊源关系，让中国的历史文化对越南的广大老百姓，尤其广大青少年产生深远影响。

（2）越南提出学美国技术，是想引进西方的资金、技术、产业和管理，实际上并没有看出他们对西方国家、对美国有多少感情。相反，中越之间因其特殊的历史文化基础、特殊的地缘经济区位、特殊的资源环境和经济结构特点，决定其学习、效仿中国的经验和做法的思想和社会基础。事实上，他们对中国的东西很有感情，广大的干部、群众和科技人员都普遍渴望到中国来看看，学习中国的经验。他们认为，中国的做法和经验，符合他们的国情。

因此，若能利用越人的这种心理状态，接受和欢迎他们入境，可以建立广泛的联系，争取他们的干部和群众，尤其是青年。

中国"文革"期间，越南的青年都转向西方留学，可以明显感觉，40岁以下的人，尤其知识分子和行政领导干部，对中国的印象已完全淡化，同他们的上一辈人相比，他们对中国已毫无感情。

（3）当前宜采取先入为主的做法，积极主动与越方建立经贸合作关系，尤其抓住时机，共商建立红河三角洲和湄公河三角洲粮食生产基地。越南和我国资源和产品互补性强，其粮食、木材、海产品、农副产品、煤和石油等为我国所需要；而我国的建材、轻纺、家电、生活日用品和成套机械设备，在越南又有广阔的市场，开展经贸合作双方都有好处，取其资源和市场为我所用，有万利而无一弊。

这些年，越南连续大丰收，两个三角洲都存在找粮食市场难的问题，利用这个时机，趁美、日插手之前，通过省与省之间、地区与地区之间建立粮食生产供销关系，其利无穷，政治意义更大。

越南的许多干部，尤其是北部许多省、市的领导，都普遍希望能与中国建立经济贸易合作关系。如越共中央委员、南河省省委书记裴春山，就一本正经地对我说："请你回国后代我向广东省委书记和省长问好，希望你发挥桥梁作用，促进两省发展经济贸易合作关系。"南河省主席陈光玉，专程从中央党校赶到河内，与建设部副部长陈重亨一起，陪我吃晚饭，说："请你回国后代我问候你们的省长好，希望通过你的作用，南河与广东两省结成姐妹省，建立两省经贸和粮食供销合作关系。"还有许多部门和市、县都向我提出同类问题。

（4）世界政治经济发展的历史表明，谁控制了海洋，谁就控制了世界。越南是一个海洋国家，北部湾海域有丰富的石油和天然气资源，有优良的港口和海湾，有丰富的渔、盐等资源，且位于热带季风气候这个特殊的地理区位上，东、西方国家都把这里看成是一块"肥肉"而进行争夺，我们和越南是山、水相连，更应该积极主动参与竞争。一来可取其资源为我所用；二来可以有效地制约西方国家的介入和占有，避免未来造成新的麻烦和威胁；三来更重要的是合作开发资源、发展两国经济，造福两国人民。

（5）利用越南的土地和水、热条件，到越办优质动物养殖场，如养鳗鱼、养蛇、养龟、养鳖、养优质海产品等。利用气候差，到越南办反季节农产品生产基地，既可以供应我国北方淡季农产品需要，又可以有效地促进越南农业和农村经济发展。

（6）到河内、下龙等地建旅游宾馆，专营中国菜式，同时组织中国越南游等。这些方面，越南官方都感兴趣和寄以希望。因为他们的旅游接待设施很欠缺，越人对中国菜也很感兴趣。开发旅游资源，发展旅游经济，构建环北部湾国际旅游圈，于两国都有利。

到越南开发产业，既要注意经济效益，还要注意社会效益，可能某些时候某些项目的经济效益暂时还不太理想，但从长远来看，其社会效益、政治效益却很大，类似这样的项目还是应坚持下去。

总之，越南的基础尚薄弱，但形势很好，综观越南的外部环境和内部条件，估计未来发展较快，它将会成为东南亚的后起之秀。在西方国家的干预下，不久的将来，将可能与东盟各国争夺盟主地位，进而在北部湾经济圈中成为与中国竞争甚至挑战的对手，我国广东、广西、海南各省区，应该有个清醒的估计，强化协调意识，树立竞争观念。

现在越人无不佩服中国，尤其是广东珠江三角洲的发展速度和建设成就。虽然，越南红河三角洲与广东珠江三角洲确存在起码10年，甚至15年以上的层次差距，但再过10年、15年以后的情况如何呢？这种差距是继续拉大了，保持了，还是缩小了，甚至靠近或超过了，这是摆在我省干部和群众面前必须清醒思考的问题。

越南不是孤立的越南，它事关东南亚，事关南海地区，事关中国南部，抓住越南就能在相当大的程度上控制东南亚，控制南海海域和南海资源，控制北部湾经济圈的经济、政治形势，故建议我国政府应该引起重视，抓住时机和有利因素，先入为主，积极利用，主动竞争，协调发展。

搞好与越南的关系，在客观上是有条件的。建议：①通过官方和民间加强与越南的多层次联系和交流，沟通和建立感情；②积极开展边境贸易和双边贸易；③共同开发海洋资源、石油、天然气资源和旅游资源等；④共同投资，开发红河三角洲和湄公河三角洲，建设商品粮食生产、供应基地等。

要充分利用我国与越南的文化、邻邦关系和两国经济互补性强的特点，加强往来，沟通感情，加强合作，促进共同发展，对这一地区的长久稳定，对于北部湾经济圈的崛起和环北部湾两国四方的繁荣，具有重要的战略意义。

第九章　红河三角洲研究与规划报告

第一节　用可持续发展战略理念指导红河三角洲经济社会发展与规划（提要）[①]

在认真听取各方意见和实地考察的基础上，根据越方的干部，尤其是高层干部所关心的问题，联系珠江三角洲发展与规划的经验和教训，结合红河三角洲的实际，围绕红河三角洲未来经济社会发展和资源环境开发利用保护等问题，应用区域可持续发展规划理论，先后给他们省和国家的官员做了多场演讲，内容包括如下几个方面：

一、北部湾经济圈[②]的崛起，将给越南带来难得的发展机遇

纵观太平洋西岸，亚洲大陆东部沿海，可以发现，从东北部的日本海经济圈到环渤海经济圈，长三角经济圈、珠港澳经济圈到最南端的新马泰经济圈，他们都已得到很好的发展，唯独北部湾经济圈尚未得到应有的发展，目前仍处于诸多经济圈中的经济低谷。（见图9-1）

但随着世界产业转移和区域经济一体化，其产业、资金、技术将向低谷倾斜。未来的世纪是海洋的世纪，随着世界各国经济空间发展战略逐步从大陆向海洋拓展，拥有独特气候条件和丰富多样的生物、矿产、渔业、港口、旅游等海、陆资源的北部湾地区，未来崛起势在必行。

北部湾地区虽目前经济基础较薄弱，缺乏强有力的区域中心城市带动，但中越两国都实行改革开放政策，蕴藏在环北部湾地区的潜在生产力，将会变成强大的现实生产力，北部湾经济圈的崛起将指日可待。

位于北部湾西岸的越南，尤其红河三角洲地区，将迎来难得的历史性发展机遇。我们的干部要站在红河三角洲、站在国家北方大区域，站在北部湾地区

[①] 本文是在全面考察红河三角洲基础上，在河内和南河省先后给越南国家部分中央委员和省、部级官员等作的报告，本文为报告的基本观点与讲座提纲，1995年7月。

[②] 1994年，在湛江市域规划提出"北部湾经济圈"的概念，1995年在越南首次提出此概念，引起越方政界和理论界的极大兴趣和高度重视。

的战略高度上，站在与中国西南，尤其广西、云南，以及周边东南亚国家的联系对接与互补关系上分析、审视和谋划其发展问题。

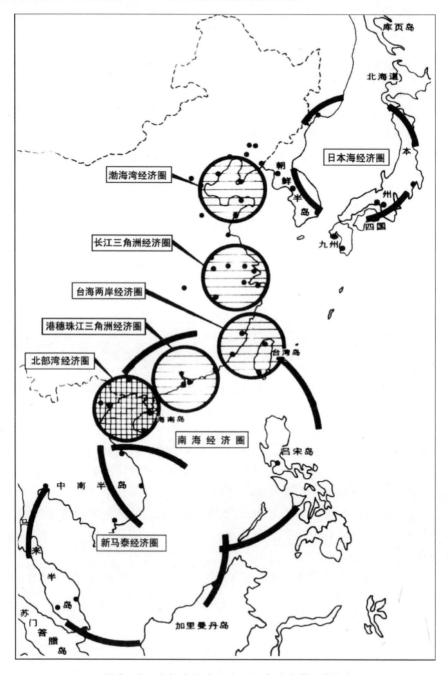

图9-1 北部湾经济圈在亚洲大陆东岸区位图

二、红河三角洲经济、社会发展具有许多有利条件，同时也存在许多制约性因素

（一）红河三角洲的发展有许多优势和有利条件

（1）有和平的发展环境和睦邻友好的周边关系，为区域发展提供了一个宽松的国际环境。

（2）国内安定团结的政治局面和坚持革新开放，发展经济的政策环境，为经济、社会发展提供了可靠的政治和政策保障。

（3）优越的地缘经济区位，为位于北部湾西岸经济低谷的红河三角洲发展提供了接受发达国家和地区产业转移和资金辐射的良好机遇。

（4）得天独厚的农业气候条件和肥沃平坦的土地资源，为发展粮食（稻谷为主）和多样性种、养业提供优越的农业环境条件，丰富多样的农副产品为发展加工业提供原料基础。

（5）西、北部山区石灰岩、木材、煤矿等为工业，尤其建材工业提供原料基础，东部潜力巨大的海洋资源为发展海洋捕捞、海水养殖、海盐与海盐化工业、海洋港口运输业、海产品加工、海洋生物、海洋药物、海洋旅游业、海洋采矿业等，提供广阔的开发利用前景。

（6）红河三角洲地区经济社会发展已有一定的基础，尤其是农业、第三产业和教育文化事业。

（7）广大干部、群众有个强烈的革新开放、发展经济、改善生活的愿望。

（二）红河三角洲的发展存在许多不利条件和制约性因素

（1）区域交通落后，公路等级低，路面狭窄而破烂，河网地区路、桥不通，成为区域经济发展的瓶颈。

（2）城镇建设档次低，市政基础和公共服务设施不配套且破烂不堪，在区域中的吸引力和辐射力弱。

（3）经济基础，尤其工业基础薄弱，是以农业为主的产业结构特点，而农田水利设施欠配套，设备能力低而且老化，抗灾能力弱，成为制约农业进一步发展的主要因素。

（4）人多地少，人地矛盾突出，城乡差别大。

（5）河网地区地势低平，制约非农建设用地和污染性，尤其水污染性工业企业的发展。

总之，红河三角洲经济、社会发展具有良好的外部环境和内部条件，具有优越的地缘经济优势，面临发展的历史性机遇。但也存在许多不利条件和制约性因素，优势与劣势并存，在市场经济条件下，在世界产业转移和区域经济一

体化的浪潮中，要充分利用革新开放政策，依托自身优势资源和有利条件，吸收国外产业、资金、技术和经验，在区域竞争中利用、改造、提高和发展自己。

三、要用发展，协调发展和以人为本全面发展的可持续发展战略理念指导红河三角洲发展、规划与建设

联合国1992年通过的《21世纪议程》强调经济社会发展不仅要"满足当代人的需要，又不损害子孙后代满足其需求能力的发展"。可持续发展战略是与传统发展观截然不同的全新发展观，它要求经济、社会发展和资源、环境开发既要利于当代，也要有益于子孙后代，绝不能以牺牲后代人的利益为代价来满足当代人的需要。它要求经济发展要讲效率和质量，资源、环境开发要立足于永续利用，社会发展要讲公平合理，也就是说，人类在发展中，不仅要追求经济效益，还要追求生态和谐和社会公平。经济、社会、资源、环境是区域系统中相互联系、相互制约的有机整体，可持续发展区域，应是以人为中心的经济、社会、资源、环境全面、协调、持续发展。

可持续发展战略理念的核心是发展、协调发展和以人为中心的全面发展。要坚持可持续发展战略理念，指导区域发展、规划与建设。

"一切物质财富是一切人类生存的第一个前提。"努力发展生产力，增加社会物质财富，提高人们的物质、文化生活水平，是欠发达和不发达地区的首要任务，要紧紧抓住"发展"这个前提。

按照可持续发展战略要求，抓发展的同时，要注意协调发展问题，包括经济、社会、资源、环境区域各要素的协调，产业之间的协调，城市与乡村、区域与区域间、河流上中下游间的协调等等。要从综合和协调的角度，长远和全局的观点，谋划区域发展问题。只有这样，才能实现区域快速、健康、有序、持续发展。

红河三角洲地区，人口劳动力资源丰富，历史悠久，人民文化程度较高，有生产，尤其是农业生产经验；是全国科学技术人才和管理人才的供应地；区内农业气候资源优越，农业经济比较发达，不仅是全国两大粮仓之一，还是多种优质农产品的生产地；第三产业发达，工业有一定基础；又是全国的政治、文化、科技、教育中心，也是北方各省市物流业、服务业、商贸业和旅游业的中心；交通、通讯技术有一定基础，是全国通往国外的交通枢纽，有优越的地缘经济优势。随着北部湾经济圈的崛起和国内的革新开放，即将面临新的大发展时期。

但红河三角洲地区，资源极其有限，环境敏感度高。发展经济要立足于节约、集约利用土地资源，合理而有效的利用水资源，要保护自然生态环境。要

优化产业结构，要重视城乡协调发展，重视河流，尤其是红河流域的协调发展。

四、红河三角洲经济、社会发展要有个明确的战略方向和目标

区域发展战略方向和目标的确定，是事关区域经济和社会能否健康和快速发展，决定区域竞争力的关键，也是区域发展规划要解决的重要问题。中国国内和珠江三角洲地区的许多市、县发展实践证明，在同样的资源、环境、政策和市场条件下，定位准确与否，其发展速度就不一样。定位准确的市县，发展就快；否则，就迟迟得不到发展或发展缓慢，在区域中的竞争力也明显下降。

区域经济发展战略定位，要根据区域外部环境、内部条件及其在区域周边大环境中的地位和作用；根据区内经济、社会、文化发展的规律性、现状、特点与问题，未来国民经济发展的需要和市场经济发展的要求等，合理确定其发展方向、目标和重点。

远期发展目标是描绘区域未来发展的蓝图，属前瞻性、宏观战略性预测，近期目标要力求做到有针对性、可行性和可操作性，不仅提出明确的目标和任务，还要制订相应的可行、可操作的方案、措施和对策，这些要通过认真的研究和科学的规划来实现，珠江三角洲顺德、增城、南海等县市的发展就是这样做的。

根据如上要求，制定红河三角洲经济和社会发展战略目标的基本思路是：积极发展工业，提升第三产业，稳定和发展第一产业。逐步建立一个具有较强应变和竞争能力的多层次、外向型为主的经济格局。不失时机地引进国外企业、资金、技术和经验，采取先进科学技术，不断提高生产力。在提高经济效益和生态环境效益的同时，最大限度地输出工业品、稻米为主的农副产品和劳动力，积极参与国际分工。把红河三角洲建设成为经济发达、人民生活富裕、环境优美、社会文明、公平幸福的国家级可持续发展示范区。

五、优化产业结构，积极发展工业，提升第三产业，稳定第一产业是红河三角洲近期产业发展方向

产业是区域和城市发展的主要动力，产业发展定位准确与否，影响区域和城市的发展方向、速度和竞争力。要根据区内的资源、条件、产业发展的历史和基础，国民经济发展的要求以及与周边地区的互补、合作关系等，从多种产业方向和市场需要中抓住带动区内经济发展的主导产业和优势产品。主导产业发展了，就可以带动其他相关产业的发展，形成产业集聚和产业链关系，促进国民经济良性循环。珠江三角洲地区的许多市、县的发展就是这样做的。

区域合理的产业结构，必须是以主导产业为主，多业协调发展。红河三角

洲目前产业结构的状况是，第一产业约占国民经济总产值的1/4，第三产业约占1/2，工业是三次产业中的弱项，仅占15%左右。根据区内资源具有多样性的特点和产业发展的现状，现阶段要积极发展第二产业，继续提升第三产业，稳定和发展第一产业，即重点发展工业、建筑业、农业和服务业，把目前排序为312的产业结构优化为231或321的结构关系。但不同的省、市、县，其侧重点应有所区别，在规划中，要根据不同区域的实际，因区制宜，建立合理的，既具特色，又富有竞争力的产业结构比例关系。

工业发展，除了改造现有国营企业外，加强招商引资，引进外来工业企业是重点。区内土地资源珍贵，环境容量低，工业发展不能随处布局，遍地开花，要强调园区模式、集聚发展，节约、集约利用土地资源。要严格控制污染性，尤其水污染性工业企业的发展。近期宜以河内工业区、海防—海阳工业区和南定—胡里工业区为重点，分类布局，各有侧重。

红河三角洲地区，以商贸为重点的第三产业较发达，宜在此基础上进一步改善、提高和发展。河内历史上是越南北方的最重要商业中心，虽受长期战争的影响，目前在国内仍有较好的基础，为适应国家开放和对外交流和招商引资的需要，还要进一步增加接待服务设施，增加服务内容，提高服务档次，改善服务环境。

农业是越南的基础，也是红河三角洲的基础，是越南在国际上具有竞争优势的产业部门。由其优越的水、土、气条件、丰富的农业劳动力和精细的种、养技术，红河三角洲不仅是越南的两大粮仓之一，还是世界级商品粮基地之一，同时还生产许多优质的农、渔、畜产品。在发展工业的同时，要重视稳定农业发展。要加强农田水利工程设施建设，提高防灾抗灾能力，加强科技投入、改良品种，防治病虫害，建设优质水稻和优质玉米专业化商品生产基地。要挖掘生产潜力，建设多种优质，稀、特商品农产品。把基地化—产业化—市场化有机结合，协调农业生产、农副产品加工和农产品销售的关系。把发展农业与建设新农村，推进农村工业化，城镇化和现代化结合起来。要加强对农业的物质和科技投入，建设农业科学技术研究机构、良种培育基地和农业技术示范区等。

在红河三角洲地区，海洋产业，包括海洋捕捞、海水养殖、海洋港口运输、海洋化工、海洋制药和海洋旅游等，是未来富有发展潜力的产业，要加强保护、合理开发。

河内和红河三角洲地区，人文古迹、古建筑、民情风俗、湖泊水面、滨海沙滩、海上峰林等旅游资源丰富多样且具特色，未来旅游观光、度假业发展也有广阔的前景，要认真做旅游资源开发和旅游业发展规划。

六、红河三角洲空间发展，要实施"集聚—发展型"战略，重点抓好一个经济重心区，五条交通轴线，三大城镇群，三大工业园区，引导产业、人口、经济集聚，以此带动区域经济、社会快速、有序、协调发展

区域，尤其是从传统农业和农村向工业化、城镇化快速转型的欠发达区域，要实施"集聚—发展型"战略模式。要抓重点区域、重要节点和重点轴线，通过政府行为主导，引导政策和资源倾斜，引导产业、人口和经济集聚，集中有限的资金，抓好基础设施建设，营造发展环境，培育成为区域经济发展增长点（极），形成区域强有力的中心，进而辐射和带动周边区域发展。

红河三角洲地区人多地少，资源有限，环境容量低，城镇基础薄弱，要强调集聚发展。工业发展切忌面面俱到，全面开花，随处布局。要把工业化与城镇化结合发展。

1. 红河三角洲区域开发

近期宜以河内—海防—下龙三角区为重点，依托河内和各省会城市与海防港口城市条件，利用滨海与北部丘陵区土地资源，以5号、18号和海防—下龙滨海公路为重要轴线，营造小三角区域发展环境，招商引资，重点发展工业、物流业和旅游、服务业，建设成为红河三角洲的经济重心区。区内要抓住河内小区、海防小区和下龙小区作为近期发展的突破口，注意各具特色，互补发展，共赢共荣。

2. 红河三角洲城镇体系，可分四级

以河内为中心，海防、南定为次中心，形成红河三角洲城镇发展大格局。其中可分为三大城镇群，即以河内为中心的西北部城镇群，以海防为中心的东部城镇群和以南定为中心的南部城市群。西北部城镇群包括河内、内拜、河东、山西、永安、北宁等城镇，东部城镇包括海防、海阳、下龙等，南部城镇群包括南定、胡里、宁平、三叠和太平镇。

红河三角洲的城镇群，除河内和海防基础较好外，其余城镇，建设档次低、基础差、设施不配套，在区域中的带动和辐射能力低。作为南河省省会的南定市，原有越南"纺织之都"之称，在长期的战争中曾发挥重要的作用。城市有一定的基础，人才和技术工人多，文化教育基础较好。奈因长期的战争破坏，近年又面临国营企业转型的巨大压力，目前经济基础差，市政建设资金严重不足，设施残旧、不配套，与河内、海防相比，有明显的弱势，但它具有南部区位、交通和人才优势，在红河三角洲南部，它仍然是一个基础较好、城市规模（1994年市区面积9.6平方公里）和人口规模（1994年市区人口19.5万人）最大的城镇，与周边各镇互补发展，形成南部区域中心，带动红河三角洲南部经济、社会发展，是完全有能力的。

3. 抓好以公路交通为重点的区域基础设施建设

道路交通等基础设施是区域和城市发展的主要动力之一。俗话说，"路通财通"。珠江三角洲的发展就是从抓路、桥等基础设施建设开始的。

在越南，红河三角洲地区的交通运输相对比较发达，公路分布比较均匀。目前全区公路总长7521公里，其中国家级公路长1808公里，省级公路长1822公里，县级公路长4627公里。

目前的情况是，公路等级低，路面狭窄，遭长期战争破坏失修，路况极差，且路、桥不配套，广大河网地区都要靠摆渡过河。道路交通成为制约红河三角洲地区经济、社会发展的关键因素。要集中全力，率先抓道路交通建设，加固、升级和新修路、桥相结合，区内交通与区际交通同步进行，以区内道路交通建设为重点。可以通过引资贷款搞建设，珠江三角洲基础设施建设商品化的经验值得借鉴。

近期公路交通建设的重点是抓好1号、5号、18号、21号和10号公路的改造升级。5号公路是沟通河内和海防两大城市的交通大动脉，应是近期建设的重点工程，宜按高速公路的要求进行规划和分期建设。18号公路建设有利于开发沿路土地资源、发展工业，下龙是东部地区广宁省的省会，具有优越的地缘经济区位，有滨海深水港口资源和具有国际吸引魅力的海上旅游资源（下龙湾海上峰林等），还有鸿基优质露天煤矿，土地资源也比较宽松，环境好，未来具有很大的发展潜力，宜把18号公路建设成为河内至下龙的快速通道。10号公路是连接沿海各省的交通要道，也是沿海各省利用海防港进出口的最短通道，目前路况极差，重点是加固、拓宽、升级和跨河网桥梁建设。1号和21号都是南北交通大动脉，抓改造、拓宽、升级具有重要的战略意义。

海防港是越南北方最大的海港。河内的海上进出门户，目前年吞吐量800万~900万吨，5000吨轮进出方便，大水时，万吨轮尚可勉强进港。但万吨以上海轮难以进港，是制约红河三角洲发展的重要因素。近期，要抓好疏浚工程，使万吨轮能自由进去，扩大港口吞吐能力，并积极发展临港型工业企业。

综上所述，红河三角洲地区，近期发展重点，宜抓一个经济重心区、五条交通轴线、三个城镇群、三大工业园区，引导产业和人口集聚，形成经济增长极，以此带动区域经济、社会快速、有序、协调发展。（见图9-2）

前后听讲座的官员、干部和专业人员人数很多，不少还跟踪听讲，并认真做笔记。反应很热烈，每次讲座会后，在休息室里，甚至在路上、餐桌上，都不断提问题。他们普遍认为，上述观点很好、很新鲜、富有开创性和战略前瞻性。他们说："关于区域可持续发展分析、区域发展战略理念、发展思路和发展方案很好，对我们有很好的启发和指导作用。"

图9-2 红河三角洲经济区总体规划示意图

图9-3 越南科学、工艺与环境部副部长黎桂安(右三)及红河三角洲规划办公室主任阮加胜(右一)和南河省、南定市官员与陈烈(右二)、林琳(右四)、尤修阔(左二)等中国规划专家座谈并合影(1995)

越南科学、工艺与环境部副部长黎桂安先生,在海防涂山国家宾馆用中国话对我说:"你关于红河三角洲发展与规划的报告做得很好,你的知识很渊博,既有理论又有实践,既立足当前又有远见性。你的理论、观点和思路、方案具有开拓性和前瞻性,非常符合我们的国情,对我们干部的思想有很好的启迪作用,对我们的实践工作有很好的现实指导意义。我们越南的干部和人民都非常感谢你!"

第二节　南河省经济与社会发展战略构想[①]

一、南河省经济社会发展的优势与劣势

(一) 南河省经济社会发展的有利条件

1. 有个良好的国际国内环境和优越的地缘经济区位

(1) 和平与发展的国际环境和睦邻友好的周边关系,为红河三角洲和本省经济、社会发展提供了一个宽松的国际环境。

(2) 世界经济重心东移,为北部湾经济低谷提供了一个接受发达国家和地区产业转移与资金倾斜的良好机遇。

(3) 国内安定团结的环境和坚持革新开放、发展经济的政策,以及广大干部和群众发展经济的强烈要求,为本省经济、社会发展提供可靠的政治、政策保障和巨大的内动力。

(4) 周边国家和地区,红河三角洲以及相邻各省、市经济发展,既为本省的发展提供动力,也产生巨大压力。

(5) 北部湾经济低谷将面临良好的发展形势,位于北部湾西岸的红河三角洲和南河省占有极其重要的地缘经济区位优势。

2. 丰富多样的资源条件

(1) 得天独厚的农业气候条件和肥沃而平坦的土地资源为发展多样化的种养业提供优越的农业环境条件。

(2) 西部丘陵山地丰富的石灰岩资源为发展建材工业提供原料基础。

(3) 东部潜力巨大的海洋资源为发展海洋捕捞业、海洋养殖业、海盐与盐化工业、海洋运输业、海产品加工业和滨海旅游业、海洋采矿业等,提供广

---

① 1995年11月,在南定市(南河省省会所在地)给该省处级以上干部以及省、市四套班子和科学技术环境部、农业部、建设部等领导所做的报告提纲。

南河省是越南红河三角洲南部的一个大省,面积2478平方公里,1993年总人口264万。

参加本项调研的中方人员有陈烈教授、林琳副教授、胡厚国高级工程师、尤修阔工程师,以及南河省有关干部和规划专业人员。

阔的前景。

（4）丰富多样的农副产品为发展农副产品加工业提供原料基础。

（5）富有特色的旅游资源（人文古迹、古建筑、湖泊水库和滨海沙滩等）为发展旅游业提供资源基础。

（6）丰富的剩余劳动力资源为乡镇工业和农业多种经营发展提供廉价的劳力条件。

（7）与周边各省相比，文化较发达，科技人才和技术工人多，为革新挖潜，发展经济提供人才资源。

3．社会经济发展已有一定的基础

（1）农业生产基础较好，革新开放以来又有较大发展。

（2）纺织工业原有基础好，技术工人数量大。

（3）中心城市发展历史悠久，市政设施有一定基础。

（4）商贸业有较好的基础，革新开放后发展较快。

4．有一套文化素质较高，团结务实，坚持革新开放，开拓进取的领导干部队伍

（二）经济、社会发展的不利条件和制约因素

（1）区域交通欠发达，公路等级低，路面狭窄，质量差，水运资源尚未充分利用，21号、10号公路是制约省、市经济和社会发展的主要因素。

（2）农田水利设施欠配套，设备能力不足，设施老化，抗灾能力低，农田水利是制约农业进一步发展的主要因素。

（3）优越的地缘经济优势尚未被利用和发挥。

（4）经济基础薄弱，尤其工业基础，国民经济中仍然是以农业为主，且原来由国家全包的传统纺织业，在市场经济情况下，在设备、市场、产品质量等方面面临着严峻的竞争和挑战。

（5）中心城市建设档次低、市政基础和社会服务设施欠配套，尚未形成发展的环境，在区域中的吸引力和辐射力弱。

（6）人多地少，人地矛盾相当突出，三角洲地区地势低平，制约非农业建设用地和水污染性工业企业的发展。

由上述分析可见，南河省和南定市经济、社会发展具有良好的外部环境和内部条件，具有优越的地缘经济优势，但也面临着周边国家和地区之间，红河三角洲各省、市、县之间的竞争和挑战。机遇和弱势并存，不进则退，在市场经济条件下，南河省和南定省要紧紧抓住自身的有利条件，发挥优势，发展经济，变被动为主动，化压力为动力，在激烈的竞争和挑战中保护和发展自己。

二、战略目标和战略重点

(一) 南河省经济、社会发展战略目标

1. 宏观战略总目标

以党和国家的基本路线和方针为指导，坚持革新开放政策，按社会主义市场经济的要求，充分而合理地开发利用资源和区位优势，强化基础设施建设，积极吸引外来资金、技术和经验发展经济，建设现代化工业、农业和城市，把南河省建设成为经济发达、人民生活富裕、环境优美、社会文明、公平和幸福的省，成为红河三角洲南部重要的经济中心。

为实现上述目标，规划拟分两步走，第一步为1995—2000年，第二步为2001—2010年。第一步是打基础阶段，为经济和社会发展做好前期准备；第二步是发展阶段，是南河省和南定省经济和社会高速度发展的黄金时期，到规划期末，全省的经济将得到较大发展，城市化水平有较大提高，初步实现工业化。

2. 经济和产业发展目标

（1）总的发展趋势是前期（2000年以前），年均递增速度要比后期（2001—2010年）的年递增速度低，根据本省实际，预测在2000年以后经济将进入高速度发展期。

（2）工业以纺织、成衣、食品加工、机械制造、建材和日用杂物为主，建议近期全省工业年平均发展速度控制在13%～15%之间，南定市的速度控制在15%～18%；后期发展速度，南河省控制在18%～20%，南定市控制在20%～25%；到2010年，全省工业产值在社会总产值中的比重达40%以上，继续保持其在红河三角洲南部的工业中心地位。

（3）农业以粮食生产为主，多种经营，种、养与加工相结合，提高产量和产值。近期，南河省农业发展年均速度拟控制在5.0%～5.5%，南定市控制在5.5%～6.0%；后期，南河省的年均发展速度控制在4.8%～5.5%，南定市控制在5.0%～5.5%。到2010年，全省农业产值（不含加工业）在社会总产值中的比重在30%左右，继续保持南河省在红河三角洲中南部农业基地地位。

（4）开发旅游资源，突出人文古迹、古建筑，结合湖泊水面、滨海沙滩、古城新貌等，对接太平、宁平等市、省的旅游资源、产品和市场，建设成独具特色的，与三角洲北部河内、海防、广宁互补的三角洲南部旅游区。

（5）积极开发海洋资源，发展海洋产业和海产品加工业。

3. 区域道路交通

以21号和10号公路为主轴，形成国道、省道、县、市、镇道相互协调和联系，工路、铁路、水运综合发展的网络化路网格局。近期要完成21号和10

号公路的改造升级，要强化 21 号公路从府里经南定至安定和海兴港的快速便捷，拟把 10 号公路建成高速公路。后期建成南定至海防、广宁的铁路，继续保持南河省和南定市在红河三角洲南部的交通中心地位。

4．城镇体系格局

要完成以南定市为中心，河南和安定两市为副中心，联系各县城和建制镇的规模有序，分布合理，功能各异，既分工又协作的城镇体系格局，沿 21 号公路形成三大城镇组团。

（二）近期战略重点

（1）抓好路、桥、港口、能源和邮电通信等基础设施建设，尤其是 21 号、10 号公路的路、桥建设和路面改造提高，营造投资环境，为大规模吸引外资打好基础。

（2）抓好农田水利设施建设，完善排灌系统，提高防灾抗灾能力。

（3）发展建材工业，抓好农渔业的种养和产品深加工，促进资源增值，提高经济效益。

（4）抓好中心城市的规划、建设与管理，改善环境，增强吸引力，促进产业经济和人口集聚。

（5）开发旅游资源，发展旅游产业。

三、空间发展战略与重点发展节点

（一）南河省空间发展战略

以南定市为中心，河南和安定两市为次中心，21 号和 10 号公路为重点，抓中部带两翼，促进省域经济、社会协调发展。

（二）重点发展轴线与节点

1．21 号和 10 号公路

21 号公路是省内纵贯东西，联系各县、市的大动脉，抓紧改造升级，对加强各县市的联系，加强西部山区与东部沿海的联系，发展经济，具有十分重要的意义；10 号公路的主要功能在于促进南河省、南定市与区域各省、市、县的联系，对其改造升级，利于引进更多的人流、物资流和信息流，促进南河省和南定市经济和社会发展。两条公路一内一外相互配合，相得益彰，其利尤大，应作为近期内的重点建设项目。

2．南定市

南定市是南河省的省会，红河三角洲南部的中心城市，要强化市政设施建设，形成合理的功能结构，改善城市环境，提高档次。形成轻纺、成衣、食品加工、机械动力、旅游和日用杂物为主的工业体系，继续建设成为红河三角洲南部的中心城市。规划期来，城区人口拟发展到 25 万～30 万人。南定市的发展与否，有关全省，也影响红河三角洲地区的综合经济实力和生产力平衡发展，近期要重点投资。

3. **府里市**

位于省城西部，近首都，靠铁路，21 号和 1 号公路在此相交，其地理和交通区位都极其优越，市域西部有丰富的石灰岩分布，抓好路桥等基础设施，对于发展建材工业、农副产品加工业和外引工业，具有得天独厚的优势。要加强规划，配套市政基础和社会服务设施，改善城市环境，增强吸引力，成为带动西部经济发展的节点。规划期末城区人口拟发展到 10 万～15 万人。

4. **安定市**

安定现为省域东部海后县城镇，其位置适中，城镇用地条件较好，城镇建设已有一定基础，宜加以重点培育。规划期末，拟发展成为 5 万～10 万人的小城市，作为海兴港和海滨旅游区的依托，发展农产品，海洋水产品加工，建设成为红河三角洲的盐化基地，带动东部沿海地区（包括海后、青水和义兴县）的经济发展。

四、战略措施与对策

（1）坚持革新开放，解放思想，更新观念，遵照社会主义市场经济规律发展经济。

（2）实行基础设施商品化和土地有偿使用，解决省、市发展和建设的资金来源。

（3）以市场为导向，充分利用省、市科技人才和技术工人众多的优势，对原有纺织工业进行挖潜革新，同时积极引进外来资金和先进技术、设备、更新换代，优化产品结构，提高产品质量和花色品种，增强市场竞争力。

（4）坚持科技兴农，在改善农业生产条件的同时，积极引进和培育良种，促进传统农业向高产、高值、高效、优质的商品农业，市场农业方向发展，要坚持种养结合，多种经营，开展农产品源加工。城市郊区，要发展城市型农业，除发展多种鲜活、优质的农副产品，经常不断供应城市外，还要为城市居民提供休闲、娱乐、度假、观光旅游业。

（5）重视城镇规划与建设，开发房地产业，发展区域商贸业，搞活流通，消化农村剩余劳动力。

（6）抓好教育和人才培训工作，进一步提高广大劳动者的素质和干部的管理水平。

（7）要充分利用好中国这个大市场。中国人口多，地区差异很大，与越南之间在市场需求上具有很大的互补性，尤其在农产品方面。中国将永远是越南的大市场。南河省要发挥自身优势,加强区域经济合作,共同开发资源,发展经济。

(8)在发展经济的同时,要注意保护环境,尤其是水环境,保证资源永续利用和经济、社会可持续发展。

图9-4 越共中央委员、时任南河省省委书记裴春山(左二),红河三角洲发展与规划中心主任阮加胜(左一)与陈烈等中国专家讨论南河省经济社会发展问题

图9-5 越南南河省省长陈光玉(中)和越南建设部副部长陈重亨(右)在河内宴请陈烈教授,并商讨南定市总体规划(1995)

图9-6　南河省社会经济发展规划及越文译文

第三节　南定市城市发展与规划的基本思路（纲要）①

随着越南经济改革的进一步深入，红河三角洲成为国家经济发展的重点区域。南定市是红河三角洲南部地区的中心城市，其经济发展和城市建设对带动该地区经济社会发展，提高人民生活水平，具有重要意义。城市的长远规划和近期建设又为经济的有序、快速、持续发展创造条件。根据越南的国情和南定市的实际，对其未来发展和总体规划提出如下思路。

---

①　1995年11月，越南建设部副部长阮文检先生组织该部，科学、工艺与环境部，农业与农村发展部，交通部，国家规划院，红河三角洲规划办公室，以及南河省、南定市等部门和单位的领导、干部、专家和专业技术人员近百人，在河内听取我们关于南定市发展与总体规划的基本思路的报告，本文为汇报提纲。

会上，阮文检先生用中国话总结说："这些年来，我们聘请了好些国家的专家帮我们做规划，现在比较起来，中国专家的工作态度最好，工作效率最高。你们的发展理念、观点具有创新性，你们关于南定市的发展思路和规划方案，符合我们的国情。"

参加本规划的中方人员有陈烈教授、林琳副教授、胡厚国高级工程师和尤修阔工程师。

一、基本概况

南定市是越南北部南河省的省会城市。南河省位于红河三角洲平原地区，是北部湾的沿海省份。南定市位于红河与淘江的交汇处，东经106°12′，北纬20°24′，距越南首都90公里，离东部城市海防市80公里，离省内重镇府里市30公里。作为南河省的省会城市，东隔红河与太平省相望，且距该省会城市太平市18公里，西南距宁平省省会28公里。该市北为里仁县、平陆县，西为意妥县，西南为务版县，南为南宁县。

南定市属热带气候，夏季平均气温为27.8℃，冬季平均气温为19.5℃，常年平均气温23.7℃，常年湿度平均84%。降雨量年平均1829毫米，日平均350毫米，最大风速40/米秒，常年主导风向夏季为南及东南风，冬季为东北及北风。

流经南定市的淘江水流情况复杂，通过32年观测，淘江水位平均1.52米，1971年雨季最高水位达5.77米，旱季最低水位为0.32米，流量平均900立方米/秒。19世纪末，法国人对淘江进行整治疏通，河运发达，雨季时可通行1万吨货轮，但后来河流淤积，现在河运困难，仅能通行1千吨船。

整个南定市地势低洼平坦，由南向北逐渐倾斜，地形可细分为三个区，旧城区标高3~4米，南北两区1~2米，外围市郊高低不平在0.3~1.2米之间。

城市工程地质不稳定，地下承压力不稳，五层以上建筑受到限制。水文地质情况，郊区地下水位稳定，水量充足，但水质不良，不能饮用。城市生活用水主要取自淘江。

1994年市区面积9.6平方公里，人口19.5万人，市区人口密度2万人/平方公里，平均50.5平方米/人，市内有行政街坊15个，市郊有8乡。全市总人口24.5万人，占全省人口的9.2%，全市总面积为58平方公里。

二、南定市发展条件分析

（一）区位优势

一定区域的发展是城市赖以生存和发展的外部条件，区域产业结构、资金技术力量，交通发达程度和劳动力资源状况等，制约着城市的发展。国家正在集中力量以红河三角洲的经济发展为龙头，带动越南北部地区的经济、社会发展。位于红河三角洲南部中心城市——南定市，将受到红河三角洲地区发展的影响，冲击和推动作用。这无疑为南定市经济的发展提供了良好的区位条件。

（二）城镇关系

1. 大三角城镇关系

在红河三角洲地区，由河内、海防和南定形成三足鼎立的局面。然而，河内和海防具有较明显的优势。有相当好的城市基础和发展和条件。因此，两市对南定的发展，一方面起带动作用（拉力），一方面起推动作用（推力）。

2. 中三角城市关系

在红河三角洲南部地区，以南定市为中心，以府里、宁平、太平为三个次中心，形成三角洲南部城镇群骨架，宁平、太平分别为与南河省相邻的省会城市，相邻省经济的发展与南河省的经济发展既竞争又互补，形成南部经济区（组团）的格局。

3. 小三角城镇关系

在南河省内，南定市区受到北部城市府里市的挑战，府里依靠毗邻石炭岩地区的优势，大力发展建材工业，城市的经济发展与腾飞指日可待。而南部海后县依靠海岸线和良好的建港条件，发展海河运输及海产品的集散。南定市在这两个省内次级中心地区的竞争和挑战中，产生一种只能上不能下的紧迫感，南定市必须发挥自身优势，与府里市、海后县三地区互相促进，共同发展。

（三）交通区位

由于越南铁路的南北主干线（河内至胡志明市），以及两条国家级公路及红河、淘江交汇于此，使南定市成为铁路、公路、水路的交通中心，这种交通优势为南定市经济发展提供了有利条件。

（四）人才

南定市一直是一个人才济济的地方，文化教育事业的发展有着悠久的历史传统。一方面南定市有一大批科技人才和后备力量，另一方面还拥有一批经验丰富的技术工人队伍，这是南定市经济发展的先决条件。

（五）旅游资源优势

南定市具有以陈庙为中心的国家级文物古迹，这是南定市创造良好的投资环境的龙头，也是红河三角洲旅游体系中的一个重要节点，结合红河、淘江两河三岸的自然景观资源，使南定市具有较高的旅游价值。

三、存在的问题

（1）南定市人多地少，资源有限，城市用地的拓展和资源型工业的发展受到限制。

（2）经济基础薄弱，资金严重不足，特别是大型国营企业遇到严重挫折。

（3）城市发展与耕地保护相互制约，用地矛盾突出。

（4）城镇化水平低，城市格局带有一定的农村型基础。

四、规划的指导思想和基本原则

革新开放，就意味着突破传统的僵化模式，向科学的、系统的规划方法转变，从过去的计划经济向现在的市场经济转变，无论是规划思想还是方法上都开始走向一个新的发展阶段。因此，在规划过程中，我们一直坚持要有明确的指导思想，使规划既有现实性又有超前性。

1. 协调发展的原则

南定市总体规划要与红河三角洲的社会经济发展规划、南河省社会经济发展战略及城镇体系规划相协调。

2. 远近期相结合的原则

根据越南国情，坚持适用、经济的原则，勤俭建国，正确处理近建设和远景发展的关系。

3. 地方特色原则

注意保护和改善城市市容环境，保护历史文化遗产，城市传统风貌，地方特色和自然景观。

4. 发展和控制的原则

规划中既要贯彻有利生产、方便生活、繁荣经济，促进科学技术、文化教育事业的原则，又要贯彻合理用地，节约用地的原则。

五、规划观念的更新

1. 城市化、工业化的观念

要发展城市，工业是基础，是龙头，发展工业更好地提高经济发展速度，要将原来的以农业经济为主体的市镇转变为以工业经济为主导的城市，由原来的农村人口转变为城镇人口，由原来的农村生活方式转变为现代的城市生活方式，走一条集中式的城市化道路。

2. 面向 21 世纪的观念

在发展公路运输，提高公路等级的同时，加强建港条件和通航能力，这要促进铁路运输事业的发展，加强铁路、公路、水路的联运，转运及配套的基础设施建设，为 21 世纪高效率、高速度的发展打下坚实的基础。

3. 商品经济的观念

城市基础设施商品化和土地有偿使用成为城市经济起动和发展的金钥匙。珠江三角洲成功的经验值得借鉴。

4. 城市发展与控制的观念

城市的发展是不以人的意志为转移的，而城市格局一旦形成就很难改变，特别是道路骨架，因此道路的宽度和走向一定要严格控制，这是一个长期的艰苦的工作，可能十年、二十年，也可能五十年、一百年，但是，这是造福子孙万代的事，控制是为了更好的发展。

六、规划建设目标

南定市的发展要面向 21 世纪。至 2010 年，南定市应建设成为经济繁荣、文化发达、交通便利、人民富裕、风景优美和现代化的滨江城市。

为达到上述总目标，在南定市城市规划建设中应实现以下各项具体目标。

（1）城市规划与土地利用总体规划、社会经济发展计划同步进行。

（2）城市总体布局科学合理，城市建设用地集中紧凑，城市建设发展有机协调，城市建设管理具有较高水准。

（3）具有同社会经济发展相适应的、完备的城市基础设施。

（4）注意文物古迹的保护，形成具有地方特色的城市风貌。

（5）形成科学的、现代化的城市内部和外部交通，形成便捷的现代化交通体系。

（6）科学技术、文化教育、体育卫生、金融贸易、商业服务和旅游事业设施完善。

（7）工农业生产布局合理，促进城市经济繁荣。

（8）居住水平较高，每户都有一套经济实用、舒适方便的住宅，并有良好的居住环境，保护原有的独栋、联排式风格。

（9）形成良好的城市绿化系统，保护自然水体、树木，形成具有高质量的城市生态环境。

七、城市性质与城市规模

1. 城市性质

南定市是红河三角洲南部地区的中心城市和交通中心，是南河省的省会城市，以发展轻纺、食品加工、机械电力、商贸物流、旅游为主的现代化滨江城市。

2. 城市规模

（1）人口规模：市区人口似达 25 万～30 万人。

（2）用地规模：市区面积 15～18 平方公里，人均 60～70 平方米。

八、城市用地发展方向

目前，南定市的旧城区是在铁路、公路和淘江沿岸的基础上形成的，旧城区发展较紧凑。规划力求坚持集中发展的原则，以提高土地利用率。城区用地发展依托老城区，以东北部和南部为城区用地主要发展方向，西北部以陈庙风景旅游区为主，西部以铁路、公路为界，适当发展工业用地。由于目前可以利用 10 号公路及建红河大桥，利用红河岸边较完整的建设用地，促进北部地区的发展。

九、规划结构与功能分区

1. 规划结构

由于洮江分隔城市，又有风景旅游区占用较大的面积，为了创造多层次的均衡的城市空间环境，有利于经济发展，布局要求紧凑，有利于分期分片逐步建设，根据现在的经济基础，以原有旧城区为依托，采用多中心组团式的规划结构。

2. 功能分区

规划分四个组团，形成一个主中心、三个次中心的格局。主中心组团位于城区的中北部，以省级行政、金贸、文化娱乐、教育科研为主，与旅游风景区及配套设施相配合的完整中心区。第二组团以老城区为主，适当向西发展，以原有旧城区为基础，完善基础设施，提高公共设施等级，保存原有风貌。第三组团为东北部工业技术开发区以及城市次中心、生活区及商业文化设施。第四组团为南部新区，以工业区、生活区、游憩区及配套的商业、文化、服务次中心。

3. 城市发展模式

城市发展以原旧城区和新城市中心为依托，由公路、铁路、河流为轴线向外放射，形成各种功能区向外拓展，具有较大发展余地的格局——楔形开放式的发展模式。

4. 城市轴线

城市主轴线——将四个组团有机的连为一个整体的主要道路骨架，采用双十字型相连的结构。

城市轴线——每个组团的主骨架路网，即过每个中心区的十字或环状路网。

景观主轴线——①由旅游风景区开始，至旧城中心区、渡官桥向南沿21号公路的轴线；②从火车站及站前广场至旧城中心，河边公园向东到开发区中心的轴线；③沿洮江，有西桥、旧桥、渡官桥及滨江公园、桥头公园、人民公园至东桥的轴线；④由风景旅游区、汽车站、火车站至江南中心、人民公园、东桥至开发区中心沿主轴线至旅游区对接结束。

十、城市道路系统

城区内现有道路27条，总长49.15公里，其中11条大街总长为8.75公里，32条巷总长14.8公里，路面质量良好的占35%，全市共有车辆1055辆。目前市内交通路网均匀合理，与外部联系方便顺利，车辆可方便到达各地，完成各种运输任务。

目前存在的问题主要有：路面质量差，对外出口狭窄，人车混杂，既影响交通，也影响安全，缺乏高质量的线路，过境车辆穿越市区，污染严重，噪声大，交通事故多，路口红绿灯少，道路排水设施差，交通管理差，商业、小贩沿街摆卖，市内无停车场，无公共汽车站。

规划针对现状出现的问题，保证旅游风景区的完整性，加强城市内外交通的联系，形成完整的道路格局，即环状＋方格网状＋放射状。

环状路网以内环和外环相结合的形式，内环从旧城中心开始，至旧桥（吊桥）、江南中心、新桥回到旧城中心。外环从旅游风景区北侧开始，向西至汽车站西桥，江南组团的南侧，东桥至开发区外围。内环有效地组织城区内的交通运输，外环则可将过境交通引开，避免穿越城市。

市区内组团之间以及组团内部以方格网状道路网为主，利用旧城区原有基础，形成有组织的市内路网格局，东北部组团采用正南北、东西向路网，有利于建筑物的朝向。

放射状路网主要以城市外环为起点，向各个市、县的主要城市、镇、县府取得方便的联系，共有七个对外出口，体现出南定市作为一个交通中心的地位。东部出口为10号公路，通过建红河大桥与海防等市县取得方便的联系，西部出口的三个，分别是10号、21号、12号公路，与河内、府里、宁平等地区，有较强的公路系统相连，南部两个出口，分别为21号公路和55号公路与省内两县取得联系，北部新增出口，使南定市与北部县有方便的联系和辐射作用。

十一、城市对外交通系统

（1）铁路：在规划期内铁路保持不变，以当地经济条件为依据，恢复货运站场，并改建火车站、站前广场及配套的商业服务设施，包括宾馆、邮电局、饮食服务等。

随着城市经济的发展，在规划期后可以考虑铁路由现在的窄轨变为普通轨，由单线变成复线，甚至可能铁路改线，并与海防连接成沿海铁路干线，因此在城市用地上可适当预留用地。

（2）公路：规划中近期，10号公路仍可从城区向东过红河大桥，远期则考虑走南北外环线再过红河大桥，21号线近期亦同，远期也可从外环西线过西桥从南出口上21号线。

为了加强南定市与北部里仁县的交通联系，增加北出口。规划中，考虑3个汽车站，即保留原西北部汽车站，增设东出口和南出口汽车站。

（3）港口码头：南定市的发展要依靠红河和淘江的运输优势，规划考虑恢复旧桥附近的货运码头,增设北部和东南部的两个码头区。

图9-7　陈烈(左三)、林琳(右二)、胡厚国(左一)等中国规划专家在越南南河省滨海考察(1995)

图9-8　陈烈等中国规划专家在越南南定市考察红河大桥规划桥位(1995)

图9-9　陈烈向越南建设部和南定市官员作关于南定市发展与规划思路的汇报（1995）

图9-10　陈烈（中）向越南国家建设部、南河省、南定市官员作关于南河省经济社会发展战略的报告（1995）

图9-11 越南建设部副部长阮文检（右一）、陈重亨（右二）和规划司司长（左一）等参加南河省和南定市研究与规划报告，上图是副部长陈重亨先生在会上发言（1995年）

第四节 海阳省凤翔湖水库湿地生态旅游规划

继1995年南河省陈庙国家级风景名胜区息莫湖旅游规划之后，2003年12月又应越南农业与农村发展部水利科学院的邀请，作为中国规划专家的身份，开展海阳省凤翔湖水库湿地生态旅游规划。

中国中山大学规划设计研究院

与越南农业与农村发展部水利科学院

建立友好合作关系协议书

　　2003年12月12日至19日应越南农业与农村发展部水利科学院阮俊英院长的邀请,以中国中山大学规划设计研究院陈烈教授为团长的中国旅游规划专家代表团访问了越南水利科学院,实地考察了海阳省志灵县的 BEN TAM 水库和和平省梁山县 DONG TRANH 水库等5个水库,受到越南农业与农村发展部副部长、和平省省委书记(越共中央委员)和副省长、海阳省副省长、梁山县县委书记和县长、志灵县县长等领导和专家的热情接待,双方就开展越南水库生态旅游等问题进行了学术交流,并在诚挚友好的气氛中,建立了双方友好合作关系,达成了如下协议:

　　1. 合作开展《越南水库、河流、海洋等类型的生态旅游研究与规划》;

　　2. 双方互派专家开展经常性的学术交流和科技合作;

　　3. 积极创造条件,开展其它领域的交流和合作。

越南农业与农村发展部水利科学院　　　　中国中山大学规划设计研究院

院长　　　　　　　　　　　　　　　　　院长

2003年12月19日于越南河内

图9-12　陈烈院长在河内与越南农业与农村发展部水利科学研究院院长签订规划合同书（2004）

图9-13　越南水科院领导与陈烈教授等专家合影（2004）

在越方工作人员的配合下，规划组成员①实地考察了河内海阳省、和平省、梁山县、志灵县等山塘、水库和河湖、湿地，考察宁平省喀斯特溶洞，考察南河省滨海沙滩旅游资源等。双方就水域湿地和水库生态旅游开发问题进行了认真的探讨和学术交流。

按协议书的要求，2004年春，在越方人员的配合下，中国旅游专家开展BEN TAM 水库（取名凤翔湖）生态旅游区规划。

图9-14　陈烈等在越南海阳省进行生态旅游区规划现场考察（2004）　　图9-15　陈烈等在越南进行旅游规划现场考察（2004）

该旅游区位于红河三角洲平原顶部海阳省北部丘陵地区，总面积700多公顷。

规划内容：按协议书的要求包括旅游区总体规划和近期建设地段详细规划。

规划主题：生态、文化、休闲。

目标定位：以湖泊休闲度假区和文化观光园建设为基础，建成景观特色浓郁的海阳省一流并在越南有一定影响的，集休闲度假、观光旅游、康体健身、商务会议、美食娱乐、旅游房地产于一体的综合性湖泊生态旅游小区，成为海阳省一个高强度的旅游新品牌。

市场定位：主要是以海阳省域范围内为其发展的基础市场，以河内为主的"河内—南定—海防"三角洲城市群为其主攻核心市场，河内—下龙湾（国道18号公路）沿线的客源市场为其机会市场。

旅游区的综合形象：红河三角洲后花园—凤翔湖。

---

① 中国旅游规划组成员有陈烈教授、刘复友总工、乔森高工、吴忠军教授、王爱国高工、孙海燕（博士）、王华（博士）、沈静（博士）、冯正汉（硕士）等。

旅游区功能分为水口园林区、万佛塔区、水上游乐区、东方文化园、荔湾养生园与旅游房地产区、入口垂钓区、生态保护区。整个湖区空间布局巧妙地形成一个展翅飞舞在祥云中的大凤凰，各功能区像宝石镶嵌在凤凰的四周，体现了天人合一的生态理念。（见图9－16和图9－17）

整个规划设计工作于2004年底如期完成并送交越方。

图9－16　规划总平面图

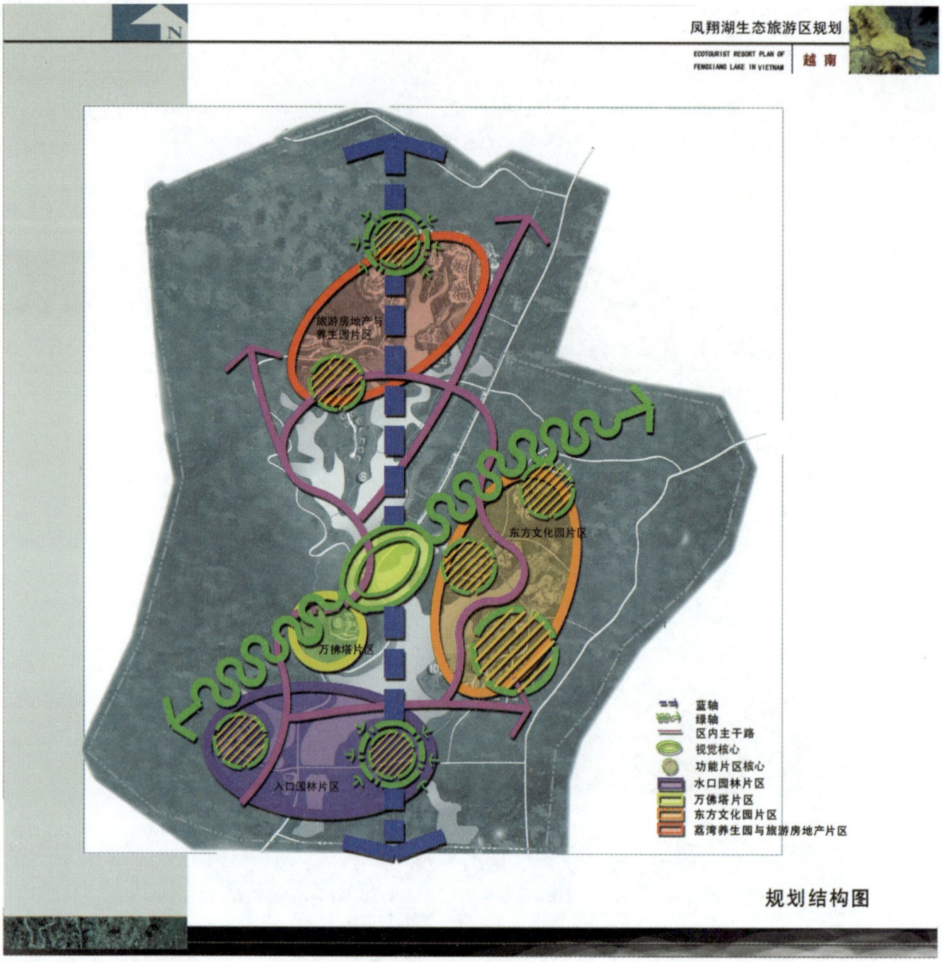
凤翔湖生态旅游区规划
ECOTOURIST RESORT PLAN OF FENGXIANG LAKE IN VIETNAM
越南
N
旅游房地产与养生园片区
东方文化园片区
万佛塔片区
入口园林片区
蓝轴
绿轴
区内主干路
视觉核心
功能片区核心
水口园林片区
万佛塔片区
东方文化园片区
荔湾养生园与旅游房地产片区
规划结构图

图9－17　规划结构图

第十章　珠江三角洲研究与规划成果在越南的应用

第一节　南海市社会经济发展规划成果在越南的应用与拓展

1994年春，越南国家建设部，科学、工艺与环境部红河三角洲规划办公室及国家和各省、市规划管理部门的官员和专家，到中山大学请我给他们介绍有关区域规划的情况。我以南海市域规划为例，给他们介绍区域规划的基本内容和做法，他们极感兴趣。

会后，越方向我索要资料，我把《南海市社会经济发展研究与规划》一书和一些有关珠江三角洲的研究文章赠送给他们，他们觉得这是个"厚礼"。

回国后，他们将其译为越文，被指定为官员、干部和规划、管理人员的必读文献，作为红河三角洲规划的理论基础。

本文是给他们讲座的基本内容提要。

南海市社会经济发展研究与规划，从研究该市历史文化过程入手，在分析研究市域社会经济发展的外部环境和内部条件基础上，根据其战略地位、资源和技术经济条件，提出未来社会经济发展的战略方向、战略目标、战略重点和战略对策。

在总体战略指导下，预测市域城镇化水平，拟定城镇体系布局方案，提出各主要城镇的职能、发展方向和规模。

为了保证发展战略的实施，统筹安排市内交通、通讯、能源、供水、防洪、排涝等基础设施和教育、文化、科技、体育、商业贸易等公共福利设施。

环境问题是人们至为关切的问题，也是未来衡量区域社会经济发展成败的最可比因素之一，根据市域环境质量状况以及经济发展与环境的关系，预测未来环境变化趋势、提出环境保护的目标和措施；根据市域旅游资源的结构特点和旅游业发展现状，考虑经济生活提高以后人们对旅游的需求，分析旅游开发的条件，提出开发方向、目标和旅游活动结构层次。

根据市域土地利用现状、特点与问题，土地利用的适宜性和特殊性，分析经济发展与土地利用的关系，制定市域未来土地利用战略，预测未来土地利用变化趋势，调整土地利用结构方案，划分土地利用区域并制定相应的土地资源利用保护政策。

在开展南海市社会经济发展与规划研究中，我们注意紧紧抓住区域发展的特殊矛盾加以解决。

在某种意义上说，区域规划就是要解决区域未来经济社会发展的主要问题，而作为一个区域系统，其所要解决的问题很多，这里的关键就是要深入区域实际，抓住主要矛盾，规划人员做到凡能到达的地方都要反复考察研究。

我们要求，凡能弄到的数字和信息都不应让其漏掉，实事求是摸清区域的发展条件，认真分析其历史发展规律和现状特点，抓住区域发展的有利条件和制约因素，然后用综合的观点、超前的意识、科学的态度、扬长避短、有的放矢制定合理的发展方向和目标，制订规划方案和相应的对策。

我们根据市域的特殊矛盾，重点解决如下几个方面的问题：

其一，根据市域农业发展缓慢，第三产业滞后，第二产业布局分散，部分工业企业效益不高，污染较重、产品技术档次低等问题，提出今后产业发展的战略重点是：优化结构，提高效益。这里包括稳定农业、优化提高第二产业，积极发展第三产业。

其二，根据南海市目前经济东重西轻，交通网密度、城镇密度、人口密度东密西疏，工业布局集中东部，土地利用强度东大西小，环境容量东小西大，以及西部有广阔的丘陵台地，南部有西樵山国家级风景名胜区和西樵镇全国最大的化纤布匹市场，九江镇有全市最强大的制衣工业等现状特点，提出生产力空间布局战略是：充分利用东部，重点开发西部，积极协调和完善南部。这里包括重点开发凤鸣三山、桂城雷岗山、小塘狮山和九江西岸；协调西樵和九江的"织"和"制"的关系，充分利用西樵两个国家级产品客源的互补关系发展经济。

其三，根据南海首位城市不发达、在市域中的凝聚力和辐射力弱的问题，强调完善城镇体系布局。提出建立和强化以桂城为中心的市域中心城市。

其四，根据南海位于广州市西出口，是广州通往广东省西部、西南部各市、县，我国西南各省区的交通要冲及目前市域内部不成网，道路级别低，区域发展不平衡的特点与问题，提出协调过境国道和省道，开辟南北轴线和东西干道，建设西环线，形成内方格，外环形，四通八达，由水、陆、空多种运输方式组成的综合运输网络系统。

其五，根据市域旅游资源的结构特点，提出积极开发西樵山，建立以西樵山风景名胜区为中心，配合周围地区和佛山市各景点，联系金沙滩和广佛经济走廊，发展旅游度假，娱乐观光，游览购物旅游，建立融游、玩、住、食、购于一体的综合性多功能旅游区，促进旅—贸—工—农综合发展。

其六，根据南海市土地利用的特殊性和经济发达地区土地利用多功能的特点，规划注意建立一个与之相适应的土地利用结构体系。

在开展南海市社会经济发展综合规划时，我们还注意把市场经济理念引入规划的各个方面。在我国，规划科学得到发展，规划工作被人们所重视并一旺不衰还是从 80 年代开始的，究其原因，主要是：①改革开放以后，社会经济得到蓬勃发展，百业俱兴，市场经济的发展迫切需要有个与之相适应的合理规划；②许多规划方案的制订都立足于为市场经济的发展服务，成为改善环境、吸引外资，生财创汇的手段。

80 年代初以来，我们应用区域地理学的理论和方法、综合规划学、社会学和经济学等的基本原理和基本手段，开展市（县）域规划，对于协调区域内经济发展的横向和纵向联系，根据区域的条件和特点制订独具特色的区域开发和生产力布局方案，适应外向型经济发展需要合理确定城镇的结构和规模，合理组织交通网络，对于确定市场、劳力、土地、旅游和环境以及资源的开发、利用与保护等提出许多决策性的意见。实施结果都取得良好的经济和社会效益。

我们提出中心城向平洲凤鸣方向发展；合理利用西樵山，重点开发狮山，开辟南北和东西干道等等方案，就是从考虑利于市场经济发展的角度提出来的。

实践结果证明，区域规划成为生财创汇之道。规划就是财富，已深入南海市干部和群众之心。

本项规划为南海市社会经济的发展走上新台阶起到良好的促进作用，南海市将其作为设市一周年献礼。

第二节 关于区域规划中的几个问题[①]

一、区域规划的主要内容

区域规划是区域经济社会改革和发展的产物，是我国 80 年代掀起的一项新的工作，目前尚属实践阶段。区域规划具有明显的综合性、区域性、科学性、实用性和政策性的特点，不同的区域、不同的经济、社会发展阶段不同的政策要求都有不同的内容。但毕竟还有一定的规律可循，总的趋势是：随着社会经济改革的深入和市场经济的发展，以及不断的实践，其规划的广度和深度

---

① 本文是 1994 年 3 月给越南建设部，科学、工艺与环境部，红河三角洲规划办公室等官员、干部、专业技术人员讲座基本内容，全文见关于市域发展与规划研究中的几个问题，中山大学学报（自然科学版），1994 年第 7 期，被译为越文，作为该国管理干部和规划专业人员阅读文献。

文中区域的概念指县、市微观地理区域。

都在逐步增加。根据珠江三角洲地区经济、社会发展的实际，规划的内容和研究的重点要重视如下几个方面的问题。

（一）区域经济和产业发展战略研究

经济是解决区域人地矛盾、协调人地系统诸要素发展的关键要素，是区域发展规划的出发点。要根据区域社会经济发展的外部环境（国际，尤其是东亚太平洋国家和地区的大环境，国内政治形势和政策条件，我国东部沿海及珠江三角洲地区各市、县的相互促进、互补与竞争等）和内部条件（资源、经济、技术、观念、意识、市场等）及其所在区域大环境中的地位和作用，经济、社会历史发展的规律性及现状、特点与问题等，制定未来经济发展的战略方向、战略目标、战略模式、战略重点和战略措施。

产业是区域经济的主体，农业是基础，工业是动力，是区域规划的主要内容。要根据各产业发展的历史规律性、特点与问题，分别确定第一、二、三产业的发展方向、重点和结构组合方案，同时根据不同地区的土地、资源、环境、人口、劳力、城镇、交通、生产力发展基础、战略地位与发展潜力等的差异，确定市域生产力空间布局总体方案。

（二）旅游发展规划

旅游是第三产业中相对独立的产业。随着人们收入水平增加和生活层次的提高，利用闲暇时间外出旅游越来越被作为生活需求的基本组成部分，这方面在经济比较发达的珠江三角洲各市县已显得极为明显，要根据不同区域资源条件和特点开展旅游规划，要根据市域内旅游资源的组合结构特征、目前旅游业的发展现状、未来的开发潜力，以客源市场为导向，制订旅游发展方向、目标和旅游资源开发方案，根据资源分布的地区差异划分旅游区域，设计旅游路线，制订相应的配套设施和实现规划的对策等。

（三）区域城镇体系规划布局

在总战略指导下，根据区域城镇体系发展演变的历史背景、区域条件、经济基础以及现状、特点与问题，预测城镇化水平；确定城镇体系的等级规模结构、职能结构和地域空间结构；论证中心城市和其他城镇的发展及其相互联系；提出加强中心城市和其他城镇规划、建设与管理的建议等，旨在使区域内各级城镇数量比例协调、层次清晰、符合城镇规模分布规律；组织各城镇合理分工，各具特色，充分发挥每个城镇的优势；把各级城镇组织到地域空间网格系统中，使它们分布合理、纵向横向布局协调；明确中心城市在区域中的地位和作用，合理确定其发展方向、目标和规模，提高其凝聚力，更好地带动区域城乡经济发展等。城镇体系规划与布局是市域规划的核心部分，市域内各中心集镇是城乡一体化的中间层次，是中心城市的补充，是市场经济的城乡结合点，也可以对大中城市人口、交通等方面的压力起分流、缓解的作用，其发展与建设是农村城镇化的关键。因此，市域规划中要从现代化、城镇化的角度对市域各中心集镇的发展、规划、建设与管理进行认真的综合研究。

（四）基础设施规划布局

为了保证战略目标和整个规划的实施，规划除了从方针政策上提出建议之外，还必须对区内交通、能源、邮电通讯、供水、防灾、排涝等基础设施进行统筹规划布局。区域基础设施是城镇及广大农村之间的联系纽带，是区域和城镇发展的重要物质基础和保障。区域基础设施是国民经济的重要组成部分，与生产力发展密不可分。其中重点是交通、能源和水源，但不同地区，其侧重点不同。道路交通系统不仅具有固定性的特点，选线比较复杂，一经建成，很难改动，而且还有导向性的特点。路通财通，一切经济和社会活动总是沿着道路系统由中心城市向外扩散，促进沿线城镇和经济发展。因此，为了实施规划的目标，其中必须对区域道路系统作全面细致的规划。

（五）社会福利设施规则布局

为适应区域经济发展和人们物质生活水平提高的要求，还必须对区内教育、科技、文化、体育、医疗卫生、商业、贸易等社会福利设施进行统筹规划布局，公共福利事业的发展以经济为基础，又反馈于经济建设各个方面，它对于提高人们的精神文明素质和健康水平，增强社会凝聚力，促进社会生产持续、稳定发展具有重要意义。开展社会福利设施规划，首先要摸清区域内各类设施的现状，根据规划期各阶段总人口规模和经济发展水平，按千人指标计算各类设施的规模指标和质量指标，并分别制订其空间布局方案和实施规划方案的相应措施，不同地区或同一地区的不同时期，各类设施的侧重点不同。

（六）环境保护规划

环境问题是人们至为关切的问题，也是衡量一个区域经济社会发展最终成败的重要因素之一，环境保护应该与区域经济发展和城乡建设同步进行，市域规划中应该把环保规划作为不可缺少的部分，重点是处理好发展与环境的关系。要根据市域环境质量状况、发展变化趋势经济发展、生活水平提高以及人们对环境美学的要求等，制定环境保护目标、确定环境保护区域，并因区制宜制定保护管理措施。

（七）土地利用总体规划

土地为各类建设用地提供立地条件，为人们提供生产、生活和活动空间。以上各项规划方案最终都落实在土地利用上，尤其在我国，在人—地关系极为紧张的珠江三角洲地区，编制规划都必须坚持把节约土地作为出发点和归宿，合理利用与保护，要根据区域内土地资源状况和土地利用的现状、特点与问题，分析本区域经济发展与土地利用变化的关系，考虑后备土地资源状况和土地利用的特殊性，制定土地利用战略目标和围绕农用地和非农建设用地为轴线，编制土地利用结构方案，根据区域经济、社会发展和稳定人民生活的需要，划分不同类型的土地利用保护区，并制定相应的土地利用保护管理措施，在经济发达地区，土地具有更多的功能，要立足建立一个反映发达地区土地利用多层次多功能的结构方案。

  以上各部分内容既有相对的独立性，而又相互密切联系，彼此关连、相互制约，构成区域发展与规划研究的整体内容，但不同区域，由于环境条件不一样，尤其是经济发展水平的差异，其研究和规划的侧重点也有所不同。如我们开展湛江市市域规划时，把海岸线综合开发利用与海洋产业发展规划列为重要的部分，实践证明，我们这些年所开展的市域发展研究与规划都对区域经济、社会发展起到很好的科学决策和宏观指导作用。实施结果、效益都很好，得到所在区域领导和群众的欢迎与同行专家的肯定和支持。笔者认为，凡能按上述内容认真开展研究与规划的城市，无必要再开展国土规划，因这些基本上已包含了国土规划的主要内容。

  区域规划是一项错综复杂的系统工程。需要信息量大、涉及面广，要保证规划工作顺利进行和规划方案有用可行，其中有两点是必须注意的：一是必须有个强有力的规划领导小组，这个小组的组长必须是副县市长以上的领导承担，小组成员必须是由各市县主要领导组成，下设办公室，由建委主任或副主任主持日常工作；二是为了保证资料的可靠性，加强规划的科学性，规划人员要注意与各部门和单位的主管人员密切合作，共同参与。除面上调查，收集资料之外，要深入实际认真细致地调查研究，收集和核实有关资料。

二、区域经济社会发展战略目标及其决策方案的制订

  确定区域未来经济，社会发展方向和目标，制订其中、长期宏观发展决策方案，是规划的核心内容。战略目标是基础，事关区域经济，社会发展的全局，是制订各项决策方案的依据。目标抓准了，给人们以宏观的蓝图和明确的方向，就能调动千千万万人的智慧和积极性，极大地促进生产力的发展，大大加快区域经济社会发展的步伐，否则就贻误时机。改革开放以来，广东省和珠江三角洲地区，有的市（县）在同样的环境条件下，经济发展缓慢，其根本原因就在于此。

  要制定科学的经济、社会发展战略和符合本地实际、有用可行的发展模式，关键在于要避免思想观念上的保守性和思想方法上的片面性，要注意更新观念，开阔视野，不失时机地利用良好的外部环境和内部条件，立足于调动广大人民群众的积极性，协调资源、环境、人、财、物、产、供、销的关系，瞄

准市场发展生产力。为此，必须注意从本区域以外的周边大环境中分析比较，实事求是地找出所在区域的特殊性，明确自身发展的条件和特点、优势与劣势、在区域大环境中的地位和作用等，作为制定本区域经济、社会发展目标和制定各项宏观决策方案的科学依据。

多年来，我们运用区域相关分析法，从立体的角度，系统的观点，从纵向和横向分析规划客体在周边大环境中的特殊性，根据国家和省经济、社会发展战略的要求，先后制定了广东省内发达地区、次发达地区、平原地区、山地丘陵区和滨海地区市域经济、社会发展战略，确定不同区域经济、社会发展基本模式，即制定不同区域的战略方向、战略目标、战略重点和战略措施，确定相应的产业发展方向和结构组合方案，制定城镇发展、资源开发、土地利用、人口发展和环境保护方案与措施，以及空间开发模式和生产力空间布局格局等。

如我们根据增城市位于广州和香港、深圳等城市之间，是通往香港、粤东、闽南的门户和出入口的地理交通区位条件，指出，增城正位于广州至深圳、香港黄金走廊之中部，既能就近接受来自广州市的辐射，又能接受来自港、澳地区的辐射。在规划中强调要充分利用这两个方面的外动力，接受其资金、技术、信息和产业的双重辐射，并对沿线新塘、仙村、石滩、三江等镇的规划、建设管理、产业发展方向等作了明确的规定。对市域工业、农业的发展与布局，房地产业与旅游业的发展，区域性专业性市场的开辟，城镇体系结构和城镇组团的构建与发展等，一一作了科学的规划，成为该县"七五""八五"乃至"九五"的社会经济发展指导方针和战略指导思想[①]。

在南海市的规划中，我们根据市域的外部环境、内部条件以及新时期经济上新台阶的要求，确定其社会经济发展的战略思想和目标是：以工业为主导，农业为基础，积极发展以商贸、旅游为重点的第三产业，经济效益为中心，依靠科技进步，不断优化产业和产品结构，逐步建立起一个以外向型为主，内、外向型结合、具有强大应变和竞争能力的经济体系，建设经济繁荣、生活富裕、环境优美、精神文明、国内先进的现代化城市。

近期的战略重点是"优化结构、提高效益"，要继续坚持以大农业和商品经济的观点指导农业生产与布局，稳定种养面积，农林牧副渔各业全面发展，种养结合，农工贸结合，发展高产、高值、高效优质农产品，逐步向适度规模、集约经营，生产—加工—销售系列化、基地化、服务社会化、布局立体生态化方向发展。

要集中力量发展大型骨干企业和科技工业，依靠科技进步，不断优化工业内部结构，建立高新科技企业群，以市域中心城为中心，汽车工业、柔性化纤

---

① 增城县计划委员会：《增城县经济社会发展战略纲要》，1988—2000各个五年计划。

聚酯切片工程、电缆及其附件三大产品系列为重点，逐步辐射全市各镇，实行工业行业系列化、工业布局集中化、组织管理集团化。

根据第一、二产业发展的需要，加快第三产业发展：①在交通方面，要加强主干道建设，开辟南北轴和东西轴，完善西环线，逐步建立一个与过境国道、省道相协调，由多种运输方式组成的综合交通运输网络；②在通讯方面，逐步组建一个通达海内外、市内外的现代化通讯网络；③大力引进外资，融通国内外资金，从宏观上调控消费与积累的比例关系，积极推行股份制，以便吸纳部分消费基金和闲散资金用于生产建设；④建立和健全一支为市内经济建设服务的科技队伍；⑤全方位开拓市场，搞活流通，沟通城乡，促进工农业的发展；⑥以外经外贸为导向，及时调整产业和产品结构，建立一个从市场信息到产品生产、包装、运输一条龙的出口生产体系；⑦开发旅游资源，积极发展旅游业，建立以西樵山为中心，配合周围各景点，联系佛山市、金沙滩和广佛经济走廊各旅游区，发展旅游度假、娱乐、观光、游览、购物旅游，促进旅—贸—工—农综合发展。

在空间布局方面，规划强调要充分利用市域东部经济发达地区，积极开发西部丘陵台地区，完善和协调南部基塘经济区，近期重点开发狮山、西樵山、三山和雷岗山，要完善城镇体系布局，建立组团式哑铃状中心城市，抓好一个中心、三个城镇群（指以大沥为中心的东北部城镇群，以小塘为中心的西部城镇群和以九江、西樵为中心的南部城镇群），形成以中心城为顶点，14个建制镇和大小12个集镇为网眼，东西二轴，南北三轴为网线，联系三大城镇群，形成一个布局有序、规模等级结构和职能结构合理、层次分明、纵向和横向联系紧密，各城镇间相互协调和促进的城镇网络体系，实现如上发展战略和布局格局，市域将可兼收并蓄区域的优势发展自己，增强在区域中的地位和作用。

三、市场经济与区域规划

社会经济发展促进规划科学的发展，回顾几十年来，规划科学得到真正发展，规划工作真正被人们所重视，并保持一旺不衰，还是改革开放以后从80年代初开始的，究其原因，主要是：①改革开放以后，经济社会得到蓬勃发展，百业俱兴，经济的发展与改革，迫切需要有个与之相适应的合理规划；②在新形势下，规划人员更新观念，许多规划方案的制订都立足于为经济发展服务。

广东，尤其是珠江三角洲经济发达地区，位于改革开放的前沿，各种类型的规划往往成为引导改善投资环境，吸引境外投资者的依据，成为发展经济，生财创汇的有效手段。

80年代中期以来，我们应用区域地理学的理论与方法，吸纳规划学、社会学和经济学等学科的基本原理和基本手段，开展市域规划工作，取得了良好的经济和社会效果，有效地促进了区域经济社会的发展，也有效地推动了区域地理学的发展。

在社会主义市场经济条件下开展区域规划，必须树立商品经济观念，使规划与经济建设相互促进，立足于建立一个具有较强竞争和应变能力的，内外向型结合的经济格局；城镇体系结构的建立、各产业的发展与组合、交通网络系统的组织，人口、劳力、土地、旅游、环境等资源的配置和开发利用结构方案的制订等，都要根据市场经济发展的要求，建立起区内与区际、横向与纵向经济发展相互协调，利于发挥区内综合优势，形成自身特色的经济发展模式；中心城市是区域的"心脏"，其经济机制是全市经济机制的主导方面。因此，区域规划要特别注意发挥中心城市的作用，利于促进中心城市的经济集聚，并以其辐射和带动全市域经济社会的发展；要改变以往软科学研究成果必须经层层批示以后才能实施和发挥作用的观念。树立时间就是财富的市场经济观念，采用边决策研究、边规划设计、边论证审批、边组织实施的做法，做到成熟一项开发一项，早出效益、多出效益、软科学出硬效益。

我们在开展顺德和南海的规划时，发现两地在城镇体系方面的共同问题是中心城的首位度低，经济集聚程度不高，中心地位不突出，对区域中的凝聚力和辐射力都相当弱，制约了区域经济的发展，于是在顺德提出把大良、容奇、桂洲三镇联合组建中心城市，形成组团式复合中心城市，在南海则提出以桂城为中心，桂平路为轴线，联合平洲和凤鸣两镇，形成组团式哑铃状中心城市。这样既能促进市域中心城的发展，又有效地促进经济集聚，增强中心城在区域内的凝聚力和辐射力。

根据南海凤鸣镇经济基础薄弱，由于交通不便，无任何设施和工厂企业，但土地资源丰富，自然环境优美、四面临江，有深水河段可建内河深水码头等条件，规划提出撤销凤鸣镇，归入平州组团，把12平方公里的处女地归市国土局统一管理，并规划架设平州大桥和岛内交通，发展港口运输和港口工业，发展旅游度假、娱乐和房地产业等，南海市领导接纳了规划意见，并着手组织论证和招商，前后不到四个月，这块从来不被人们注意的处女地一跃成为一片"金滩"，仅香港就来了四大财团。还有其他许多大企业家，都纷纷上岛投巨资兴办港口码头运输业、工业、旅游业和房地产业。由于规划中注意把土地、环境的开发利用与房地产业、旅游业和工业发展结合起来，因而有效地促进了区域的经济发展。据不完全统计，规划方案实施一年多来，已引进外资项目达13项，合计人民币50多亿元。由此可见，一个科学的规划决策是能在较短的时间内产生出巨大的经济效益和社会效益。

经济要发展，修桥铺路必须先行。为了促进区域经济社会平衡发展，使经济综合实力上新的台阶，关键是抓好交通运输系统的规划。南海市虽然在1991年就在全国农村综合实力百强县中名列第四，居广东省各市（县）之首，但经济社会发展，市域东西部间差异很大，西部的经济发展水平比东部起码要低两个档次，东部的城镇密度和城镇化水平为西部的2倍多，工业企业的大多数集中于东部七镇，究其原因，主要是西部广大丘陵台地区交通不发达，路网密度低，路面质量差，网络系统不完善，制约了区内经济发展。为此，我们提出开辟市域南北轴线和东西轴线，完善西环线，架设金沙大桥，解决东西间交通瓶颈，加强西部与东部及周边地区的过境联系，该方案得到市政府的同意，更得到西部各镇、区的欢迎和全力支持。市政府抓紧时机边论证、边设计、边集资、招商，规划方案实施仅一年多，通过集资和招商等形式，目前已投入路桥建设资金达20多亿元，南北轴和东西轴即将于1994年底全面通车。

"规划就是财富"。一项科学的研究决策和规划方案可以创造财富，产生良好的经济效益、社会效益和环境效益，而及时发现和修正区域经济发展与生产力布局中的问题，同样可以节约大笔开支。从这种意义上讲，一是制订符合当地实际的有用可行的科学决策方案，适应市场经济发展需要，创造良好的投资环境吸引外资；二是通过区域相关比较和深入实地调查研究，可以发现区域内社会经济发展与生产力布局中的问题，及时提出修改方案和改正措施，杜绝或减少不合理的浪费，修改不合理的布局方案。两者的结果都起到了促进区域社会经济合理发展和创造财富的作用。

正当我们开展南海市域规划期间，市领导已接受某一设计公司的意见。拟在西樵山国家级风景名胜区上耗巨资建造大型人造文化景区。市领导多数认为此举很好，是搞旺西樵山的最好一招，并准备从速动工。我们认真分析珠江三角洲地区文化旅游资源开发的现状、特点与问题，分析西樵山风景名胜区的特色、客源市场目标和游客的心理特点，对比其他地区同类开发的产出效益等等，最后认为此项工程不可取。无特色、耗资大、效益差，不利于西樵山风景名胜区特色的发挥。于是及时向当地领导阐明观点，最后终于采纳了我们的意见，否定了这一开发项目，避免了一次得不偿失的巨额投资，更重要的是保障了西樵山国家级风景名胜区免遭破坏。

上面分析可以说明，在市场经济条件下，要更新观念，软科学决策研究，要立足于出硬效益、早出效益、多出效益，市场经济观念要贯穿于区域规划的始终。

第三节　强化土地管理，促进红河三角洲
　　　　土地资源合理开发，永续利用[①]

越南红河三角洲的土地资源同珠江三角洲一样珍贵，都是土地肥沃，稳产高产，具有多宜性，不能再生的宝贵资源。红河三角洲地区的人口密度比珠江三角洲更高，红河是一条悬河。环境，尤其是水环境敏感度高，由其优越的地缘经济区位优势，随着国内革新开放政事的深入实施，红河三角洲将是国际产业倾斜的首选地，未来也将面临珠江三角洲的发展态势。

从现在开始就要吸取珠江三角洲十多年来，在经济社会快速发展中出现的土地利用问题，总结经验和教训，及时做好规划，强化管理，在发展经济，实施工业化、城镇化的过程中坚持合理、节约、集约利用土地资源，使有限的土地资源得到合理开发、永续利用。

在这方面，珠江三角洲土地利用的教训值得记取。近年，国家和广东省有关土地管理、土地利用规划和土地资源利用宏观调控措施与途径等，也可让红河三角洲从中得到启示。

一、珠江三角洲经济、社会发展中的土地利用问题

改革开放以来，珠江三角洲大力发展乡镇工业，推进工业化和乡村城市化的进程，极大地促进城乡经济的发展，成为东亚地区经济增长中的强中之强。短短十几年，从原来以桑基鱼塘为主的传统农业区域一跃成为工业化区域。

然而，在经济和社会高速发展的同时，在土地资源的投入上也付出了很大的代价，产生了种种土地利用问题，主要表现在如下几个方面。

1. 非农建设占用耕地过大，农用地急速减少

据不完全统计，1980—1993年的13年间，全区耕地面积从96.77万公顷减少到71.35万公顷，年均减少1.95公顷（包括农业结构调整占用耕地），人均占有耕地面积从1991年的0.041公顷到1993年的0.035公顷，耕地的减少，意味着农业基础的削弱和环境净化能力的下降。

非农建设占地主要表现如下：

（1）城镇发展规划失控，圈地占地现象严重

社会发展和经济建设需要，难免要占用部分耕地，问题是许多城市都想建

[①] 本文是1996年11月给越南国家土地总局和宁平省地政厅官员考察团讲座提要，全文见《珠江三角洲土地利用发展趋势及其宏观调控的基本途径》，载《中山大学学报（自然科学版）》，1996年第3期。同年被译为越文，作为该国土地管理人员、干部和专业技术人员阅读。

成大都市，有的地级市提出要把市内所有的镇都建成大城市，有的管理区也提出要建成小城市规模。粗略统计，照此规划，全区城镇建成区规划面积将达9500平方公里，可居住1亿多城镇人口。

(2) 工业布局与工业区开发中土地的浪费现象极为普遍

珠江三角洲高速工业化进程中出现的土地利用问题，主要表现在：①工业企业规模小，布局分散，遍地开花，污染农田，毁坏鱼塘，单位工业产值所占用的土地面积大；②工业点和工业区开辟主观随意性，缺乏科学性。各市、县之间，重复布局现象突出，区域之间、流域之间、周边之间相互污染，工业区污染城区、上游污染下游的现象亦极为普遍；③土地管理失控，规划滞后，工业区开发盲目性大。大规模移山造地，开辟工业区筑巢引凤，实际上凤少巢多，造成大量土地荒废，不仅耕地减少，且植被破坏，造成水土流失。

(3) 房地产开发中自然风景破坏相当突出

珠江三角洲房地产热的持续时间虽短，但对土地资源和自然风景的破坏却不可低估。房地产商抓住人们生活层次提高以后对居住环境质量的要求，选择在山冈林地、河湖水边、风景区内、城镇内部的优越地段开发房地产，其指导思想是经济效益第一，因此，不惜牺牲环境效益和社会效益，填海、填河、填湖造地建"新屯"，毁林挖山造"别墅"，蚕食风景名胜区造"山庄"，毁坏农田、鱼塘、水面建"花园"等现象极为普遍。有的城镇，几十年艰苦造林绿化保留下来的一些绿色山冈，竟被挖成千疮百孔，到处都是打石场、挖土坑、红土崩岗等。10几年来，由于工业区开发，城镇建设和房地产开发等，使区内林业用地减少近13.3万公顷，减幅达8%。

2. 矿产资源开采中出现的破坏自然风景、损害耕地和土壤的现象

经济发展需要大量的矿产资源，这些年珠江三角洲地区矿产资源开采中数花岗岩开采量最大。由于缺乏统一规划，各自为政抢先开发，使大量花岗岩采石场多在丘陵地区沿公路两侧分布，尤其是在林地风景区采石，所在之处，破坏耕地、植被和土壤，影响自然景观，造成水土流失和大量粉尘。这种情况极为普遍，仅在广州白云山区就有大小300多个采石场，深圳、珠海、惠阳和番禺、南沙等也十分严重，许多城镇和开发区周围的丘陵山地情况也一样。

3. 农业发展中的土地利用问题

珠江三角洲平原，农业生产条件优越，长期以来一直是广东乃至全国农业发达地区，80年代初以前，以"桑基鱼塘"人工生态农业为典型，曾是广东重要的粮食、甘蔗和蚕桑商品生产基地。80年代中期以后发生了很大变化。首先，随着农业结构的调整和外来人口的大量增加，以及工业和城镇的迅速发展，耕地大幅度减少，目前已成为缺粮区，每年必须从省外调入和国外进口大量粮食；其次，由于土地所有制的问题未能很好落实，农民在土地经营中存在急功近利的短期行为，多取少予，舍不得投入，造成"基崩塘浅"的现象相当普遍。农田有机肥料施用量很少，土壤环境日渐变劣，农田基础设施工程老化，防灾抗灾能力日渐下降；再次，土地利用规划滞后，农村工业、城镇房地产业和矿产资源的开发等缺乏科学规划，对产生的污染问题缺乏严格的管理和监督，造成农田、鱼塘，河湖受污染的现象相当普遍，水土流失加剧，使农业环境潜伏着生态隐患；最后，大量的农村劳力到城镇务工经商，离土不离乡，照样承包责任田和鱼塘，但仅是把农业当副业，投入少，耕作粗放，生产效益差。基于以上种种原因，珠江三角洲地区的农业基础在削弱。长此下去，整个经济将不可能得到持续发展，这个问题务必引起人们的高度重视。

二、合理利用土地资源的宏观调控途径

（一）优化用地结构，提高土地利用综合效益

实施珠江三角洲地区经济、社会发展战略，必然要求将部分农用地转化为建设用地。研究表明，土地非农业投入量的增加能促进经济的增长。但农业用地减少到一定程度后，非农业用地投入的机会成本增加，土地不确定的风险性相应增强。因此，今后的重点应立足于优化用地结构，注重提高土地利用的经济效益、生态效益和社会效益。

工业企业要向高科技、资金和技术密集型的方向发展，严格控制占地多、污染大的工业企业的发展，对效益差、产品档次低、市场竞争力弱的工业企业要进行技术改造，要用宏观和微观经济手段引导管理区、自然村、个体及联合体的工业企业集中布局，节约用地，控制污染源。

第三产业是珠江三角洲地区未来产业发展的重点，珠江三角洲地区经济、社会发展要上新的台阶，必须加强交通、邮电通讯、商业贸易、金融、信息、旅游和房地产业的发展，同时加强科技文化、教育、卫生等事业的发展。为此，必须保证适量的用地供应，以促进第三产业的发展。

要加强农业的基础地位，必须采取必要的政策和措施，强化耕地保护法规和基本农田保护法，维持一定数量的农田和粮食生产用地。要继续促进外向型创汇农业和生态农业的发展，注意土地的用养结合，因地制宜建立低投入、高产出、结构合理、功能齐全、流聚通畅的生态农业系统，实现布局生态立体化。

（二）强化规划意识，协调用地关系

要强化土地利用的社会化、专业化观念，从建设珠江三角洲经济区的角度，认真抓好区域和流域的经济—社会—资源—环境综合协调发展规划，协调区域间、流域间的土地利用关系；要严肃、认真地搞好区域土地利用总体规

划，协调经济发展与土地利用的关系，协调土地开发、利用、整治与保护的关系，统筹安排基础设施建设；要建立完善的城镇体系格局，端正党风，严肃法纪，纠正当前土地利用规划中城镇规划的浮夸做法，坚持用科学态度搞好城镇总体规划，认真抓好城镇规划的审批、监督工作，按《城市规划法》的要求，严格控制城镇规模；要协调区域间产业发展，从与港澳互补的角度开发旅游资源，发展第三产业，遵循土地利用社会化的趋势，对区内土地和其他各项资源开发利用进行全面规划，统筹安排，统一管理，并严格按规划方案实施。

（三）加强土地利用管理，保障经济和社会的持续发展

为了防止盲目征用土地，浪费土地资源，保证土地资源的永续利用和经济、社会的可持续发展，必须强化土地意识，采取法律、经济和行政的手段保护土地资源，建立和完善土地管理制度，实行系统管理，制定土地利用管理法规，具体要抓好如下几个方面的工作：①规划是管理的龙头，要切实抓好土地利用总体规划，严格控制非农建设用地规模；②应根据国家和省有关基本农田保护区的规定，制定耕地保护法规和基本农田保护法规，依法管理；③要进行农田保护区划定工作的检查。监督，切实落实基本农田保护区划定工作；④认真查处近年来非法圈地、占地、破坏耕地的犯罪行为，被非法圈定的开发区、工业区（开发区改头换面名称）和其他房地产占用的耕地能复垦的应尽量复垦，要消灭绿色丢荒；⑤积极开发后备耕地资源，重点是沿海滩涂的开发，适度围海造田、补充耕地；⑥土地管理机构除了应负责有关土地登记、规划、统计、征用等之外，还要开展土地利用与经济可持续发展关系的研究，为决策部门提供合理利用土地资源的依据；⑦加强监督检查，进行法律监督，并建立领导任期目标责任制；⑧要加强土地利用基本知识、土地法规的宣传、教育，提高人们认识水平，珍惜土地、自觉节约土地，科学、合理地利用土地，切实保护耕地，保护资源和环境，为子孙后代留下一方良田，保障经济和社会可持续发展。

近几年，国家已警觉到土地问题的严重性，先后出台了一系列有关加强土地管理的政策和法规，要求各地开展土地利用规划，划分基本农田保护区等，广东省也陆续制定各种有关加强土地管理的措施与对策，禁止乱采、乱砍、乱挖、乱填，不准乱平、乱钻土地等，已收到明显效果。

我们提出和强调红河三角洲要合理开发利用土地资源，严格按园区模式布局工业企业，就是基于红河三角洲土地资源极其珍贵、环境尤其是水环境极端脆弱和敏感的特点，以及珠江三角洲的土地利用问题。我相信，它对后发展的红河三角洲和湄公河三角洲具有很直接的实践指导意义。

第四节 重视环境保护，保障红河三角洲经济社会可持续发展[①]

图10-1 陈烈在越南（河内）作题为《重视环境保护，保障红河三角洲经济社会可持续发展》的报告（1998），大会主席（左一）为科学、工艺与环境部副部长黎桂安，翻译为红河三角洲发展与规划中心主任阮加胜

一、环境是决定区域经济发展成败的关键问题，发展经济要重视环境保护

（1）红河三角洲具有优越的地缘经济区位，随着国内革新开放和北部湾经济圈的崛起，未来将会得到快速发展，为了保障经济社会快速、有序、协调、可持续发展，要认真做好区域发展规划，明确发展方向、目标和模式，抓准主导产业，优化产业结构，科学规划论证，抓准重点开发区域和开发轴线，搞好城镇规划和建设，控制人口增长。根据红河三角洲的地形和水文特征，要特别重视环境，尤其是水环境保护，严控污染性，尤其水污染工业企业的发展，决不能急功近利、盲目引进和无序发展、污染水环境，否则，将毁了可持

---

① 1998年3月，应越方邀请，偕夫人赵明霞参加"红河—沅江流域经济开发与环境保护"国际学术研讨会。本文为大会发言提要。全文参见《珠江三角洲经济发展与环境问题研究》，载《经济地理》，1994年第5期。

续发展之路。

（2）环境问题是事关一个区域可持续发展的一个重要问题。一个国家或地区的环境质量，反映该地区的精神文明程度，反映人们的素质、精神面貌和经济、社会可持续发展的可能性和潜力。当经济发展处于低水平状态时，环境问题往往不被人们所重视，产值指标成为人们比较一个区域好坏优劣的主要条件，但当经济发展到一定水平，人们的生活普遍进入小康层次以后，比较一个地区发展好坏优劣和潜力的则是环境质量指标。那种以牺牲环境效益来获取经济效益的做法，是不符合可持续发展战略要求的，须知一个地区的最主要竞争力在环境，最终成败也在环境。

（3）要强化环保意识，正确处理发展经济与保护环境的关系。经济建设与环境保护是对立统一的辩证关系，环境和自然资源是经济发展的物质基础，保护环境维护生态平衡，促进生态系统良性循环，有利于经济的发展。同时，经济发展又为保护资源和改善环境创造必要的条件。如果在经济建设中忽略了环境保护，就会造成环境恶化。而自然资源的破坏和生态环境的恶性循环，必然反过来影响和制约经济建设的发展。

事实上，发展经济、搞建设固然是为社会创造财富，造福人民；而保护好资源和环境，减少不必要的损失，照样也是为社会创造永续利用的财富，也是造福人民，其目的都是一致的。

我们必须在经济建设中解决好环境污染和生态平衡问题，促进它们同步发展，为人民创造一个更好的工作和生活环境。绝不能采取杀鸡取蛋，以牺牲环境为代价来发展经济，而是要通过环境保护来保证和促进经济建设持续、快速、健康发展。

这就要求我们应该把整个区域看作一个完整的人—经济—资源—环境系统，用综合的、全面的、系统论的观点来处理其经济、资源、环境协调发展问题，把经济建设、城乡建设和环境建设同步规划，同步实施，同步发展，做到经济效益、社会效益和环境效益相统一。

二、珠江三角洲环境问题与对策，值得红河三角洲借鉴

（1）中国珠江三角洲地区发挥优越的地缘经济优势，利用港澳台的资金和技术，大力发展乡镇企业，有效地促进经济社会的发展。短短十几年，在面积占广东省不到1/4的区域，其国内生产总值、工农业产值、外贸出口总额、实际利用外资总额以及第三产业增加值等均占全省的3/4左右，人均国内生产总值为全省平均的2.2倍，第三产业中人均服务产品占有量等于全省和全国平均水平的2～4倍。从原来以传统农业为主的区域一跃成为以工业和第三产业为主导，经济发达的区域。同时，在经济发展的基础上也极大地促进城镇、教

育、科技文化等各个方面的发展。成为世人注目的经济增长热点。

然而，在经济高速发展的同时，在生存环境和资源利用方面也付出了沉重的代价，产生一系列的环境问题。表现在：①城市大气中的煤烟型污染严重，各主要城镇酸雨普遍，氮氧化物也有上升趋势；②城镇附近有机污染相当普遍，河湖水质变劣；③降尘、噪音及生活垃圾已影响城镇居住环境；④土地资源锐减，土壤环境变劣，生态环境已潜伏着隐患。

产生如上环境问题的原因多种多样，其中最主要的是人们对环境和资源保护的认识不足。有许多工业布点和工业区开发随意性，不少污染性乡镇企业布置于城乡居民点的上风和上水位，或混杂于居民点之中，或布局于"风水宝地"。结果上风污染下风，上游污染下游，往往造成办一个厂，污染一大片农田或搞坏一片鱼塘，或弄脏一个河段等现象。许多城镇，由于人口膨胀、人们的环保意识薄弱、大量废弃物和垃圾随处堆放，加之城镇环境管理工作滞后，往往造成垃圾处处、污水横流、内河水体发黑发臭，使居民区环境质量下降。有许多市、县，大规模移山填塘搞开发区，又没及时治理，造成植被破坏和严重水土流失。房地产商往往选择在区位最佳、环境最优越的城镇交通干道旁、山冈林地、河湖水边，甚至风景区内开发房地产，不惜牺牲环境效益、社会效益以获取经济效益，不少山地和海滨旅游资源，一经开发就遭破坏。

正是这种情况，使不少地方，虽经济发展了，但资源却被破坏了，环境质量下降了。这显然是不符合可持续发展战略的要求。

（2）为此，要增强法制观念，强化环境监督与管理。这些年，国家和地方已颁布了一系列法律法规和行政规章以及污染排放标准，环境保护基本上已有法可依。可是，许多环境问题的产生，一是疏于监督、失于管理，二是人们的环保意识淡薄。

要贯彻"以防为主，防治结合"的方针，强化建设项目环境影响评价"三同时"和排污收费制度；要坚持"谁污染，谁治理"和"谁开发，谁保护"的原则；对环境影响大的开发项目应进行充分的科学论证和环境评估；各级领导要实行任期环境目标责任制，主要领导要对本地区和本单位的环境质量负责；要健全各级环保管理机构，加强环境监测、督促和管理。

（3）要搞好区域经济、资源与环境协调发展综合规划。近些年来，珠江三角洲许多市县已先后开展了市、县域经济、社会、资源、环境综合发展规划，其中有的市、县，如南海、顺德、增城、三水等的规划搞得比较认真，执行得也比较好，已取得了良好的经济、社会和环境效益。

除了各市、县的规划之外，还必须把珠江三角洲地区作为一个整体进行经济、资源和环境协调发展综合规划。要根据各区域环境现状、特点与问题，以及经济社会发展的环境要求，制定不同区域环境保护目标、对策和措施，促进经济与环境协调发展。

（4）要搞好河流流域协调发展规划。河流流域是一个完整的生态—经济系统，上、中、下游之间密切联系，相互促进和相互制约，流域经济开发的同时要注意环境保护和环境建设。

协调保护与发展关系的关键是经济，即要处理好上、中、下游间的经济利益关系。河流下游三角洲平原地区是流域经济社会的集聚地，保障其稳定持续发展固然重要，但要处理好与中、上游的关系，下游地区的发展要给中、上游地区共享，即要给予必要的经济和生态补偿，最大限度地缩小彼此间的生活和经济差别，否则，中、上游山区的人民为了生存、生活和发展，必然对自然生态环境产生破坏和污染。

像以往那样，只要求山区植树造林，保护水源，保障下游平原和城市用水和用电需要，而不关心，甚至限制上游地区必要的发展，无视上游山区百姓的生存和生活问题，是一种平原掠夺山区，下游掠夺上游，城市掠夺农村的不公平做法，这是许多河流流域出现上、中、下游之间相互矛盾，甚至相互制约的根本所在。

红河、沅江流域是一条国际性河流，要实现流域协调发展，必须加强国际合作，建议越方加强与中国云南省的联系与合作，做好流域综合开发利用与保护规划。在摸清流域各段经济社会发展基础和自然生态环境现状的基础上，把流域作为一个有机整体，遵循发展、协调发展和以人为本发展的可持续发展基本原则，根据生态—经济综合要素划分生态—经济功能区，明确不同地段的发展方向、发展模式、发展目标和责任担当，制定区域协调机制和相应的保护措施。

（5）要提高城镇总体规划的整体水平。无论是区域规划、流域规划或城镇总体规划，都要注意体现：①规划是财富，是指导改善投资环境，促进经济与资源、环境协调发展的一种有效手段；②规划要坚持科学性、高标准、高水平，要有超前的战略眼光，经得起历史考验；③规划是艺术，要体现各方面相互协调发展，基础设施、支柱产业、高新技术、城镇建设、环境发展、精神文明等相互配套；④规划要立足于现有基础，着眼于长远，从实际出发，分清轻重缓急，分步实施；⑤规划要充分考虑与周边国家和地区，以及相邻省、市的协调与联系；⑥城镇规划要按科学态度合理确定其发展规模。

（6）要合理布局工业，优化工业结构。红河三角洲与珠江三角洲有许多相似性，都是人多地少，环境容量小。要限制污染型尤其水污染型工业的发展，对于原有的污染型工业要逐步搬迁、改造和转型，对于工业排污要严格依法管理。要选择一些有利的工业区位，统一规划、统一配套基础设施，用宏观和微观经济调控手段，逐步引导它们到工业区集中布局。

工业发展，除了在规模上扩大的同时，更要注意产品档次的提高，要在经营管理水平和科学技术水平方面增加投入,实现产业和产品结构的升级和优化,逐步由劳动密集型工业向技术密集型工业迈进,提高新产品和市场的开发能力,提高技术含量、附加值和人均国民收入水平,使"数量型"工业经济逐步向"质量型"工业经济转变。

红河三角洲是北部湾经济圈的重要组成部分,其发展要重视处理好与中国沿岸广西、广东和海南的关系。建议中越两国加强联系,联合开展环北部湾沿岸协调发展规划,围绕资源开发、产业和经济发展、城镇和港口布局、海洋环境保护等进行研究和规划。把后发展的北部湾打造成经济发达、社会和谐、环境优美的现代化生态型经济圈。

3月5日,大会主席,越南科学、工艺与环境部副部长黎桂安先生做会议总结时,特别提到,"感谢陈烈教授的发言和建议,这充分体现科学家对越南,尤其对红河三角洲发展的良好愿望!"

会后,在越方的陪同下,再次考察河内、宁平省、南河省、南定市、海防市和下龙市,尤其详细考察了海防—广宁的沿海地带。所到之处,都得到有关省、市单位和部门的热情接待。

图10-2、图10-3 陈烈夫人赵明霞与阮加胜先生等在越南篝火晚会上(1998)

图10-4 陈烈携夫人赵明霞在越南参加"红河—沅江流域经济开发与环境保护"国际学术研讨会后,在下龙湾留影(1998)

图10-5 陈烈乘水上飞艇从下龙湾到海防进行沿海考察(1998)

第五节　重视小城镇发展规划与管理，实现红河三角洲小城镇可持续发展[①]

小城镇是农村经济发展的平台，是实现农村工业化、城市化和区域现代化的载体。区域发展要不失时机地抓好小城镇的发展，不失时机的规划和管理好小城镇，是实现小城镇可持续发展的基础性工作。

小城镇可持续发展的核心是发展，要以人为中心，在发展的同时要注意协调发展、共同发展和公平发展。小城镇可持续发展的目标是合理利用城乡自然资源和保护自然环境、建设结构优化、运转高效、流聚有序的小城镇生态、经济、社会和文化系统，使经济、社会与资源、环境协调发展，既为当代居民创造一个良好的生产创业环境和美好、洁净、舒适、和谐的生活居住环境，又不损害子孙后代满足其生产和生活发展的需要。

越南红河三角洲和湄公河三角洲的小城镇，因受长期战争的影响，经济遭到极大的破坏，在长期缺乏投入和管理的情况下，目前呈现基础差、散、乱、小、脏、乱、差的状况相当突出。随着国内经济发展，传统的农业、农村区域也将会随之发展，且将向工业化、城镇化快速转型和发展。

从现在开始就要重视农村小城镇的发展问题，要用可持续发展战略理念指导小城镇发展，及时处理好区域经济发展与小城镇发展的关系，处理小城镇发展与土地资源利用和环境保护的关系等，实现小城镇有序、健康、快速、持续发展。

这方面，先发展的珠江三角洲地区，小城镇发展的教训值得红河、湄公河三角洲地区吸取，其成功的经验也值得参考和借鉴。

一、珠江三角洲小城镇发展现状与特点

珠江三角洲小城镇建设在经济发展的同时取得了巨大成就，是全省、全国城镇密度最大的地区之一。

在新城镇不断发展的同时，原有城镇的城区面积也迅速扩大。据估算，大多数城镇的城区面积扩大2倍，有的达3倍以上，有的小城镇发展成为中等城市。在新城镇发展和城区面积规模扩大的同时，城镇基础设施和建设水平也在逐步提高。

[①] 本文是2002年5月给越南农业与农村发展部，新农村发展规划与小城镇建设考察团讲座提要。原文参见《珠江三角洲小城镇可持续发展研究》，载《经济地理》，1998年12月。该文被译为越文，作为该国有关部门管理干部和专业技术人员阅读文献。

小城镇基础设施和建设水平的提高，使小城镇在农村中的中心地位得到了更好的发挥，带动了农村区域经济的发展，而农村经济发展反过来又促进了城镇的发展和建设水平的提高，形成城乡相互促进、共同发展的局面。

二、珠江三角洲小城镇发展存在的主要问题

珠三角小城镇发展和建设从可持续发展角度来看，也存在一些有待解决的问题。这些问题概括起来主要是：

（1）数量多，规模小，大量占用耕地面积。全区小城镇数量达445个。规模过小的直接后果是，城市功能难以完善，基础设施和公用设施投资过高且严重不足，创造就业的门路狭窄。由于城镇规模小，数量多，造成大量占用耕地。同时由于缺乏区域整体规划，重复建设太多，每个小城镇都想建成"小而全"的综合城镇，结果不仅造成了耕地的浪费，其经济规模也只能停留在较低的水平上。

（2）农业发展落后于工业，乡镇企业的整体素质不高，第三产业发展滞后，是目前制约小城镇发展的重要因素，因此大力发展第三产业是推动小城镇经济登上新台阶的强有力的推动因素。

（3）在城镇设置上也存在不够合理，单从管理角度设置城镇，城镇布局遍地开花，"村村有镇"现象突出，有的城镇头尾相连，不少是公路两旁的"骑路"。

（4）小城镇生产经营者和劳动者素质不能适应现代化建设的需要。1996年珠三角八市419.2万个乡镇企业职工中，大专学历的占2.1%，48.7%以上是初中，少数是高中学历，小学学历、未受过教育的占了9.6%，人的思想观念虽然发生了很大变化，但与现代化要求差距还很大。

（5）生态环境污染较严重。乡镇企业布局普遍存在分散化的问题，乡镇工业的发展缺乏系统的环境规划，工业企业规模小，布局分散，遍地开花。另外小城镇污染型工业比例大，有许多是从大城市迁移来的污染型工业，外引工业和自办工业中有许多是污染型的，由于工业布局分散，工业区开发随意，"村村点火，户户冒烟"，导致污染源分散，污染物质难以控制，使小城镇环境受污染，环境质量下降。

（6）小城镇规划、建设缺乏科学性。有些地方对社会经济发展的速度预计不足，规划缺乏超前性，功能分区不明显，工业区和商住区混在一起。一个普遍的现象是城镇马路、街道狭窄，交通堵塞，不符合现代化城镇的要求。有的地方，公路通到哪里，房子就建到哪里，形成所谓的"线状城市""十里长街"，既浪费土地，又影响交通。

三、珠江三角洲小城镇可持续发展的措施与对策

（一）因地制宜，合理分工，小城镇经济发展应各具特色，避免"小而全"、重复建设、浪费资源的现象，使小城镇经济保持持续性发展

珠三角经济区地域广阔，各地区区域位置和资源条件差异很大，既有平原水乡区，也有山地丘陵区。因此，农业、工业和城镇的发展条件和发展水平都有很大的差异性。

因此，为了与经济区经济的总体布局相协调，小城镇经济的发展应以持续发展为原则来选择其发展模式。农业要发展"三高四化"农业（"三高"即高产、高质、高效，"四化"即集约化、规模化、科学化、一体化）。因地制宜，朝外向农业、城市农业、旅游农业、生态农业方向发展。小城镇工业的发展要集中于工业园区，走内涵式发展道路，提高资金密集、技术密集产业的比重，引导乡镇工业升级转型。大力发展小城镇第三产业，为小城镇农业、工业和居民生活提供优质服务。

（二）提高人口素质，加快人口城镇化进程

珠三角地区人口稠密，人地矛盾突出。改革开放以来，珠三角小城镇乡镇企业的迅猛发展，吸收了大量农村富余劳动力，这些人中有相当部分是可以完全脱离土地，而又能获得稳定收入的。对这些实际上并非农民的农村人，应该允许他们转为城镇居民，并与城镇居民拥有同等的就业、教育、医疗卫生、社会保障等权利。

因此，对中小城市和集镇要实行开放政策，打破城乡分割的格局，放开农村集体和个人进城办第二、三产业。在全省实行统一户籍管理和人口城镇化的规划，实行城镇人口机械变动计划管理，本着放控结合的原则积极推进人口城镇化的进程。建议对下列几种人员允许在城镇落户和按城镇居民户籍管理：

（1）在城区有固定职业和住所，生活不靠农业的人口，允许到城镇落户。

（2）在城区从事第二、三产业劳动或经营已连续五年以上的外地劳工及家属，并有固定的住所的，允许在当地城镇落户。

（3）在农村从事第二、三产业的当地农民和外地劳工及家属，已有固定住所及可靠生活来源的，允许按城镇居民户籍进行管理，不划入农村户口范围。

（三）重视自然资源的开发、管理和合理利用

为了缓解日趋严重的自然资源形势，促进资源总需求与总供给能够保持基本平衡，应当坚持开源与节流并重的方针，走"资源节约型"和努力提高资

源综合利用率的道路。具体讲，应从以下几方面入手：

（1）加强土地资源保护和管理。珠三角小城镇人口基数大、增长快、人地矛盾突出。因此，必须加强土地资源的保护和管理。第一，加强宣传教育，提高全民对保护耕地资源重要性的认识。第二，建立基本农田保护区。第三，积极发掘土地开发潜力，提高土地生产率。第四，强化规划意识，协调用地关系。第五，深化小城镇土地使用制度改革，培育土地市场，使土地利用成为有偿、有期和可流动性。

（2）开源与节流并重，缓解水资源紧缺的问题。从开源、节流、保护和管理上统一运筹，严格保护现有清洁水源严格控制小城镇工业废水和生活污水的排放，并按市场经济规律加强管理。节水是缓解水资源紧张的重要出路。除开源外，节流是缓和水资源供需矛盾的基本措施之一，要提高工业用水的重复利用率，加强节水宣传教育，提高居民的节约用水的自觉性。

（3）严禁开山挖石，保护自然生态和旅游景观。

（四）保护好环境是逐步落实小城镇人口、资源、经济协调发展的可靠基础

小城镇环境保护是一项社会化系统工程。因此，只有全社会各部门在各自做好自身的环境保护工作的基础上相互配合、通力合作，才能搞好环境保护工作。为了做好这一工作，应从以下几方面着手：第一，树立全民的环境意识，是搞好环境保护工作的前提；第二，建立主要领导负责、各有关部门分工协作、全社会参与环境保护的竞争机制；第三，加强环保队伍建设，提高环保队伍的政治素质和业务水平，是搞好环境保护和建设的基础；第四，合理布局工业，优化乡镇企业结构；第五，制定小城镇环境保护计划，突出防治污染的重点。

（五）狠抓科学技术进步是促进小城镇可持续发展的关键

21世纪是信息技术的时代，是知识经济的时代，珠三角小城镇应抓住机遇，在这些新领域有所建树，有所创新，有所发展。依靠科学技术是小城镇走可持续发展道路的根本出路。各级领导部门除了进一步增强科技意识和增加科技经费以及高度重视人才引进、培养外，应坚定不移地把科学技术面向全区经济建设主战场，使科技更好地为小城镇发展服务。

（六）加强小城镇的规划和管理

规划是"财富"，是"龙头"，搞好小城镇规划，是小城镇可持续发展的保障。要做好小城镇远景规划，必须做到：一是要优先规划，建好小城镇的基础设施。二是要强调规划的科学性，适度超前性和长期性。三是要强调规划的层次性、配套性和布局的合理性。小城镇的布局要因地制宜，与大中城市的发

展结合起来,要重点发展县城和建制镇,防止搞"村村有镇",遍地开花。四是突出特色,小城镇要在形象上别具一格,必须在规划上下功夫,形成自己的规划特色。五是要强调规划的权威性、严肃性。

小城镇规划与管理密不可分,前者是"龙头",后者是核心。管理包括三方面内容:一是完善小城镇的管理机制,实行政企分开;二是提高市民的素质。强化市民的城市意识和规划意识,自觉参与城市管理;三是建立一支高水平的城市管理队伍,使各项规划制度得到具体落实。

第六节　珠江三角洲乡村城市化问题与红河三角洲乡村城市化[①]

一、关于乡村城市化

乡村城市化是指一个或一群社区由乡村地域类型向城市地域类型演化的历史文化地域空间过程,包括人口、产业、社会、经济、科技、文化、生产、生活、环境乃至管理机制和思想观念等各种因素的演变。城市化并不是到处都出现城市,而是要求一个地域范围内(或社区范围内)都提供城市生活的环境条件,享受城市文明。乡村城市化也不是农村人口的简单转移,而是描绘农村社会分工,意味着农村生活方式向城市生活方式转变的动态过程。

城市化的农村,其内容同以往传统观念的农村已截然不同,其主要特征是,创造了以工业为基础、社会化程度较高的生产部门;农村由单一的构成向多功能转化,从事非农业活动的农民大大增加;交通、通讯等各类基础设施配套完善;在经济发展的支持下,形成文化中心和发达的公益服务系统;由于文化生活条件的完善,人们对农村的依恋比以往更为强烈。那时的农村,将是一个多功能、经济发达、生活富裕、有高度物质文明和精神文明、环境优美舒适、更有吸引魅力的城市化的农村。

从这个意义上说,乡村城市化,就是要求城市和农村相互融洽,使乡村居民和城市居民共同创造和共享经济增长的利益,共同享用科学、文化、艺术宝藏,变传统落后的乡村社会为现代化的城市社会的自然、经济、历史、文化、地域空间过程。

乡村城市化是全球发展趋势,是历史的必然,我国也决不可逾越这个历史

---

① 本文是1998年10月给越南国家建设部、计委、科学技术环境部、国家规划院官员、专家考察团讲座基本内容,原文参见《珠江三角洲乡村城市化的思考》,刊载《热带地理》,1998年第4期。该文被译为越文,作为有关部门领导和干部阅读文献。

发展的过程。这里的问题是如何依据我国的国情决定城市化的具体形式。笔者认为，不同国家，其国情不同，应该有其不同的城市化形式；一个国家内部的不同区域由于种种因素的差异，城市化发展形式也应该有不同的阶段性差异。

根据我国的国情，只能走中国式的城市化道路，即发挥大城市在城市化中的火车头作用，但同时要控制其人口膨胀和用地规模过度扩张；鼓励发展中等城市，带动区域经济发展，截流涌入大城市的人口；积极发展小城市，为农村提供剩余劳动力转移的场所，协调城乡经济发展。我国是个发展中国家，经济基础薄弱，且地域辽阔，东、中、西部各地差异很大，乡村城市化的进程应有不同形式。

除经济发达、城市化基础较好的地区外，广大地区，尤其中西部地区城市化过程宜走乡村城镇化—城市化的发展道路。城市化是目标，城镇化是基础，是实现城市化的初级阶段，两者只有量的差别，而没有本质的差异。这就是说，我国宜城镇化与城市化并行，不同地区，应实事求是选择符合当地实际的城市化模式。这有利于利用大中城市辐射和乡村集聚两种动力机制，利于调动城市和乡村两个积极性，实事求是制定实现城市化阶段性目标的措施与对策，这样可以更有效地加速我国城市化进程。

珠江三角洲属国内经济较发达、城镇化基础较好地区，其目标是乡村城市化。改革开放以来，珠江三角洲地区抓住有利时机、利用多种因素，通过多种形式发展乡镇工业，有效地促进农村经济发展和乡村城镇化的过程，目前已形成比较科学的、基本满足现阶段市场经济发展需要，可持续性较强的城镇体系规划、城镇总体规划、建设规划和产业发展规划，有的还体现了一定的超前性，广大农村正在发展成为以大中城市为中心的具有现代化文明的组团式都市群体。有部分城镇，已建成较为配套的基础设施和内容较为丰富的公益服务设施；全区公路行车里程、公路密度、公路等级路面质量桥梁建设等都有很大的发展和提高。目前全区乡镇供电已普及，生产用电充足，电话基本实现程控化，社会公益服务设施配套建设也有很大改善，小学、幼儿园、敬老院、影剧院、体育中心等也有很好发展，基本做到少有所学，病有所医，老有所乐。经过十多年的发展和建设，目前已有一些城镇形成功能比较齐全、环境比较优美的住区条件和比较良好的生产、生活环境。珠江三角洲与国内其他发达地区一道，走在全国乡村城市化的前列。

二、制约珠江三角洲乡村城市化的主要因素

制约珠江三角洲乡村城市化的因素多种多样，其中除了同全国各地一样的城乡二元经济体制、二元社会结构和二元户籍管理制度外，城乡之间的两种土地管理制度和城乡要求有别的计划生育管理政策是阻碍珠江三角洲地区农村剩

余劳动力及其他诸多生产要素正常地向城镇聚集和转移，阻碍着乡村城市化正常进程的重要因素。十多年来，区内工业化进程很快，但城市化发展却是缓慢的。其主要的制约因素为：

（一）城市体系发展不协调

目前区域城市体系中，除广州和香港两个特大城市外，大中城市少，而小城镇数量剧增，中、小城市的发展、规划、建设与管理距现代化要求仍有较大的差距，目前仍属初级阶段，呈粗放化的特点。表现在小城镇数量多，规模小，布局不合理，市政设施欠配套，缺乏规模经济性，在区域中的吸引、辐射和带动能力弱。

（二）规划建设和管理未能适应城市化目标的要求

城市化实质上是城乡现代化的具体体现。广大农村，随着经济、社会的发展，人们的社会职业、生活方式、生产力水平与人口分布等方面都发生了变化，城镇规划、建设与管理的任务就是要有意识地、及时地为城市化提供实现物质形态扩展的条件。因此，城镇规划、建设与管理必须顺应城市化历史进程的需要。

但是这些年来，珠江三角洲地区的许多干部和群众对乡村城市化的认识远远滞后于城市化进程，他们往往停留在对城市化过程的认识和适应，而未能做到有意识地引导和促进。因此，规划设计与建设就城镇论城镇的多，未能站在区域城市化高度上统筹发展、布局与规划设计，造成许多城镇在区域城镇体系中的地位和作用不明确，许多市、县的决策者都要求把所在的城市规划区域扩大，不顾自身的条件，都想发展成几十万，甚至上百万人口的大城市，城市建设用地达几十甚至数百平方公里，各搞各的"小而全""大而全"。

由于缺乏管理和现行土地制度的影响，相当部分城镇内部用地分配不合理，功能混乱。部分居民住宅已超出实际需要的速度增长，一户多栋的现象极为普遍，由此造成城镇居住区环境质量低，城市景观杂乱、档次低，城镇公共设施用地比例普遍偏小，缺乏足够的公园、绿地、广场等用地。而具有一定规模的公共设施用地如医院、图书馆、体育场馆、公共文化、娱乐场所等更少，不少城镇，基本上没有污水和垃圾处理设施。

（三）环境问题是制约珠江三角洲乡村城市化的另一个重要因素

这些年，珠江三角洲在发展经济的过程中也产生了一系列的环境污染和生态环境变劣的问题，如城市大气中的煤烟型污染严重，各主要城镇酸雨普遍，氮氧化物也有上升趋势，降尘、噪声及生活垃圾已影响城乡居住环境，水土流失加剧，土壤环境变劣，生态环境已潜伏着隐患。加之乡镇工业的发展，废水污染严重，如果不加以高度重视和治理，则势必影响城乡生态系统的稳定性，影响乡村城市化的进程。

（四）人的综合素质较低也是制约珠江三角洲乡村城市化的另一重要因素

改革开放以来，珠江三角洲地区经济迅猛发展，主要是靠港澳地区的技术、资金和管理经验，靠国内大量的科技人员和外来劳动力。实际上，珠江三角洲地区，尤其是广大农村和小城镇本身人们的文化科学技术素质并不高，而城镇居民中有相当部分来自广大的农村或经改制升级转移的乡镇。这些人的综合素质都比较低，且有部分先富起来的居民因受各种不良思想的影响和传统观念的束缚，不求上进、不思进取，甚至受黄赌毒的影响，这不仅不利于经济社会可持续发展，也影响乡村城市化的进程。

三、加快珠江三角洲乡村城市化的任务和对策

实现乡村城市化，是关系到珠江三角洲地区经济、社会发展的一项跨世纪的系统工程，实施这一工程需进行长远规划，分步实施。

（一）形成区域现代化的经济发展格局

要围绕建设珠江三角洲经济区和实现乡村城市化这个目标，按照"经济外向化、产业协调化、企业科技化、资产社会化"的要求，实施改革推动、外向带动、科技驱动、产业优化的"三动一优"战略，促进经济、社会进一步发展。

农业是乡村城市化发展的基础，没有实现农业和农村现代化就不可能实现乡村城市化。珠江三角洲要克服忽视农业的倾向，要解决目前分散经营和农村劳动力老化的问题，逐步实行规模经营，山、水（河、湖、沟、渠）、田、林、路综合治理和配套，使乡村工业和居民点逐步相对集中，逐步实现操作机械化，经营组织基地化、集约化、专业化、农业科技化、管理科学化、布局生态立体化，实行基地生产—加工—销售系列化，要发展优质、高产、高效农业，"绿色食品"和"洁净食品"。鉴于世界来自以农产品加工的食物中，由于微量元素缺乏或失调，影响人体健康的问题，珠江三角洲地区应重视农业投入，培育产量高而又富含维生素和矿物质的新作物品种。实现农业由增量型向增效型、产品型向商品型、传统型向现代化型转化，建成以国际市场为导向的商品农业、创汇农业和生态农业三位一体的现代化农业。

乡镇工业是实现珠江三角洲乡村城市化的主要动力。要以城市化为目标，逐步把混杂于城镇居民点中的工业企业转移到工业区分类布局，形成规模，提高档次，围绕产品生产系列化，经营组织集团化，地区布局集中化建设现代化工业。要以市场为导向，科技进步为动力，抓产品的升级转型。强化高科技支

柱工业和产品的比重，优化结构，加快资金和技术密集型工业企业的发展，从以量的扩大带动质的提高为主转变为以质的提高带动量的扩大，提高工业企业的经济效益，增强规模效应。

发展第三产业是加快乡村城市化发展的重要途径。伴随着工业化进程和农业劳动力的转移，珠江三角洲第三产业的总体水平不断提高，其地位和作用已越来越突出，正成为广东全省的信息、金融、贸易及科技中心，在产业和产品升级换代中发挥着日益重要的枢纽作用。要进一步深化流通体制改革，建立和完善市场体系，发展和完善农村社会化服务体系，加快贸工农一体化。促进珠江三角洲地区产业发展从以第二产业为主转变为更高层次上的三业协调发展，大大提高第三产业在国民经济中的比重，加快珠江三角洲乡村城市化的进程。

（二）形成功能齐全、协调发展的区域基础设施网络和城镇公益服务设施系统

基础设施和公益服务设施建设，既是区域经济发展的物质基础，又是城市化的重要内容和标志。改革开放以来，珠江三角洲实行基础设施商品化，极大地促进了各项基础设施建设，从根本上改变了原来的落后状况。但仍适应不了经济快速发展的需要，市镇公益服务设施建设与经济发展及居民的生活需求仍相距甚远，围绕城市化这个目标，必须继续抓好如下几个方面。

（1）建设综合协调的交通运输网络体系。要加快珠江三角洲乡村城市化，必须形成以高速公路和高速铁路为基本骨架的道路框架，镇道、县（市）道与省道、国道相互衔接，海、陆、空配套齐全，铁路、公路（多等级）、水运综合协调发展的四通八达的立体式综合交通运输网络体系。

（2）完善通讯和信息等设施是农村非农产业发展的基本条件，是密切乡村与城镇间联系、实现乡村城市化的重要内容。珠江三角洲宜以电话为主、邮政与电话同时并举，逐步实现大、中、小城市以及乡镇、区间的全自动程控拨号，形成高效、健全、方便的综合邮电通讯网络系统。

（3）这些年，珠江三角洲的电力事业发展很快，要继续实行以火电为主，火电、水电、核电结合发展，降低成本，提高效益。

（三）大力发展教育事业、提高人的综合素质

人的综合素质包括文化教育、科学技术素养、道德修养以及思想意识和观念等，是影响一个地区经济发展速度和现代化、城市化进程的重要因素，一般地说，高素质的人口对经济发展和城市化起着促进作用。珠江三角洲要实现乡村城市化必须注意大力发展教育事业，建立城乡全面教育系统，努力提高农村和城镇劳动者的思想、智力和技能，增强现代化和城市化意识。

（四）提高环保意识，加强环境管理

一个地区的环境质量反映该地区的精神文明程度，反映人们的物质、精神和经济、社会持续发展的可能性和潜力。珠江三角洲要加速乡村城市化进程，务必处理好发展经济和保护环境的关系，改善目前普遍存在的环境质量下降问题，要加强对污染性企业的治理和防治，改变城镇夹道布局的现象，要制止乱砍滥伐、乱挖乱填的破坏自然资源和生态环境的行为。人类要明确自身的地位和作用，要利用自身的智慧和能动作用，合理利用资源，保护自然环境，要立足于建立一个结构优化、功能齐全、协调高效的城乡生态—经济、社会、文化环境系统，既为当代人创造一个良好的生产环境和美好、洁净、舒适、和谐的生活环境，同时又不损害子孙后代满足其生产和生活发展的需要。因此，要实现区域现代化和乡村城市化，一定要努力提高人们的环境意识和环境保护法制观念，提高执法的自觉性。

（五）形成等级规模比例协调、职能分工合理、空间布局有序的城镇体系

未来珠江三角洲将形成北起广州、南达港澳的城镇密集区，呈彼此密切联系和分工协作由四级组成的城镇网络系统。

在这个系统中，核心城市广州、香港、深圳将以建成国际大都市、亚太经济中心为目标，重点发展金融、信息、科技、房地产、商业、贸易、交通运输、旅游等第三产业和高新技术产业群，其功能主要是发挥信息传输、资金集散、贸易中枢、客货流转以及社会、科技、文化中心所应有的作用。

第二、三级中心城市则在重视发展第三产业的前提下，重点建立工业基地、能源基地，以及其他资本密集型与技术密集型产业，分工协作，各具特色。

第四级城镇是城乡融合和过渡的交汇点，对于消化农村剩余劳动力，加强城乡联系，缩小城乡差别，推进乡村城市化发展具有特别重要的作用。

（六）以城市化为目标，强化规划意识，加快建设力度

20世纪80年代初以来，珠江三角洲各市、县镇都先后开展了各种类型的规划，在促进城乡发展和城镇建设方面发挥了作用。在新的时期，要强调进一步提高规划意识，以城市化为目标，进一步搞好各种类型的规划。当前珠江三角洲规划要强调：

（1）以市场为导向，可持续发展理论为指导，城市化为目标，合理制定资源综合开发利用、保护和产业布局与结构优化方案。

（2）要从与周边地区的互补协作关系中科学确定发展方向、目标和重点，避免重复布局、重复投资和相互竞争。

（3）要提高科学性和政策性，合理确定城镇发展规模，协调人口与资源的关系。

（4）要重视环境保护和环境建设，将其作为城乡精神文明建设的重要内容，加强绿化、美化、净化，创造一个基础设施配套，公益服务设施完善，结构合理，运作有序的城镇环境。

（5）要通过规划，摸清区域差异的特点和规律性，通过配套基础设施建设和产业布局等各种有效的措施协调区域平衡发展，提高综合实力。

（6）规划要立足于现有基础，着眼于长远，从实际出发，分期实施，开发一片，成功一片。

四、珠江三角洲乡村城市化问题与红河三角洲乡村城市化

改革开放以来，珠江三角洲的人们对于"城市化"，从不认识、不了解到逐渐认识和了解，中间经历认识—实践—再认识的过程，至今已有了体会。

城市化道路是区域发展的必然，区域工业化、城市化和现代化是人们的美好向往，后发展区域的人们对这一基本规律必须有个明确的认识，并为此目标而奋斗。

随着珠江三角洲经济社会的发展，我们对乡村城市化的认识也逐步加深，我们所提出的关于乡村城市化的目标、任务、对策和要求，就是在实践中的一些体会。它对于从农村、农业向工业化、城市化转型和发展的区域具有普遍意义，可以启发人们的思维，指导人们行为。

对于红河三角洲的现状，我比较了解，它与珠江三角洲十多年前的情况有很大的相似性。目前经济基础和区域基础设施及城镇公共服务设施建设基础极为薄弱，人们的综合素质，环境意识，城市规划、建设与管理水平和档次等，也有待改善和提高。我们提出和强调红河三角洲要实施集聚—发展型战略，抓好区域发展，形成现代经济发展格局，强化基础设施建设，形成功能齐全、协调发展的区域综合性交通运输网络；抓好三大工业园区、有序布局工业；规划三大城镇群，形成由四级城镇组成的规模协调、等级分工合理、空间布局有序的城镇体系等。其出发点旨在为红河三角洲乡村城市化健康发展打下基础。相信它对后发展的红河三角洲，会包括湄公河三角洲的乡村城市化发展有启迪作用。

第七节 广州城市规划的经验教训及其对胡志明市的启示[①]

一、广州城市规划的发展历程

广州近现代城市规划的起源可以追溯到19世纪中叶的沙面租界建设,这是最早运用西方城市规划技术在广州建设的社区。新中国成立五十多年来,广州与全国其他城市一样,经历了"计划经济—市场经济—经济全球化"的冲击,其城市规划不断创新,在努力探索适合自身城市规划体制上,取得了令人瞩目的成就。

图10-6 陈烈在越南胡志明市作《广州城市规划的经验与教训及其对胡志明市的启示》的演讲(2008.1)

---

① 2008年1月应越方邀请参加"2008越南国际城市规划暨房地产发展高峰论坛",本文为大会发言基本内容,全文刊于《会议论文集》。蔡小波、李艳华为第二、三位作者。

会议期间,原越南建设部部长、现任越南建设总会副主席范士廉先生,原建设部副部长、现任河内建筑大学校长陈重亨先生,建设部规划与建筑司司长范氏美玲女士,越南城市规划发展协会主席阮世霸先生,以及越南城市与农村规划院院长刘德海先生等,专程从河内赶到胡志明市同我见面和参加会议,大家一见如故。范士廉先生一见面就说:"听说你要来参加会议,我特地从河内赶来见你,"他又说:"1993年在广州听过你的报告,你讲得很好,对我们有很好的启发,我当时认真做了笔记,现在还保留着。"

广州市城市规划编制大致经历了探索、恢复、全新发展以及市场经济条件下的新探索等四个阶段。

改革开放以来，随着经济体制的改变和工作中心向经济建设上的转移，人们对城市的认识产生了根本的变化；由原来强调城市的生产性转而强调城市的中心性，在理念上也摆脱了计划经济体制的影响和制约，在原来确定的"三团两线"基础上进一步采用带状组团式布局，明确了组团分工不再仅限于工业用地，并根据城市地理条件和已有的基础，提出了城市应沿江向东发展。

1987年，广州在全国首创探索和推广土地有偿使用、房地产制度改革和城市建设综合开发。这次规划的有效实施使得广州城市的地域结构发生了历史性变革，指导了城市空间的有序发展，促进了经济增长和各行业的协调发展。

以此为基础，广州市规划工作在全国实现了两项创举。一是1984—1987年，广州编制完成了全市旧城区74条行政街道的街区规划，规定了各行政街道的公共服务设施和市政公用配套设施、分块用地性质、开发强度等，建立了以行政街道为规划管理单元的城市规划管理体系，控制了旧城改建，杜绝了无序、零星、见缝插针式的旧城改造行为；二是20世纪80年代初，广州为了成片开发新区，探索新区综合开发，编制了《重点发展地区的控制性规划》。天河地区是广州的新城区，是全国首创和推行控制性规划建设的地区，是实施城市总体规划、执行地区控制性规划、通过土地有偿使用进行综合开发的典范。

随着市场经济体制的初步建立，全方位、宽领域、多层次的对外开放格局基本形成。1991—1993年，广州制定了《广州市城市总体规划（1991—2010年）》，重新确定了城市发展方向，结合广州国际机场的建设，明确提出城市向东、向北发展，并确定三大组团，14个小组团的城市空间发展模式。

这一时期的规划工作，深度和内容脱离现实发展，难与市场发展相适应，城市规划同城市建设发展出现一定程度的脱钩与滞后，主要体现在旧城改造和交通问题两方面。推出了"新区旧城建设并重"的方针，提出"学东莞、学香港、提高开发强度、城市规划要松绑"的口号，与港澳开发商联手进行房地产开发和旧城改造，引发了旧城房地产的无度开发。一味追求高容积率高强度开发，老城区普遍存在的"三高"现象更加严重，对广州旧城造成了严重的破坏。与此同时，经过改革开放十多年的快速发展，城市基础设施处于超负荷运行状态，经济发展的加快和机动车持有量的迅猛增加，使得广州城市的内外部交通问题日益突出，广州城市规划工作严重滞后于城市建设的发展。

20世纪90年代中期以后，经济建设进入了一个新的发展阶段。在此期间，广州编制完成了79个分区规划，建立了以分区为规划管理单元的城市规划管理体系。实施后，政府对与公共利益密切相关的公共设施、道路进行了有效的控制和完善。在规划法制的建立上，1996年《广州市城市规划条例》的颁布，将广州一切开发建设活动纳入了法制化的轨道，标志着广州城市规划制度的基本建立。这一时期，城市总体规划编制和分区规划的完成，在一定程度上改善了城市规划思想偏离市场经济轨道和因规划编制覆盖面窄而滞后于城市发展的局面，使城市规划建设进入了稳步发展的时期。

进入21世纪，广州受国内国际宏观环境变化（如经济全球化、加入WTO）带来的挑战和行政区划调整（花都、番禺设区）的影响，在城市空间结构、土地资源配置方式等方面发生了实质性转型。

2000年，广州在全国率先开展城市总体发展战略规划研究，并在此基础上编制了《广州城市建设总体战略概念规划纲要》，对城市土地利用、城市生态环境和城市综合交通进行专项研究。2003年，又进行了战略规划实施总结评价。这种滚动式推进，将战略规划变成行动计划，并落实在实践中，阶段性总结体现了城市规划重在"过程"的理念。

经过了"战略规划—分区规划—行动规划"等一系列城市规划工作的成功实践，广州已基本形成了一套由政策规划、管理规划及行动规划组成，兼顾研究、管理、建设互动，刚性与弹性、中长期调控和近期建设需求相结合的新型城市规划体系雏形，适应了我国社会主义市场经济体制的发展和运作。

二、广州城市规划的经验及特点

（一）战略规划是城市建设发展的行动纲领

进入新千年后，广州市一方面必须面对经济全球化、知识经济等新的机遇与挑战，另一方面必须解决城市发展空间的限制及城市发展方向等问题。呼应这种时代的要求，战略规划（概念规划）崛起于广州，随即，关于概念规划的研究及实践在全国范围内展开，备受关注。《广州市城市建设总体战略概念规划纲要》对广州市总体空间发展具有重要的指导意义。广州市在国内第一个开展战略规划工作，再开先河进行战略规划实施总结评价，是国内城市的一个创举，也可能是建立新的规划体制的一个启发，对全国具有指导意义。这种滚动式推进，将战略规划变成行动计划，并在实践中落实，阶段性总结又体现了城市规划重在"过程"的理念。

广州的实践在"国家程式化发展方面取得了历史性的突破性进展"，促进了国内城市规划制度创新，带动了国内城市战略规划研究，为我国规划体制的进一步完善做出了贡献。

战略规划作为城市总体规划的指导，主要对城市发展的关键问题进行长远发展规划。与传统城市总体规划相比，战略规划内容大为简化，不强调面面俱到，重点放在事关城市全局利益、公众利益等核心问题上，突出在宏观上对城市总体发展的引导和结构性的控制，更具前瞻性、战略性、整体性和长期性。

同时战略规划淡化了规划期限，跳出了以时间期限为主导的规划思维模式，不再以时间来锁定城市人口和用地规模，而注重从城市合理容量和长远发展战略目标来确定城市合理发展规模，使规划更具合理性，更富弹性。

广州市定期开展规划检讨与总结，在总体目标指导下，规划滚动发展，及时调整和修正发展的近期目标，在高速发展的时代，有效地缓解了规划与实际发展不符的矛盾。

2000年之后，广州市围绕战略规划提出的"适宜创业发展、适宜生活居住"的发展目标，坚定不移的全面实施战略规划。

伴随着战略规划的实施，广州空间拓展战略和经济发展战略得以成功构筑并有效叠合，实现了从"云山珠水"到"山城田海"和从传统的"重工轻商"到"工业兴市"的双重跨越。

在战略规划的指导下，适度超前建设以道路交通为重点的城市基础设施，大力拓展城市空间，优化城市功能布局；同时，接应"拉开结构、建设新区、保护名城"的空间部署，广州实施了"再工业化、重型化"的经济发展战略，使得城市拓展和生产力布局在空间上有了较好的叠合，基本实现了自身发展的双重跨越。

城市功能布局、城市空间结构得以优化，多中心组团式网络型的城市结构基本形成，适度超前建设以道路交通为重点的城市基础设施，提高城市综合服务功能，保护自然生态与历史文化遗产，全面提高城市整体环境质量，城市综合竞争力进一步增强，实现了跨越式发展。

提高了广州在珠江三角洲、广东省内外的地位，使广州社会经济进入新的发展阶段，中心城市的地位进一步加强。尽管珠江三角洲其他城市快速发展，但广州作为中心城市的地位一直未动摇。广州与香港两城市也优势互补，协调发展，降低区域整体运行成本，共同增强区域整体的竞争力。

（二）片区发展规划将城乡统筹考虑，有力地促进了城乡协调发展

为了落实战略规划中对市域城市土地的合理规划利用，广州市将整个市域分为5个片区，即都会区（含番禺区）、花都片区、从化片区、增城片区、南沙片区，并陆续组织编制了片区发展规划。片区发展规划与战略规划进行了较好的衔接，进一步强化了城市土地的合理利用，对下一层次规划编制的开展起了重要的指导作用。

片区发展规划，将城乡结合在一起统筹考虑，从全区整体角度平衡各社会经济要素，形成片区范围的生产、生活及环境地域分工协调体系，加强对市场活动的宏观调控作用，积极引导社会、经济与环境整体的发展。同时，对城市建设用地以外的农业保护用地等非城市建设用地在空间上也进行明确的划定，以保证城市建设与周边资源环境的合理保护利用与相互协调，优化国土资源配

置，有效地控制了快速城市化时期城乡建设的无序状态，规范和引导了市场经济条件下自下而上的开发建设行为。

（三）实现控规（控规导则）全覆盖，将规划编制与实施有机衔接

控制性详细规划是将宏观规划落实到实际建设中的衔接，也是将城市规划管理法制化的形式。广州市在80年代街区规划，90年代完成大量控规编制的实践基础上，制定了《广州市分区规划和控制性详细规划编制办法》，进一步明确了控制性详细规划的主要任务、内容和成果。

为适应城市管理的需要，2001年，广州市规划部门结合对规划管理图则的探索，提出了控制性详细规划导则的编制思路：以土地利用规划和道路交通规划为核心内容，提取日常规划管理中常用的控制要素进行重点控制，便于广州在较短的时间内完成规划的全覆盖；而且在具体管理中根据地区的实际情况，将各种管理控制要素分为强制性控制内容和指导性内容，使规划的刚性与弹性有机结合，可以直接应用于管理之中。

（四）构建新旧城市中轴线，雕琢城市景观特色

广州是典型的山水城市，"云山""珠水"是广州城市赖以形成和独具魅力的最重要因素，山水是构成广州城市空间景观的最重要框架，是永恒的主题，而两千年的历史沉淀又使广州具有浓郁的城市人文景观特色，形成了以象岗山、中山四路地段为主的古城遗址区，以沙面、西关大屋、华侨新村为主的近代城市风貌区，以及以天河、琶洲国际会展中心、珠江沿岸为主的现代都市景观区。

珠江既是城市的发展轴，又是不可替代的城市景观主轴，在广州城市高密度开发的条件下，珠江提供了难得的城市连续公共开放空间和眺望空间，珠江岸线成为外来观光者及社区居民的主要活动场所。广州在现阶段和今后的城市发展和整体的设计中，要更重视珠江作为发展主轴和城市景观主轴的作用。

现今广州的自然空间已由"云山珠水"的山水格局跃升为"山、城、田、海"的生态大格局，又为空间优化创造了良机。

广州市认识到城市特色塑造的重要性，因此结合自身既是具有两千多年历史的文化名城，城市建设集中表现了岭南文化特色，又是新时代南方重要的沿海开放城市，是华南经济中心的现代都会城市的特点，在城市建设中重点构建了两条中轴线。一条是体现广州市传统文脉的旧中轴线，一条是汇聚新时代气息和开敞的新城市中轴线。

在充分保护传统中轴线的同时，通过实施燕岭公园规划、改造天河体育中心成为开敞式的体育公园、建设珠江新城中轴线地段的绿带及两侧的城市道路、兴建歌剧院、带动文化广场和海心沙岛的市民广场的建设、建设琶洲国际

会展中心等，构建新的中轴线，重塑城市的肌理。

（五）城市形象得到提升，城市风貌得到改善

广州城市形象的建设主要立足于城市（老八区）脏乱的基础形象的整理和优化，并开展囊括园林绿化、环境整治、交通工程等109项城市形象建设工程的美化运动，经过广州火车东站绿化广场、珠江新城临江绿化带、珠江两岸景观工程等17项重点形象工程的建设，广州原有的城市风貌大为改观，离"傍青山、倚碧水、顶蓝天、拥绿地"的拥有吸引力的美丽城市的建设目标越来越近。2002年获得联合国"迪拜国际改善人居环境最佳范例奖"，广州城市风貌的改善获得了肯定。

进入21世纪，城市竞争日益激烈，城市魅力逐渐成为城市竞争力的主要构成部分。2000年后，广州在城市魅力的塑造方面下了更大的功夫。城市美化运动的品位上升到塑造"国际化大都市形象"和"岭南古都形象"的建设高度，各项建设正快速推进。

三、广州城市规划的检讨

广州自从改革开放以来，各项城市规划应运而生并取得了良好的效果，外层以产业区带动的战略空间拓展取得了突出的成就。但在内层，几个战略空间点的构筑均不理想，一些规划方面的不足造成一些由居民工作、居住、生活、游憩产生的城市问题开始凸显。

（一）空间管制与城市空间拓展不匹配

空间管制与城市空间拓展不匹配是指在城市空间拓展后，空间管制模型仍然是使用了原来的中心边缘模式，旧城区具有较高的土地开发强度、建筑密度、容积率等指标，而新区却属于较低的密度分区。在这种模式下，使得旧城始终保持着较高的土地开发价值，当新区的土地开发达到饱和之后，大规模的开发又汇流到旧城区，将具备区位优越、交通便捷的地区二次开发，造成了新区旧城同时开发的局面，进一步破坏了旧城的空间结构，甚至威胁到历史文化资源的保护。如地铁2号线的开通使得农讲所周围地块重新成为开发焦点，形成了一群高密度、高容积率建筑项目将农讲所围在中间，成为一个低洼的凹地，严重的威胁了历史文物资源的保护。

（二）公共设施的滞后

公共设施的滞后是指市区居住空间向郊区拓展之后，没有建设相应的公共服务设施，培育起完善的公共服务体系，形成相对独立的复合功能区，从而使得居民的大量的公共服务需求仍然要回到母城得以满足。这种不匹配，造成城市交通瓶颈地区的堵塞问题，降低了城市的效率。

（三）旧城改造走"弯路"

快速的城市发展，导致城市面积迅速扩大，人口大量集中，旧城区改造成为广州市城市发展无法回避的问题，但是在多年的旧城改造更新过程中，广州市也走了不少"弯路"。首先广州市经历了90年代初期、中期的房地产的高强度开发，大量的大型建设项目安插在旧城中心，片面提高容积率，增大建筑密度，造成过密开发和土地滥用，加剧了旧城的拥挤状态，但公建配套的规划和建设则无法与房地产开发要求相匹配，最为突出的就是公园绿地等休闲配套缺失。为了解决这一问题，广州市政府不得不在市中心高价拆出小块的绿地，满足人民群众的需求。

其次是旧城更新过程中对于城市传统风貌地区保护不足。广州市这座千年古城的发展是基于原有城址的，旧城区保留了丰富的传统建筑，但是90年代初、中期的城市快速发展，使我们屈服于经济发展的需要，打破了广州市城市传统格局和肌理，旧城区的部分历史传统风貌区及地方特色遭到破坏，成为城市发展的遗憾。

（四）监管力度不足，违法建设时有发生

在市场经济环境下，市场主体总是以赢利为目的。有的建设单位无视规划，擅自调整规划、违反规划建设；有的擅自改变规划批准的功能或擅自增加建设面积等，违法违章花样繁多。某单位为谋取利益，甚至在技术经济指标上弄虚作假以突破规划确定的指标，这些违法违章或欺骗行为都给规划管理造成很大困难。

也有由于规划管理体制的原因，政府、开发商、设计单位三者的责任、权利和利益关系不明确，规划审批、实施监督管理部门相互分离，监督管理部门职能交叉，相关信息公开不足等问题，使得广州尚未建立起政府与社会协同的强有力的监管制度，违法建设问题始终没有得到根本解决。

（五）"城中村"带来消极的社会影响

改革开放以来，广州市作为南方重要的经济中心，城市飞速发展，但相应的制度无法跟上，带来了新的问题，"城中村"正是广州面临的重要问题。由于城乡二元体制和土地政策等问题，导致"城中村"成为城市快速城市化发展下管理的空洞，其内用地功能紊乱，建筑杂乱无章，建筑密度大，村内道路狭窄弯曲，公共设施奇缺，"脏、乱、差"现象随处可见，"握手楼""一线天"比比皆是，不仅影响了城市景观、居民生活质量，也成为犯罪滋生的温床。

（六）对地下空间开发利用的管理滞后

对于广州市这种人口密集的特大城市来说，土地这种稀缺资源的充分利用

显得更为重要。但广州市曾一度着重于强调提高土地容积率和建筑密度，却没能系统地进行地下空间的开发和利用。广州市在国家颁布了《地下空间开发利用管理办法》10年后的今天，在地下空间利用已经较为普及的时候，有关的地方性管理法规仍未出台，地下空间专项规划也尚未形成完善的系统。

四、给胡志明市的启示

胡志明市与广州市的情况有相似性，同样是城区建筑密度大，人口高度密集，城中村中有复杂的经济、社会关系和脏、乱、差的环境和交通问题，功能布局混乱，市政设施陈旧且严重不配套，等等。同时，改革开放以后，随着城市经济的快速发展和市民生活的提高，以及大量流动人口的涌入，城市中的诸多问题和矛盾越来越显现，解决人们生存、生产和生活等问题就越来越迫切。胡志明市正面临广州市20世纪90年代初、中期城市规划、管理滞后，房地产开发、旧城改造、环境治理形势逼人，市政、交通等设施迫待配套完善的形势。

经过多年来的艰苦实践，广州市在付出巨大代价的同时，也创造出了许多行之有效的新鲜经验。胡志明市如何从广州市的城市发展、规划、建设与管理的实践中吸收教训，及时搞好城市规划和管理，有效地进行旧城改造、新区建设和房地产开发，实现城市快速、有序、健康发展，具有重要的现实意义。

20世纪90年代中期以前，由于人们的现代城市环境意识淡薄，对广州城市的发展理念、发展方向、发展目标和发展特色等认识不足，对城市的经济、产业、文化、环境、空间等，缺乏统筹规划，旧城改造、新区拓展、房地产开发空间联系，市政基础和公共服务设施布局，市区与新区以及郊区各居住空间之间的交通协调与功能组织等，缺乏规划的超前性和管理的协调性，尤其那种高强度、高容积率、见缝插针式的房地产开发模式（见图10-7和图10-8）更是不可取。

图10-7 20世纪90年代初，广州市旧城改造和见缝插针式的房地产开发

图10-8 20世纪90年代初握手楼式的旧城改造

然而，90年代中期以后，随着人们现代城市意识的增强和城市发展理念的更新，规划管理工作得到了强化并作为制度建立，尤其进入新千年以后，广州市率先在全国建立"城市发展战略规划—片区发展总体规划—街区控制性详细规划"体系，把城市的客观战略性概念规划与微观控制性规划有机衔接，并将规划管理法制化，有效地引导城市进入有序、健康发展轨道。与此同时，广州在拓展新城空间、建设新城市中轴线、雕造城市景观文化特色、改善城市风貌、提升城市形象、增强城市魅力和竞争力等方面，也做了许多卓有成效的工作，这些做法和经验是值得后发展的胡志明市借鉴的。

图10-9 陈烈教授与原越南建设部部长范士廉先生（右二）、河内建筑大学校长陈重亨先生（左三）等在胡志明市共进晚餐（2008）

图10-10 陈烈教授与原越南建设部部长范士廉先生（左三）、河内建筑大学校长陈重亨先生（右二）等在胡志明市合影（2008）

第八节　广东旅游发展与南国桃园旅游度假区规划给越南官员和企业家的启迪[①]

2008年冬，越南一批官员、企业家和专家，到中国南宁、天津、北京等地进行以"旅游发展、规划与综合经济发展"为专题的参观、考察和取经。最后来到佛山市南国桃园旅游度假区。他们一致认为，"该点给他们的印象最深刻"。他们说："同其他参观点相比，南国桃园最成功在于有个理想的旅游度假环境和综合发展的生态经济综合体。"他们深有感触地说："你们在那么多年以前（注1992年）就有这样的发展思路和规划理念，很值得我们学习和

[①] 越方人员听了笔者的发言之后，深有感触。会上当即提出要我去河内及其周边地区考察，同时指导和帮助他们开展旅游规划，他们回国还多次向我提出邀请。

借鉴！"本文是 2008 年 12 月为回答越方人员提问而做的总结性发言提要。

一、广东旅游发展趋势与新时期发展面临的主要问题

广东是旅游大省，它的旅游发展体现中国旅游发展的轨迹。

改革开放不久，旅游就从原来的事业行为转变为"产业"行为，旅游活动从被认为是资产阶级生活方式一跃成为一项事关"民生"的大事业。

旅游从单一的经济功能向"经济—社会"复合功能转变。目前，旅游已成为我国城镇居民生活的基本内容和刚性生活需求。

旅游内容从开始的一般观光游览向观光、休闲、度假、修学、养身发展，旅游休闲度假将成为新的经济增长点。

这些年来，旅游产品开发，从"资源导向"型、"初级化""大众化"产品向以"市场导向"型"精品化""个性化"产品转变。

旅游景区（点）从重"数量扩张"到重"品牌提升"、从"开发型"向"品牌型"转变。

旅游服务从"粗糙型""粗放型"向"高端化""高档化"发展。

旅游市场从"自我保护的地域性壁垒为先导"向产品互补、客源共享、多赢共荣的市场方向发展。

产业经营从单一化、个体化向产业化、集团化、网络化、协作化方向发展。

当前我国，尤其是旅游发达地区旅游发展存在的主要矛盾和面临的主要问题：

其一，产品，尤其是休闲度假旅游产品有效供应与日益增长的旅游休闲消费需求的矛盾。

目前的状况仍是粗放产品多、精品少，资源观光型多、文化提升型少；旅游产品供给只能满足初级化、大众化市场，个性化、舒适性产品明显不足。

其二，服务质量、法制环境、市场秩序现状与群众满意的现代化服务管理要求的矛盾。

其三，产品质量、产品体系优化、产业结构调整、转型升级与新的目标要求之间的矛盾等。

二、关于南国桃园旅游度假区发展规划

南国桃园旅游度假区的发展与规划，仅是诸多旅游区发展与规划案例之一。

1992 年夏天，应南海市建委和松岗镇政府的邀请，开展松岗镇镇域规划。当时，该镇是南海市 18 个镇中基础最差、经济最薄弱的丘陵小镇。

为了寻求经济增长点，经过深入调查分析研究和论证，最后选定位于镇北5公里的平顶岗作为镇域经济发展的突破口。我们的依据是：

（1）平顶岗方圆6.8平方公里，原是镇属的一个林场，植被较好（主要为松树林、鞍树林和大面积的荆棘灌丛），由多个海拔高度超过100米的山岗地组成，还有多个中小型山塘水库，资源完整，用地较宽松，对此类长期以来属粗放经营，低产出、低效益的荒野山丘土地资源，改变用地性质对资源进行深度开发，必将获得较大的经济产出。

（2）平顶岗地处广州、佛山、三水各市的结合部，距广、佛、南海桂城仅有12公里的里程。位于南亚热带季风气候环境下的珠江三角洲地区，毗邻香港、澳门，有公路、铁路、水运与之联系，交通便捷。

图10-11　南国桃园交通示意图

（3）随着珠三角地区经济的发展和珠港澳旅游大三角的形成，只要有其特色，则将可迎来充足的客源。

（4）旅游业是属投资较少、见效较快、利润较高、与各业的关联度较高的经济产业，通过平顶岗的旅游效应，吸引和带动招商引资，可以有效而较快地带动镇域经济社会发展。

认识统一以后，遂组织专家进行精心规划设计。当时的指导思想是，立足于为松岗镇营造一个经济增长点；规划的客源目标是面向珠、港、澳大三角客源市场；核心是，营造优美、幽静、舒适的生态环境，为生活水平提高以后的人们就近提供一个理想的旅游休闲度假空间。规划的理念是以环境为基础，通过旅游效应，实现区域环境、经济、社会的全面、协调发展。

基于以上理念，考虑其特殊的自然地理环境和优越的地缘经济区位、自身的资源环境条件、区域周边历史文化传统以及现代及未来人对空间、环境、生活的向往和追求等，特命名为"南国桃园旅游度假区"。该命名的含义极其深刻和深远，成为度假区快速发展的无形资产和生产力。

第一轮规划成果出来以后，镇政府以此为依据，通过土地招商等多渠道引资、集资，很快就收到实际效果。收到实惠以后的镇政府，遂把旅游当"龙头"产业来抓。

从抓基础设施建设、植树造林，整合山塘水库到逐步配置各类观光娱乐设施，1995年底正式把一个全新的南国桃园旅游度假区这个红绣球抛给游客，效果很好。

开园的第二年，即1996年度，游客量就突破100万人次，随着中央电视台南海影视城的引入和园内各类宾馆酒店等接待服务设施的配套和管理服务水平的提高，游客量得到快速增长，1997年入园旅游度假的人数达115万人次，1998年更突破150万人次大关。

由原来一片荒丘野岭变成一个热闹旅游区。1999年，被列为省级旅游度假区。一个地少财薄、经济贫困落后的丘陵小镇，短短数年，一跃成为声名远扬的旅游名镇。

南国桃园旅游度假区的成功，在规划管理组织、招商引资、开发建设上有许多成功的经验值得总结。从规划决策而言，当时关于用地空间选择、规划目标定位和规划理念是正确的，它产生了几个明显的效果。

其一，是营造了一个理想的生态型旅游度假环境。把原来一个松树、桉树与荆棘灌木为主的林场，通过改造林权，丰富树种，尤其是环境绿化树种，花卉、草坪等，大大优化了林相结构，呈现一个碧水蓝天、绿树成荫的生态环境。

原来不见鹭鸟踪迹，可从1994年秋天起，就不断有鹭鸟出入，甚至迁居于此，繁衍栖息。到1998年秋，聚居于桃园内的鹭鸟竟近2万只，成了"桃园鹭鸟天堂"。

时任广东省旅游局长的吕伟雄先生深有感慨地说："优异的自然生态环境是南国桃园赖于吸引游人的根本优势，如何解决好经济发展中的开发建设和保持自然生态环境的矛盾是刻不容缓的主要课题。"

其二，带来了综合发展的经济效果。桃园开发的成功，带来三个层次的效益。

（1）是实现园内资源的深度开发，赢得前所未有的经济效益。

（2）是促进和带动周边工业引进和集聚，如松下以及其他大小工业园的起步、发展和壮大。

（3）吸引似天安、鸿基等大型企业进园进行属于第二度假功能的大规模房地产开发。

（4）有效地带动镇区以及周边地区基础设施配套和社会生活环境的改善。

其三，以南国桃园旅游度假区和松岗镇区为中心，已基本形成了一个环境、经济、社会效益有机结合，各业相互协调的综合性，可持续发展的生态—经济—社会系统。

正因有个科学的规划，使南国桃园旅游度假区得到快速发展，成为二十多年来一旺不衰的旅游热点，松岗镇从原来南海市一个贫穷落后的小镇一跃成为闻名遐迩的旅游名镇。

经过二十多年的建设与多次规划修编，目前已形成适合现代人，甚至未来人需求的旅游环境和旅游景点。

图10-12　南国桃园度假区景点分布图

三、新时期旅游规划的基本要求

总结南国桃园旅游度假区可持续发展的规划实践经验,面向现代人和未来人对旅游空间、旅游环境和旅游产品的需求,旅游规划要重视:

(1) 要有个科学、客观的区域分析和准确的区域定位,这是引领全局发展的关键。

(2) 规划、设计要有个超前的理念和意识,有个科学的构思和规划、设计方案,彰显地方文化特色,树立独特的旅游形象。

(3) 根据当地旅游资源特点,深入分析区域发展优势与潜力,合理确定客源市场目标,根据旅游不同层次表现出来的竞争特点和要求。开发相应的旅游产品(包括产品特色、产品质量、产品体系和产品结构等)。

(4) 环境就是客源,要根据现代人和未来人对环境的需求与向往,重视保护景区自然生态环境和营造现代化人工生态环境。

(5) 立足于自然资源和历史文化资源的深度开发与现代人文社会环境(包括法制环境、市场秩序和服务管理等)的营造。

(6) 旅游是个关联度很高的产业,规划要重视景区综合发展,区内区外协调发展和可持续发展。

后　　语

结发江城未能忘，心潮澎湃长江边；
四十二年回故地，风物依旧两鬓苍。
叠叠磨痕堪愿志，催人岁月易温寒；
黄昏虽近心犹壮，养怡修身乐永年。

人类是地球上最富有智慧的动物。其智慧来自于心灵和大脑，随着社会的进步和人类自身的实践，人的智力得到不断开发，智慧得到不断地递增，境界和空间得到不断地拓展。

心灵是指挥大脑行为的，它指挥大脑去感知、创造和创新。心灵决定一个人的行为取向和道德选择，决定一个人的追求、意志、能力、前途、命运与目标，决定未来世界的发展与走向。

几十年来，我以一颗执着的心，以"巍巍苍松凿石生"的意志和毅力，为自己所喜爱的专业坚持"断崖攀登"，一步一个脚印，从必然获得自由。

我还以一颗善良的心，把自己的智慧和能力，作为帮助地方发展，为百姓谋福祉的基础，不论在国内或国外，不论是科研开发或教书育人，一事事，一件件，都将其作为好事、善事和公德事，尽自己的能力，努力做好。

因为我有这颗执着和善良的心，我坚持"退而不休""病而不弃"。凡有关地方发展的问题，凡有关学生培养之事，都做到"有问必顾""有请即到"；与此同时，还参加多项社会公益活动，坚持总结、研究与写作。

时至今日，与其说"老骥伏枥志在千里，烈士暮年壮心不已"，不如说"叠叠磨痕堪愿志，层层情谊无限欢"，我的心已知足矣！

一直以来，我以感恩之心，不忘记养育我的父母；不忘记我的导师梁溥先生及诸位老师的培养和教导；不忘记曾经支持、鼓励和帮助我的亲戚、朋友、同事、同学和长辈；我很珍惜在武当山下十年艰苦磨炼为我后来发展所增添的正能量；感谢与我相濡以沫的妻子赵明霞数十年来对我的照顾、关心和爱护；感谢中山大学黄焕秋、黄达人校长和李延保书记等对我的关心和支持；感谢安徽省城乡规划设计研究院胡厚国院长、刘复友总工程师和乔森高级工程师等，自20世纪90年代以来，对我的信任和支持；感谢分布于国内各地的学生一直以来对我的爱戴和关心，尤其感谢魏成、王世豪、丁焕峰、沈静、薛佩华等，在本书撰写过程中所提出的许多建设性意见，魏成博士还为本书的附图作了认真细致的修正和更新，与易萃林、褚佳星硕士等为本书的出版做了许多事务性的工作。感谢赵艳敏博士作外文翻译，感谢中山大学出版社周建华总编辑为本书的正式出版倾注了大量的时间和精力，感谢张蕊编辑为本书的编辑做了大量细致的工作。

陈　烈

2016 年 6 月

叠叠磨痕堪愿志，层层情谊无限欢（2013 武昌）